한국산업인력공단 주관·시행

항공전기·전자 정비기능사 필기

항공기술교육아카데미 저

도서출판 책과 상상
www.SangSangbooks.co.kr

프롤로그

항공전기 · 전자정비기능사는 항공기 운항의 안전성을 확보하기 위하여 항공기 정비기술에 관한 실무 숙련기능 및 항공기술 전반에 관한 기초지식과 그 적응능력을 가진 사람을 육성하여 항공기 정비에 관한 현장업무를 수행할 인력을 양성하고자 제정된 자격제도입니다.

2023년까지 항공기체, 항공기관, 항공장비 그리고 항공전자 · 정비기능사의 4가지 종목으로 나뉘어 있던 항공정비기능사 관련 자격검정이 2024년부터는 항공기체와 항공기관이 통합된 "항공기정비기능사"와 항공장비와 항공전자정비기능사가 통합된 "항공전기 · 전자정비기능사"로 종목 개편되었습니다.

본 수험서는 이들 종목 중 항공장비정비기능사와 항공전자정비기능사가 통합되어 처음으로 시행되는 항공전기 · 전자정비기능사 자격시험을 보다 쉽고 빠르게 준비할 수 있도록 집필하였습니다. 이를 위해 이론적인 내용은 최대한 간결하게 수록함으로써 시험 합격에 필요한 내용을 집중적으로 학습할 수 있도록 하였습니다.

아울러 자격 종목 변경 이전 한국산업인력공단이 주관하여 시행한 항공장비정비기능사 기출문제를 상세한 해설과 함께 수록하였습니다. 이는 자격검정의 개편에도 불구하고 지난 시험에서 출제되었던 기출문제는 문제은행 방식으로 치러지는 시험제도의 특성상 효과적인 학습자료이기 때문입니다.

모쪼록 항공전기 · 전자정비기능사 자격증을 취득하고자 하는 수험생 여러분에게 합격의 영광이 있기를 기원합니다. 끝으로 이 수험서가 나오기까지 도와주신 모든 분께 감사드리며, 본의 아니게 잘못된 내용은 앞으로 철저히 수정 보완하여 나갈 것을 약속드립니다.

― 저자 일동

검정안내 및 출제기준
Certified Information and Exam Standard

1. 검정 안내

(1) 개요
항공기 운항의 안전성을 확보하기 위하여 항공기 정비기술에 관한 실무 숙련기능 및 항공기술 전반에 관한 기초지식과 그 적응능력을 가진 사람을 육성하여 항공기 정비에 관한 현장업무를 수행할 인력을 양성하고자 한다.

(2) 직무내용
항공기 전기·전자 계통에 대한 규정된 정비 절차에 따라 구성품과 계통을 분해, 수리, 교환, 조립, 검사 및 시험 등 비행에 적합하고 안전하도록 정비하는 직무이다.

(3) 취득방법
① 시행처 : 한국산업인력공단
② 시험과목
 • 필기 : 항공기 일반, 항공전기·전자 계통 정비, 통신항법 계기 정비
 • 실기 : 항공기 전기·전자 및 계기 계통
③ 검정방법
 • 필기 : 객관식 4지 택일형 60문항(60분)
 • 실기 : 작업형(3시간 정도)
④ 합격기준
 • 필기·실기 : 100점 만점에 60점 이상 득점

2. 출제기준

주요항목	세부항목	세세항목	
1 항공역학	비행원리	01. 대기의 구성 03. 날개 모양과 특성 05. 항력과 동력 07. 운동 및 조종면 09. 헬리콥터의 공기역학	02. 공기 흐름의 법칙 04. 날개의 공기력 06. 일반 성능 08. 비행 안정성 10. 헬리콥터의 비행 및 조종
2 항공기 기체 기본 작업	항공기 기계 요소 체결, 안전 및 고정	01. 볼트 03. 와셔 05. 토크렌치 07. 코터핀	02. 너트 04. 스크루 06. 안전결선 08. 일반 공구 및 특수공구

주요항목	세부항목	세세항목	
③ 항공기 측정작업	측정기기의 원리, 종류, 구조 및 측정	01. 버니어캘리퍼스 03. 다이얼게이지 05. 피치게이지 07. 센터게이지 09. 구멍용 한계게이지 11. 블록게이지	02. 마이크로미터 04. 필러게이지 06. 와이어간극게이지 08. 축용 한계게이지 10. 나사산 한계게이지
④ 항공기 지상 취급	항공기 지상유도 및 지원	01. 항공기 지상 유도 03. 3점 접지 설치 04. 항공 연료 보급, 배유, 비상절차 05. 윤활유, 작동유 보급 및 비상절차 06. 지상 동력 공급 장치(GPU, GTC) 지원 07. 잭 장비의 설치	02. 항공기 이동 및 계류
⑤ 항공기 안전관리	안전관리 일반	01. 정비 매뉴얼 안전 절차 03. 산업안전보건법(항공기 지상안전 분야) 04. 항공안전관리시스템(SMS: safety management system) 기본 개요	02. 화재 및 예방
⑥ 항공기 자재·보급관리	자재보급관리 일반	01. 정비의 개념 및 종류 03. 부품의 신청 05. 항공기 부품 취급 07. AOG, 부품유용, 정비이월, AWP 개념	02. 항공기 자재 분류 04. 부품의 저장 및 보관 06. 보급관리 정보체계 활용
⑦ 전기·전자 이론	전기이론	01. 전류와 자기 03. 직류회로 05. 과도현상	02. 정전기와 콘덴서 04. 교류회로
	전자이론	01. 논리회로 03. 증폭회로 05. 전파 및 안테나 07. 데이터버스	02. 전원회로 04. 발진 및 변·복조회로 06. 브리지 회로
⑧ 항공 전기·전자 기본 작업	기본 배선 작업	01. 전선 03. 터미널 05. 납땜	02. 커넥터 04. 스플라이스
⑨ 항공 전기·전자 계통 점검	측정장비 사용	01. 측정과 오차 03. 절연저항계 05. 함수발생기	02. 멀티미터 04. 오실로스코프 06. 주파수 측정
	매뉴얼 활용	01. 항공기정비매뉴얼(AMM) 개념 02. 결함분리매뉴얼(FIM) 개념 03. 배선매뉴얼(WDM) 개념	

주요항목	세부항목	세세항목	
⑩ 항공기 전기계통 점검	교류전원장치 점검	01. 발전기	02. 정속구동장치
	교류전원장치 점검	01. 발전기	02. 정속구동장치
	비상전원장치 점검	01. 인버터	02. 비상전원장치
	직류전원장치 점검	01. 배터리 3. 직류전원장치(TRU)	02. 전동기
	배전계통 점검	01. 회로차단기 03. 릴레이	02. 변압기
⑪ 항공기 조명계통 점검	조명장치	01. 기내조명장치 03. 비상조명장치	02. 외부조명장치
⑫ 항공기 화재방지계통 점검	화재 탐지 및 방지	01. 화재의 등급 및 특성 02. 화재·과열 탐지 계통의 종류 및 특성 03. 연기 감지기 종류 및 특성 04. 소화장치	
⑬ 항공기 통신계통 점검	통신장치	01. 단파(HF)통신장치 03. 위성통신(SATCOM)장치 05. 비상조난신호장치(ELT)	02. 초단파(VHF)통신장치 04. 인터폰장치
⑭ 항공기 항법계통 점검	항법장치	01. 무선항법장치 03. 위성항법장치 05. 계기착륙장치	02. 관성항법장치 04. 보조항법장치
	자동비행장치	01. 자동조종장치	02. 자동추력제어장치
⑮ 항공기 계기계통 점검	계기 점검	01. 항공계기일반 03. 압력 및 온도계기 05. 회전계기 07. 자기 및 자이로 계기	02. 피토 정압계통계기 04. 동조계기 06. 액량 및 유량계기
	비행기록장치 점검	01. 조종실음성기록장치(CVR) 03. 신속조회기록장치(QAR)	02. 비행자료기록장치(DFDR)
	음성경고장치 점검	01. 음성경고장치 종류 및 기능	02. 음성경고장치 구성
	집합계기 점검	01. 집합계기 종류 및 기능	02. 집합계기 구성

CBT 필기시험제도 안내

▶ CBT 필기시험 개요
기능사 CBT(Computer Based Test, 컴퓨터 기반 시험) 필기시험제도는 한국산업인력공단 상설시험장과 외부기관의 시설 및 장비 등을 임차하여 시행하며, 시험장 사정 및 외부여건에 따라 시험일자가 지연될 수 있으므로 수험생들이 선호하는 시험장은 조기 마감될 수 있으므로 주의하여야 합니다.

▶ 원서접수
- 한국산업인력공단이 주관 및 시행하는 기능사 정기 CBT 필기시험의 시험일자 및 시간, 장소에 관한 정보는 큐넷 홈페이지(**www.q-net.or.kr**)를 방문하여 확인합니다.
- 기능사 필기시험의 원서접수는 인터넷(PC에서만 가능하며, 스마트폰은 접수되지 않음)으로만 가능하며, 항공기관정비기능사·항공기체정비기능사·항공장비정비기능사 필기시험은 정기시험(연 2~3회)으로 년초에 큐넷 홈페이지에서 공시됩니다.
- 큐넷 홈페이지 가입 : 한국산업인력공단이 주관·시행하는 자격시험을 처음 응시하는 수험생은 개인정보 및 최근 6개월 이내의 촬영한 상반신 정면의 컬러사진(3×4cm, 파일크기 200kb 미만)이 필요합니다.
- 원서접수 단계 : '자격선택 → 종목선택 → 응시유형 → 추가입력 → 장소선택 → 결제하기 → 접수완료'의 단계를 거치며, 응시종목 및 장소·시간에 유의하여 선택합니다.
  ※ 수험생이 원하는 시험일자 및 장소, 시간에 응시생이 집중되어 조기 마감될 수 있으므로 주의해야 합니다.
- 필기 응시료 : **14,500원** (결제 : 카드결제, 온라인 입금 선택 가능)

▶ 시험 당일 주의사항
- 한국산업인력공단에서 지정하는 신분증을 반드시 지참해야 합니다. 신분증을 소지하지 않을 경우 응시할 수 없습니다.
  ※ 신분증 : 주민등록증, 운전면허증, 여권 등
  ※ 중·고교학생 : 학생증 또는 학교장 직인이 찍힌 확인서, 청소년증 필요 (대학생의 경우 학생증 인증 안됨)
- 선택적 지참 : 필기도구, 계산기(공단에서 지정한 계산기에 한함, 큐넷 홈페이지 참조)

▶ 합격자 발표
CBT 필기시험은 필기시험 종료 후 모니터상에서 시험점수와 함께 합격 여부를 바로 확인할 수 있으며, 또한 합격자 발표일에 최종 확인할 수 있습니다.

▶ 실기시험
CBT 필기시험에 합격한 후(합격자 발표일 기준) 2년 이내 해당 자격종목에 대한 실기시험을 치를 자격이 부여되므로 필기시험을 합격한 년도, 횟차에 반드시 실기시험을 응시할 필요는 없습니다.

CBT 필기시험 체험하기

01 CBT 필기시험 응시를 위해 지정된 좌석에 앉으면 해당 컴퓨터 단말기가 시험감독관 서버에 연결되었음을 알리는 연결 성공 메시지가 나타납니다.

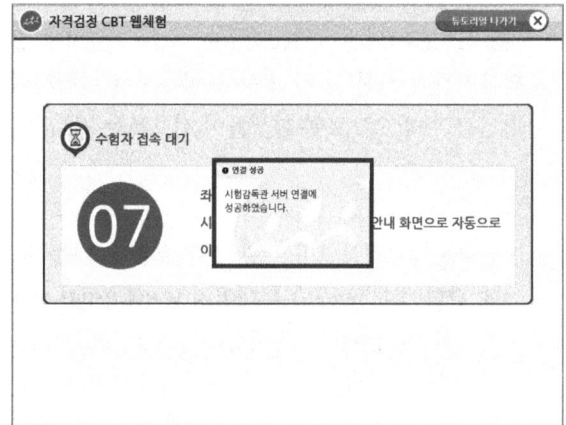

02 수험자 접속 대기 화면에서 좌석번호를 확인합니다. 좌석번호 확인이 끝나면 시험감독관의 지시에 따라 시험 안내 화면으로 자동으로 이동합니다.

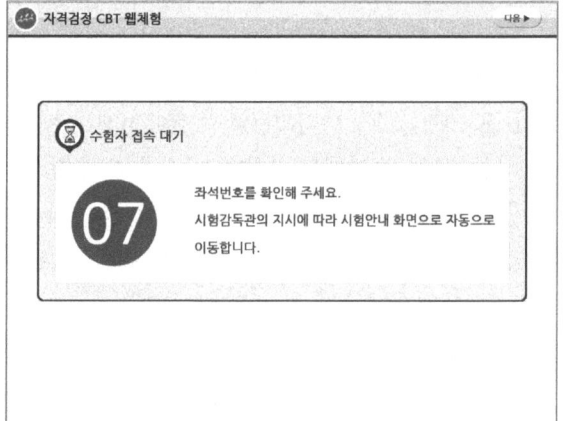

03 수험자 정보를 확인합니다. 감독관의 신분 확인 절차가 진행됩니다. 신분 확인이 모두 끝나면 시험을 시작할 수 있습니다.

04 CBT 필기시험에 대한 안내사항이 나타납니다. 화면은 예제이며, 실제 기능사 필기시험은 총 60문제로 구성되며, 60분간 진행됩니다.

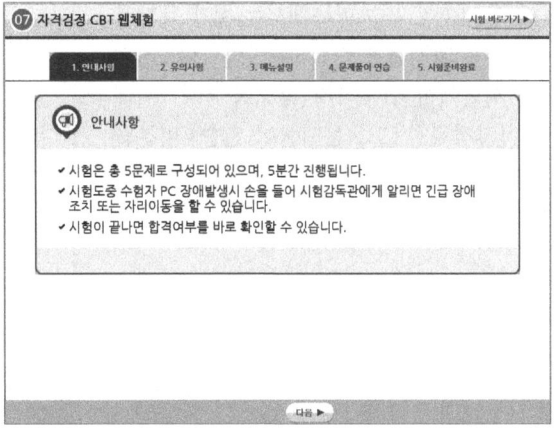

05 다음 항목에서 시험과 관련된 유의사항을 확인합니다. 특히, 시험과 관련한 부정행위 적발 시 퇴실과 함께 해당 시험은 무효처리되어 불합격 될 뿐만 아니라, 이후 3년간 국가기술자격검정에 응시할 수 있는 자격이 정지되므로 부정행위로 인정되는 내용을 꼼꼼히 확인하도록 합니다.

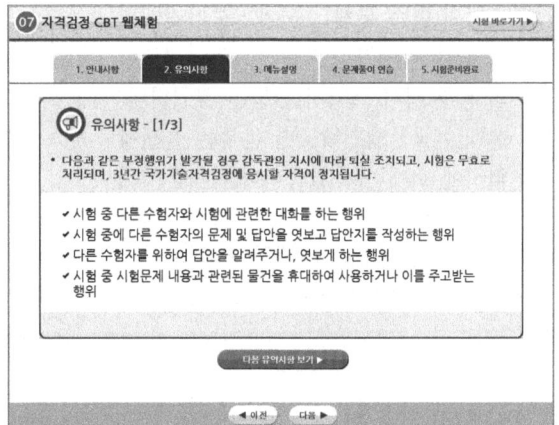

06 메뉴설명 항목에서는 문제풀이와 관련된 메뉴에 대한 설명을 확인할 수 있습니다. CBT 화면에서는 글자 크기를 크게 하거나 작게 할 수 있을 뿐 아니라, 화면 배치를 1단 또는 2단 화면 보기 혹은 한 문제씩 보기로 선택할 수 있습니다.

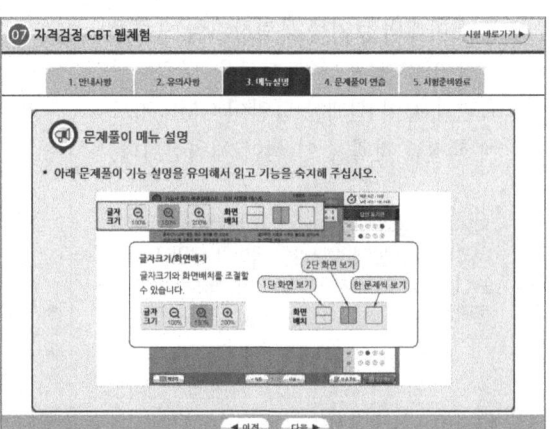

07 문제풀이 연습 항목에서는 실제 문제를 푸는 과정을 연습할 수 있습니다. 실제 시험에서 실수하지 않도록 하기 위해 [자격검정 CBT 문제풀이 연습] 버튼을 클릭합니다.

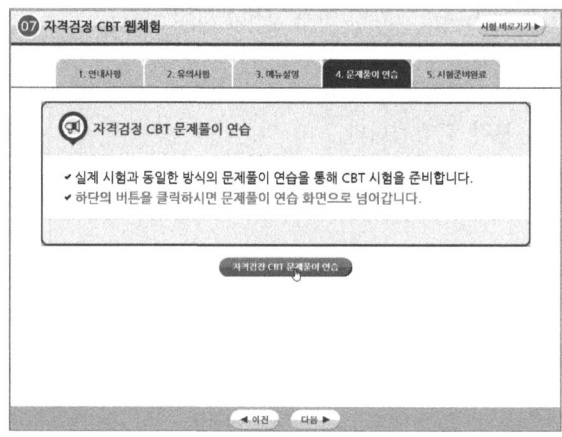

08 보기의 연습 문제는 국가기술자격시험의 정부 위탁기관인 한국산업인력공단의 본부 청사 소재지를 묻는 것입니다. 현재 한국산업인력공단 본부는 울산광역시에 소재하고 있습니다. 문제 아래의 보기에서 번호 항목을 클릭하거나 답안 표기란의 번호 항목에서 해당 답안을 클릭하여 답안을 체크합니다.

09 문제 아래의 보기를 클릭하거나 오른쪽 답안 표기란의 답안 항목을 클릭하면 화면과 같이 선택한 답안이 OMR 카드에 색칠한 것과 같이 색이 채워집니다.

> 답안을 수정할 때는 마찬가지 방법으로 수정하고자 하는 문제의 보기 항목이나 답안 표기란의 보기 항목에서 수정하고자 하는 답안을 클릭합니다.

10 문제를 풀고 나면 다음 문제를 풀기 위해 화면 하단의 [다음] 버튼을 클릭하여 문제를 계속 풀어나가면 됩니다. 참고로 하단 버튼 중 [계산기]를 클릭하면 간단한 공학용 계산기를 사용하여 계산 문제를 푸는 데 도움을 받을 수 있습니다.

> 계산이 끝나고 계산기를 화면에서 사라지게 하려면 계산기 창의 오른쪽 상단에 있는 닫기 ✕ 버튼을 클릭합니다.

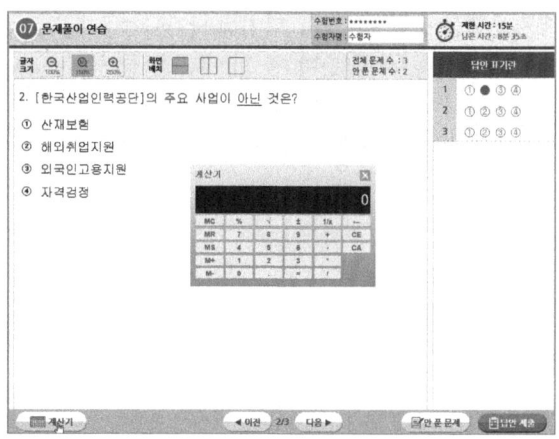

11 문제 풀이 연습이 끝나면 하단의 [답안 제출] 버튼을 클릭하여 답안을 제출합니다.

> 어려운 문제의 경우 하단의 [다음] 버튼을 클릭하여 다음 문제를 풀 수도 있습니다. 단, 이러한 경우 답안을 제출하기 전에 하단의 [안 푼 문제] 버튼을 클릭하여 혹시 풀지 않은 문제가 있는 지 최종적으로 확인하도록 합니다.

12 답안 제출을 클릭하면 나타나는 화면입니다. 수험생들이 실수로 답안을 모두 체크하지 않고 제출할 수 있는 실수를 방지하기 위해 2회에 걸쳐 주의 화면이 나타납니다. 답안을 제출하려면 [예] 버튼을 누릅니다.

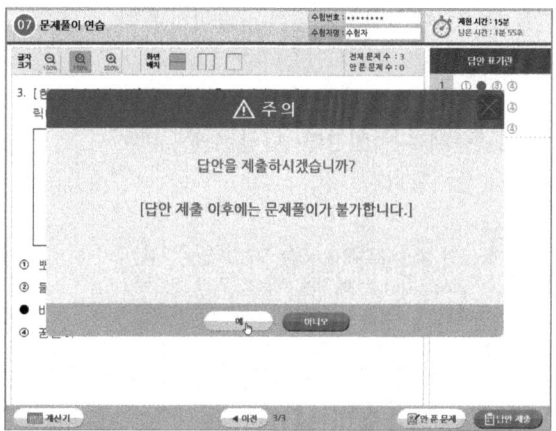

13 문제풀이 연습을 모두 마치면 나타나는 화면에서 [시험 준비 완료] 버튼을 클릭합니다. 이후 시험 시간이 되면 시험 감독관의 지시에 따라 시험이 자동으로 시작됩니다.

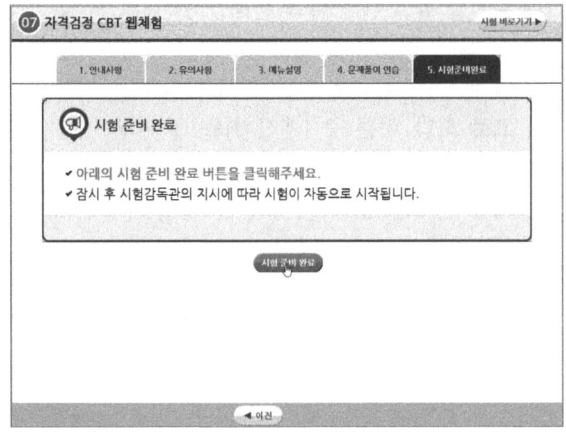

14 본 시험이 시작되면 첫 번째 문제가 화면에 나타납니다. 앞서 문제풀이 연습 때와 마찬가지 방법으로 문제의 보기에서 정답을 클릭하거나 답안 표기란에 해당 문제의 정답 항목을 클릭하여 답을 선택합니다.

15 화면 하단의 [다음] 버튼을 클릭하면 다음 문제를 풀 수 있습니다. 앞서와 마찬가지 방법으로 답안에 체크하고 모든 문제를 풀었다면 [답안 제출] 버튼을 클릭합니다.

> 화면의 상단 오른쪽에 제한 시간과 남은 시간이 표시됩니다. 본 예제는 체험을 위한 것으로 실제 시험시간은 60분이며, 이에 따라 남은 시간도 표시됩니다.

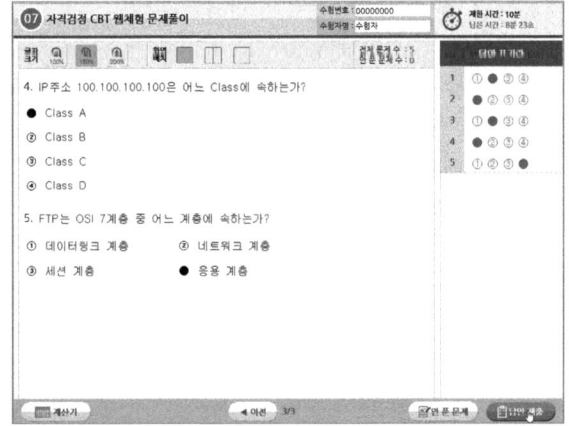

16 수험생의 실수를 방지하기 위해 2회에 걸쳐 주의 문구가 출력됩니다. 모든 문제를 이상없이 풀고 답안에 체크했다면 [예] 버튼을 클릭하여 답안을 제출하고 시험을 마무리합니다.

> 문제 화면으로 다시 돌아가고자 한다면 [아니오] 버튼을 클릭하여 이미 푼 문제들을 다시 확인하고 필요한 경우 답안을 수정할 수 있습니다.

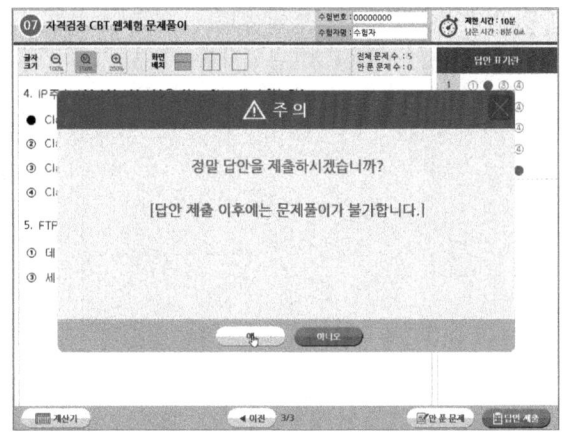

17 답안 제출 화면이 나타납니다. 잠시 기다립니다.

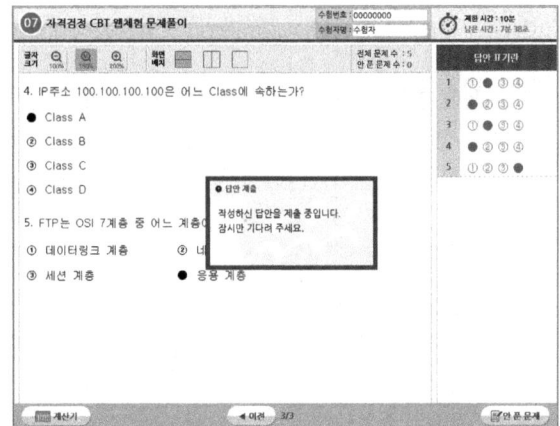

18 CBT 필기시험을 모두 끝내고 답안을 제출하면 곧바로 합격, 불합격 여부를 화면과 같이 확인할 수 있습니다. 독자분들은 꼭 화면과 같은 합격 축하 문구를 볼 수 있기를 기원합니다.

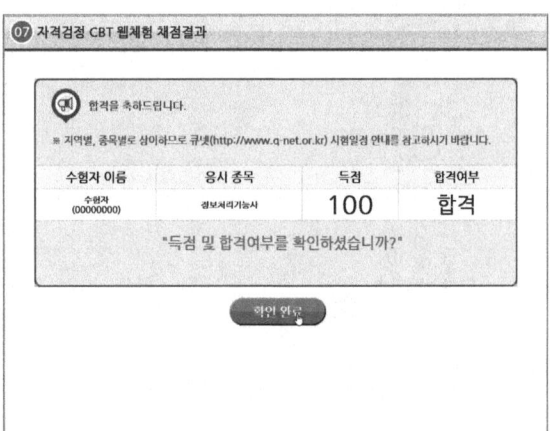

19 앞서의 합격 여부 화면에서 [확인 완료] 버튼을 클릭하면 CBT 필기시험이 종료됩니다. 고생하셨습니다.

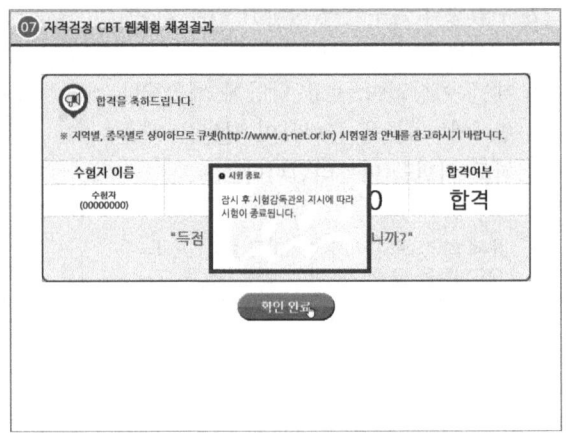

본 도서에 수록된 CBT 필기시험 체험하기 내용은 한국산업인력공단의 CBT 체험하기 과정을 인용하여 구성 및 정리한 것입니다. 직접 한국산업인력공단에서 제공하는 CBT 필기시험을 체험하고자 하는 독자께서는 한국산업인력공단이 운영하는 큐넷 홈페이지(www.q-net.or.kr)를 방문하시기 바랍니다.

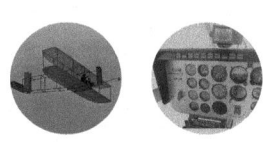

- 검정안내 및 출제기준 4
- CBT 필기시험 안내 7

제1장 | 비행원리

Section 1 공기역학 ···································· 18
  01 대기 ··· 18
  02 날개이론 ······································· 24
Section 2 비행역학 ···································· 34
  01 비행성능 ······································· 34
  02 항공기의 안정과 조종 ······················ 40
Section 3 프로펠러 및 헬리콥터 ·················· 47
  01 프로펠러 추진원리 ·························· 47
  02 헬리콥터 비행원리 ·························· 49
  제1장 적중예상문제 ······························ 53

제2장 | 항공기정비

Section 1 정비와 정비작업 ·························· 72
  01 정비의 개요 ··································· 72
  02 정비작업 ······································· 80
Section 2 기초 정비 및 지상안전 · 지원 ········ 108
  01 기초 항공기 정비 ··························· 108
  02 지상안전 및 지원 ··························· 120
  제2장 적중예상문제 ···························· 128

제3장 | 항공장비

- Section 1 항공전기 계통 ·········· 148
  - 01 전기회로 ·········· 148
  - 02 직류 및 교류 전력 ·········· 151
  - 03 변압, 변류 및 정류기 ·········· 158
- Section 2 항공계기 계통 ·········· 160
  - 01 항공계기의 특성 ·········· 160
  - 02 항공기 계기의 종류 ·········· 162
- Section 3 항공기 공·유압 및 환경조절 계통 ·········· 171
  - 01 항공기 공·유압 ·········· 171
  - 02 환경조절 계통 ·········· 178
- Section 4 항공기 방빙 및 비상계통 ·········· 183
  - 01 제빙, 제우 및 방빙계통 ·········· 183
  - 02 비상계통 ·········· 185
- Section 5 항공기 통신 및 항법 계통 ·········· 186
  - 01 통신계통 ·········· 186
  - 02 항법계통 ·········· 190
  - 제3장 적중예상문제 ·········· 198

제4장 | 공개기출문제

- 항공장비 정비기능사 필기 2013년도 2회 시행 ·········· 220
- 항공장비 정비기능사 필기 2014년도 2회 시행 ·········· 229
- 항공장비 정비기능사 필기 2015년도 2회 시행 ·········· 237
- 항공장비 정비기능사 필기 2015년도 5회 시행 ·········· 245
- 항공장비 정비기능사 필기 2016년도 2회 시행 ·········· 254

Chapter 01

Craftsman Aircraft Maintenance

비행원리

Section 1 | 공기역학
Section 2 | 비행역학
Section 3 | 프로펠러 및 헬리콥터

Section 1
공기역학

01 대기

1. 대기의 구성

가. 구성요소와 비율
질소-78%, 산소-21%, 기타-1% (아르곤-0.95%, 이산화탄소-0.03% 등)

나. 대기권의 구성

(1) 대류권(기상권)
① 기상 현상(눈, 비 등)이 있다.
② 고도가 증가할수록 온도, 압력, 밀도 감소 : $-6.5℃/km$
③ 대류권 계면 : 대류권과 성층권의 경계면으로 약 11km 정도(-56.5℃)이며, 대기가 안정하여 제트기의 순항고도로 적합하다.

(2) 성층권(11~50km 정도)
오존(O_3)층이 존재하며, 오존층의 열 흡수로 기온이 약간 상승한다.

(3) 중간권(50~80km 정도)
대기권에서 기온이 가장 낮다.

(4) 열권(약 80~300km 정도)

(5) 극외권(300km 이상)

2. 표준 대기

가. 국제 표준 대기 (I.S.A : International Standard Atmosphere)
ICAO(국제민간항공기구)에서 정하며, 건조 공기로서 이상 기체의 상태 방정식이 고도, 장소, 시간에 관계없이 만족하는 대기를 말한다.

- 이상 기체의 상태 방정식 : $P \cdot v = R \cdot T \ (P = \rho \cdot R \cdot T)$

나. 해발고도(sea level)에서의 대기값

(1) **압력**(pressure) : 760mmHg(torr) = 29.92 inHg = 14.7 psi = 1013.25 hPa(mbar) = 2116 lb/ft^2

(2) **밀도**(density) : 1.225 kgm/m^3 = 0.12492 kgf·s^2/m^4 = 0.002377 lb·s^2/ft^4

※ kgm = 질량, kgf = 무게

(3) **온도**(temperature) : 15℃ = 288.16°K = 59°F

(4) **중력가속도**(gravity) : 9.8 m/s^2

(5) **음속**(sound velocity) : 340 m/s

다. 고도의 종류

(1) **기하학적인 고도**(geometric altitude) : 지구 중력 가속도가 고도에 관계없이 일정하다고 가정하여 정한 고도

(2) **지구 포텐셜 고도**(geopotential altitude) : 중력변화를 고려하는 정한 고도

※ 고도 약 20km까지는 기하학적 고도와 지구 포텐셜 고도는 거의 같다.

3. 공기의 성질

가. 공기의 흐름 분류

(1) **유체 밀도의 변화에 따른 분류**

① 압축성 유체(M0.3 이상의 흐름) : 유체의 밀도 변화를 고려해야 하는 유체

② 비압축성 유체(M0.3 이하의 흐름) : 밀도 변화 무시

(2) **시간 경과에 따른 흐름 상태(밀도, 압력, 속도) 변화에 의한 분류**

① 정상 흐름 : 시간이 경과해도 공기의 밀도, 압력, 속도 등이 일정한 값을 유지

② 비정상 흐름 : 시간 경과에 따라 밀도, 압력, 속도 등이 계속 변한다.

(3) **점성**(viscosity)**에 의한 분류**

① 이상 유체(완전 유체) : 점성을 고려하지 않은 유체의 흐름

② 실제 유체 : 점성을 고려

나. 연속의 법칙(질량[유량]보존의 법칙)

어느 지점에서나 일정한 시간동안 질량 유량은 일정하다. (ρAV = 일정)

① 압축성 흐름 $\rho_1 A_1 V_1 = \rho_2 A_2 V_2$ = 일정

② 비압축성 흐름(밀도 변화 무시, $\rho_1 = \rho_2$) $A_1 V_1 = A_2 V_2$ = 일정

다. 베르누이(Bernoulli) 정리(방정식)

(1) **정압**(P, static pressure) : 운동 상태에 관계없이 항상 모든 방향으로 작용하는 유체의 압력

(2) 동압(q, dynamic pressure) : 유체가 가진 속도에 의해 생기는 압력, $q = \frac{1}{2}\rho V^2$

(3) 베르누이의 정리(방정식)

$$P + q = P + \frac{1}{2}\rho V^2 = P_t = 일정 \quad (P_t : 전압)$$

라. 공기의 점성 효과

(1) 점성 흐름 : 평판에 작용한 힘(F)은 평판까지의 높이(h)에만 반비례한다.

$$F = \mu S \frac{V}{h}$$ (F : 평판에 작용한 힘, μ : 점성계수 S : 평판의 넓이, V : 속도, h : 평판과 벽면 사이의 높이)

(2) 레이놀즈 수(층류와 난류를 구분하는 척도)

① 비행체에 작용하는 공기력

동압으로 인한 관성력, 정압의 힘, 점성에 의한 마찰력

② 레이놀즈 수(Reynold's number) : 층류와 난류를 구분하는데 사용되는 기준으로 무차원(단위가 없음)의 수

$$Re = \frac{관성력}{점성력} = \frac{\rho VL}{\mu} = \frac{VL}{\nu}$$

(L은 자유 흐름일 경우는 길이이며, 관 내부의 흐름일 경우는 지름이다.)

> **Note**
> ① 동점성계수(ν) : 점성계수를 밀도로 나눈 값(단위 : cm²/sec(=1 stokes), m²/sec, ft²/sec 등)
>
> $\nu = \frac{\mu}{\rho}$
>
> ② 치수 효과(Scale Effect) : 레이놀즈 수가 날개 코드 길이를 나타내는 기준으로 사용

③ 공기 흐름의 종류

난류(turbulent flow), 층류(laminar flow)

④ 공기 흐름의 성질

㉠ 층류는 난류에 비해 마찰력이 적다.

㉡ 층류는 인접하는 2개 층 사이에 혼합이 없고, 난류에서는 혼합이 있다.

㉢ 천이 및 천이점 : 층류에서 난류로 변하는 현상을 천이(transition)라 하고, 천이 시작점을 천이점(transition point)이라 한다.

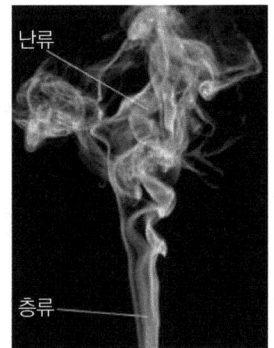

[층류와 난류의 예]

ㄹ 임계 레이놀즈수(critical Reynold's number)
- 천이가 일어나는 레이놀즈수(천이 시작점에서의 레이놀즈수)
- 층류와 난류를 구분

⑤ 층류와 난류 경계층

> **Note | 경계층(boundary layer)**
> 점성력이 작용하는 층(또는 점성의 영향이 중요시 되는 물체 주위의 가장 얇은 층)으로서 층류 경계층보다 난류 경계층이 두껍다.

㉠ 층류에서 난류로 변하는 요인 : 유속, 유체의 점성, 관의 지름
㉡ 점성 저층(층류 저층) : 난류 경계층의 바닥 벽면 가까운 곳에 층류 흐름과 유사하게 형성된 부분

⑥ 흐름의 떨어짐(박리 현상, flow separation)
㉠ 역압력 구배가 형성되었을 때 발생
- 역압력 구배 : 날개골 뒤쪽으로 갈수록 흐름 속도가 감소하고 압력이 증가하여, 압력차에 의한 흐름의 역작용이 발생하는 것
㉡ 박리 현상에 의한 영향
- 양력은 크게 감소하고 항력(압력 항력)은 크게 증가
- 층류에서 쉽게 발생하며, 난류는 점성 마찰이 적고 압력에 잘 견디고, 큰 운동량을 갖기 때문에 잘 발생하지 않는다. 즉 박리 현상에 의한 압력 항력은 층류에서 크다.
- 방지법 : 난류 경계층이 발생하도록 함 – 와류 발생 장치(vortex generator) 설치, 날개 윗면을 거칠게 해준다.

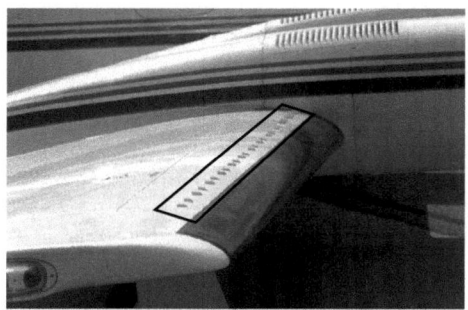

[와류 발생 장치]

마. 항력계수(drag coefficient) : 무차원수

(1) 항력 계수 $C_D = \dfrac{D}{\dfrac{1}{2}\rho V^2 S}$ (D : 항력)

(2) 압력항력($C_{D\,압력}$) : 유체의 흐름에 놓여 있는 물체의 전후 표면에 압력차가 발생하여 물체의 이동 방향과 반대 방향으로 물체에 미치는 힘(흐름의 떨어짐으로 인해 증가)

(3) 마찰항력($C_{D\,마찰}$) : 유체의 점성에 의해서 발생. 점성 계수와 속도 기울기에 따라 결정

(4) 형상항력(C_{Dp}) : 물체의 형상에 따라 결정되며 압력항력과 마찰항력의 합

$$C_{Dp} = C_{D\,압력} + C_{D\,마찰}$$

바. 공기의 압축성 효과

(1) 압축성 흐름

① 음속과 마하수

㉠ 0℃인 공기 중에서 음속 331.2m/s, 공기 온도가 t℃일 때 음속(a)

$$a = 331.2\sqrt{\dfrac{273+t}{273}}$$

㉡ 마하수(Mach number) : 음속과 비행기 속도의 비 즉, 공기의 압축성 효과를 나타내는 가장 중요한 요소

$$M_a = \dfrac{V}{C} \quad (V : 비행기속도,\ C : 음속)$$

- 온도의 영향 : 온도가 증가할수록 음속은 빨라지고(비례하고) 마하수는 감소한다.(반비례 한다).
- 고도의 영향 : 고도가 증가할수록 비행 속도가 일정할 때 음속(C)은 감소하고 마하수는 증가한다.(고도가 증가할수록 온도가 감소하므로)

② 초음속 흐름의 특징(압축성 효과를 고려) : 공기의 압축성 효과에 의해서 공기흐름의 통로가 좁아지면 속도는 감소하고 압력, 밀도는 증가(아음속과 반대의 특성)

(2) 충격파(shock wave)

공기 흐름의 급격한 변화로 인하여 속도가 감소하고 압력, 밀도, 온도가 불연속적으로 급격히 증가하는 현상으로 이 불연속면을 충격파라 한다.(통로가 좁아지는 곳에서 발생)

① 충격파의 종류

㉠ 경사 충격파(Oblique shock wave)

㉡ 수직 충격파(Normal shock wave)

② 충격파의 강도 : 충격파 전후의 압력차로 나타냄
③ 충격 실속(Shock Stall) : 충격파 뒤에는 급격한 압력발생이 작용하여 경계층 내에 있는 유체 입자가 표면에서 떨어져 나가 양력이 감소하고 항력(충격파에 의해 생기는 조파항력)이 증가하는 현상
④ 충격파에 의한 항력 : 조파항력(wave drag)
　㉠ 초음속 흐름에서 날개 표면에 발생한 충격파로 인하여 발생하는 항력
　㉡ 받음각, 캠버선의 모양, 길이에 대한 두께비에 따라 결정
　㉢ 조파항력을 최소화하기 위해 앞전은 뾰족하게, 두께는 가능한 범위 내에서 얇게 한 다이아몬드형 날개골 사용

(3) 팽창파(expansion wave)

팽창선을 이루면서 압력과 밀도가 감소되고 속도는 증가되는 파로서 에너지 손실이 없고, 항상 표면에 경사진다. 통로가 넓어지는 곳에서 발생(초음속 흐름에서만 발생)

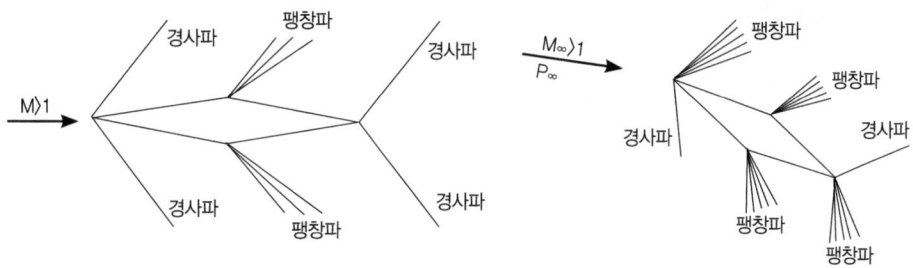

다이아몬드형 날개골의 초음속 시 발생 파장
(같은 위치에서도 공기 흐름 방향에 따라 다른 파장 발생)

02 날개이론

1. 날개형상

가. 날개골(airfoil)의 명칭

(1) **앞전**(leading edge) : 날개골 앞부분의 끝, 원호 또는 쐐기모양
(2) **뒷전**(trailing edge) : 날개골 뒷부분의 끝, 곡선모양 또는 직선모양
(3) **시위 또는 시위선**(chord line) : 앞전과 뒷전을 연결한 직선
(4) **두께**(thickness) : 시위선에서 수직으로 그었을 때 윗면과 아랫면 사이의 수직거리
(5) **평균 캠버선**(mean camber Line) : 두께의 2등분점을 연결한 선 (날개의 휘어진 정도를 나타냄)
(6) **캠버**(camber) : 시위선에서 평균 캠버선까지의 거리로 시위선과의 비로 표시
(7) **앞전 반지름**(반경) : 앞전에서 평균 캠버선상에 중심을 잡고 앞전 곡선에 내접하여 그린 원의 반지름
(앞전 모양을 나타냄)

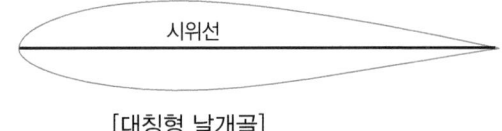

[대칭형 날개골]

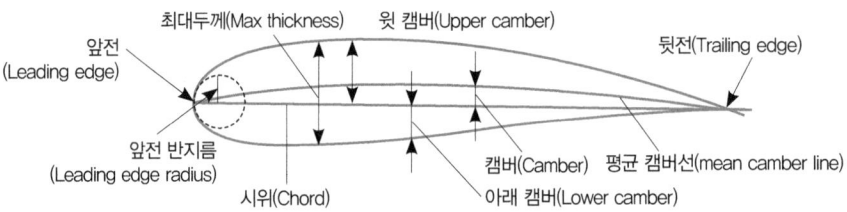

[날개골(Airfoil)의 각 부분 명칭]

(8) **받음각**(Angle of Attack)
① 공기 흐름의 방향(상대풍, relative wind)과 날개골 시위선이 만드는 사이각
② 항공기 진행 방향과 시위선이 이루는 각

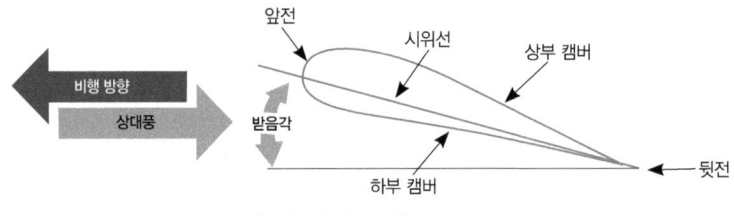

[받음각의 정의]

나. 날개골의 종류

(1) 날개골의 호칭

① 날개골의 특징은 두께, 두께분포, 캠버와 레이놀즈수로 결정한다.

② NACA(National Advisory Committee for Aeronautics : 현재의 NASA)

㉠ 4자 계열(최대 두께가 시위의 30% 정도에 위치)

예 NACA 2 4 15

- 2 : 최대 캠버의 크기-시위선의 2%
- 4 : 최대 캠버의 위치-시위선의 앞전에서 시위의 40% 지점에 위치
- 15 : 최대 두께의 크기-최대 두께가 시위선의 15%

※ 4자 계열은 주로 00XX, 24XX, 44XX로 표시. 00XX는 대칭형 날개골

㉡ 5자 계열(4자 계열을 개선)

예 NACA 2 3 0 15

- 2 : 최대 캠버의 크기-시위선의 2%
- 3 : 최대 캠버의 위치-시위선의 앞전에서 시위의 15% 지점에 위치
- 0 : 평균 캠버선 뒤쪽 반의 형태-직선 (1 : 곡선)
- 15 : 최대 두께의 크기-최대 두께가 시위선의 15%

㉢ 6자 계열(층류 날개골, Laminar flow Airfoil) - 고속기(천음속기)의 날개골

예 NACA 6 5 1 - 2 15

- 6 : 6자 계열 날개골
- 5 : α(받음각) = 0 일 때 최소 압력의 위치-시위의 50% 지점
- 1 : 항력 버킷의 폭-설계 양력 계수를 중심으로 ±0.1
- 2 : 설계 양력 계수-설계 양력 계수가 0.2
- 15 : 최대 두께의 크기-최대 두께가 시위선의 15%

> **Note**
> ① 항력 버킷(drag bucket) : 어떤 양력계수 부근에서 항력계수가 갑자기 작아지는 부분
> ② 6자 계열은 최대두께 위치를 중앙부근에 위치시켜 설계양력계수 부근에서 항력계수가 작아지도록 하여 받음각이 작을 때 앞부분의 흐름이 층류를 유지하도록 한 것

㉣ 초음속 날개골(양력계수가 크지 못하다.)

예 1 S - (50) · (03) - (50) · (03)

(2) 천음속기의 날개골

① 층류 날개골 : 날개 상단의 캠버를 감소시켜 층류를 유지함으로서 속도 증가시 항력을 감소 (마찰 항력 감소)

② 피키 날개골(Peaky airfoil) : 충격파 발생으로 인한 항력 증가를 억제하기 위해 시위의 앞부분에 압력분포를 뾰족하게 만든 날개골

③ 초임계 날개골(supercritical airfoil) : 앞전 반지름이 비교적 크고, 날개골의 윗면은 평평하며, 뒷전 부근에 캠버가 조금 있는 날개골로 초음속 영역을 넓혀 충격파 완화 및 항력증가 억제로 임계 마하수를 음속에 가깝게 한 날개골

> **Note | 초임계 날개골의 특징**
> • 같은 두께비에서 순항 마하수가 15% 증가한다.
> • 동일 순항 마하수에서 항력의 증가 없이 두께비가 증가하여 날개구조의 두께를 줄일 수 있다.
> • 저속에서 양력이 증가하고, 후퇴각도 감소시킬 수 있다.

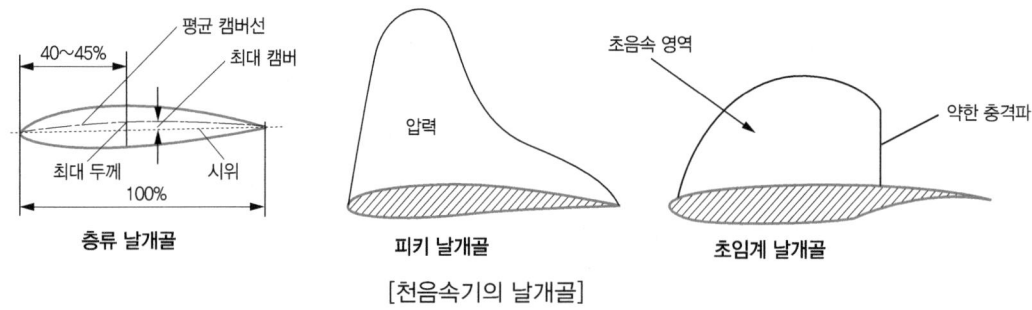

[천음속기의 날개골]

2. 날개 단면 이론

가. 날개골의 공력 특성

(1) 평판에 작용하는 공기력 : $Fx = \rho VS \times V = \rho V^2 S$

물체에 작용하는 공기력은 밀도와 속도의 제곱 그리고 물체의 면적에 비례한다.

(2) 양력(Lift)과 항력(Drag)

$$L = C_L \frac{1}{2}\rho V^2 S, \ D = C_D \frac{1}{2}\rho V^2 S$$

(비례상수 - C_L : 양력계수, C_D : 항력계수 → 무차원 수)

(3) 받음각과 C_L, C_D의 관계

① 영양력(0양력) 받음각 : 양력이 0일 때의 받음각 ($C_L = 0$), 무양력 받음각

② 최대 양력 계수(C_{Lmax}) : C_L이 최대일 때의 양력계수

③ 실속각 : C_{Lmax}일 때의 받음각

④ 실속(Stall) : 받음각이 실속각을 넘으면 양력계수는 급격히 감소하고 항력은 급격히 증가할 때의 현상(날개 윗면에서 공기의 떨어짐 현상이 발생하여 항공기는 수직으로 떨어진다.)

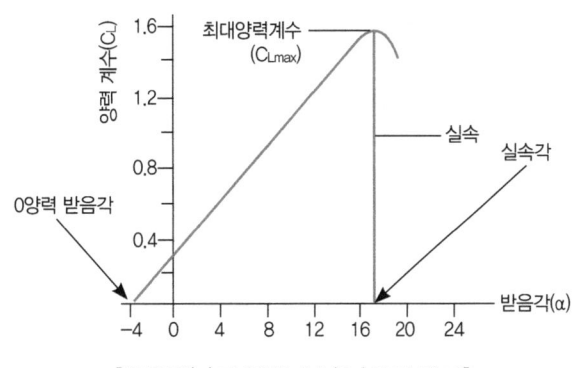

[받음각(α)과 양력계수(C_L)와의 관계]

(4) 날개골의 모양에 따른 특성

날개의 특성을 좌우하는 요소 : 두께, 캠버, 앞전 반지름, 시위선의 길이

나. 압력 중심과 공기력 중심

(1) 압력중심(CP : center of pressure, 풍압중심)

① 날개골에 작용하는 압력의 합력점

② 받음각이 클 때 : 압력 중심은 앞(앞전)으로 이동(약 시위의 ¼ 지점)

　받음각이 작을 때 : 압력 중심은 뒤(뒷전)로 이동(시위길이의 ½ 정도까지)

③ 항공기가 급강하 시 압력중심은 크게 뒤쪽으로 이동한다.

(2) 공기력 중심(AC : aerodynamic center)

① 속도가 일정한 경우 날개골의 받음각이 변화해도 모멘트 값이 변하지 않는 점

② 공기력 모멘트 $M = R \times L$(힘×거리)

$$M = R \times L = C_m \frac{1}{2} V^2 S \times C$$

(R : 양력과 항력의 합력, L : 앞전에서 압력중심까지의 거리, C_m : 공기력모멘트계수, C : 시위선의 길이)

3. 날개 이론

가. 날개의 용어

(1) **날개 면적(S)** : 날개 윗면의 투영 면적으로 동체나 기관 나셀에 의해 가려진 부분의 면적도 날개 면적에 포함한다.

(2) **날개 길이(b, span)** : 날개 끝에서 날개 끝까지의 길이

(3) **시위(c)** : 앞전과 뒷전을 연결한 직선거리

> **Note** | **공력 평균 시위**(MAC : mean aerodynamic chord)
> 큰 날개의 항공 역학적 특성을 대표하는 시위를 말하며, 기하학적 평균 시위라고 한다.

(4) 날개의 가로세로비(AR, aspect ratio, 종횡비) : 가로세로비가 클수록 날개 끝 와류와 유도 속도가 작아, 적은 받음각에서도 큰 양력을 발생

$$AR = \frac{b}{c} = \frac{b^2}{S} = \frac{S}{c^2}$$

(5) 테이퍼비(λ) : 날개뿌리 시위(C_r)와 날개 끝 시위(C_t)의 비

$$\lambda = \frac{C_t}{C_r}$$ (C_t : 날개끝 시위, C_r : 날개뿌리 시위)

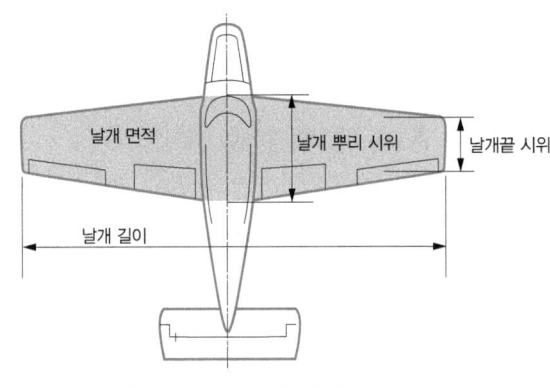

[날개 각 부분의 명칭]

(6) 뒤젖힘각(후퇴각, sweepback angle) : 앞전에서 시위의 25% 되는 점을 연결한 직선과 항공기 가로축(Y)이 이루는 각

(7) 쳐든각(상반각, dihedral angle)과 처진각(하반각)
① 쳐든각 : 수평선을 기준으로 위로 올라간 각
② 처진각 : 수평선을 기준으로 아래로 내려간 각

(8) 붙임각(취부각, incidence angle) : 기체의 세로축(X)과 시위선이 이루는 각

(9) 기하학적 비틀림(wash out) : 날개 끝의 붙임각을 날개뿌리보다 작게 한 것으로 날개끝 실속(wing tip stall)을 방지한다.

나. 날개의 모양

(1) 직사각형 날개 : 날개 평면 형상이 직사각형 모양
① 장점 : 제작이 쉬워 소형 항공기에 사용한다. 날개 끝 실속이 없다.
② 단점 : 구조면에서 무리가 있다.

(2) 테이퍼 날개 : 날개 끝과 뿌리의 시위가 다른 날개로서 붙임 강도가 높다.

(3) 타원형 날개 : 날개 전체 형상이 타원형 [유도항력=1(최소), 고른 양력발생]
① 장점 : 길이방향의 양력계수 분포가 일률적, 유도 항력이 최소
② 단점 : 제작이 어려움, 옆놀이 시 날개 끝 실속 발생

(4) 앞젖힘 날개(forward swept wing, 전진익)
① 날개 뿌리에서 끝까지 앞으로 젖혀진 형태
② 날개 끝 실속이 없다.

(5) 뒤젖힘 날개(swept wing, 후퇴익)
① 날개 뿌리에서 끝까지 뒤로 젖혀진 상태
② 충격파의 발생 지연(임계 마하수 증가)
③ 고속시 저항감소

(6) 삼각날개(delta wing) : 뿌리 부분의 시위 길이를 길게 하여 날개의 면적을 증가시킨 것
① 장점
　㉠ 두께비가 작다.(날개 시위 길이가 길어서)
　㉡ 임계 마하수가 높다.(충격파 발생 지연)
　㉢ 구조면에서 뒤젖힘 날개보다 강하다.
② 단점
　㉠ 최대 양력 계수가 적어 날개면적을 크게 해야 한다.
　㉡ 저속 시(이·착륙 시) 큰 받음각이 필요해 조종사의 시계가 나쁘다.

(7) 가변 날개 : 비행 중에 뒤젖힘 각을 바꿀 수 있는 날개로 구조가 복잡하다.

다. 고속형 날개

(1) 뒤젖힘 날개
① 장점
　㉠ 충격파 발생 지연으로 임계 마하수(Mcr)가 높고 가로 안정성이 좋다.
　㉡ 높은 받음각에서 실속 발생
　㉢ 고속 시 저항 감소로 제트 여객기에 많이 사용
② 단점
　㉠ 날개 끝 실속(wing tip stall) 발생
　㉡ 양력계수가 적어 착륙속도를 크게 해야 한다.
　㉢ 날개 구조면에서 강도가 약하다.(고속 시 공력탄성 때문에)

> **Note** | 임계 마하수(critical Mach number : Mcr)
> 날개 윗면에서 최대 속도가 음속(M=1)이 될 때 날개 앞쪽에서의 흐름(비행 속도)의 마하수를 말한다. 임계 마하수는 클수록 좋으며, 가장 좋은 방법은 뒤젖힘 날개를 사용하는 것이다.

> **Note** | 항력 발산 마하수(Mdiv : drag divergence Mach number)
> 마하수가 1 이상이 되더라도 충격파가 없는 흐름을 얻을 수 있으므로 임계 마하수에 도달한다고 해도 항력이 증가하는 것이 아니고 항력이 갑자기 증가하기 시작하는 마하수가 따로 존재한다. 이 마하수를 항력 발산 마하수라 한다.

(2) 삼각날개와 오지(ogee)날개

① 날개 주위의 시위가 길어서 날개의 두께를 크게 할 수 있기 때문에 공력탄성에 견딜 수 있는 충분한 강성을 가질 수 있다.
② 저속시 큰 받음각으로 인해 실속을 야기시킨다. → 항력계수 급증
③ 최대 양력계수가 적어서 이·착륙 속도가 커야 한다.
④ 종횡비가 작고 양력 기울기도 작으므로 받음각이 어느 단계에 오면 실속한다.

라. 날개의 공기력

(1) 순환 흐름에 의한 날개의 양력

① 쿠타 – 쥬코프스키(Kutta-Joukowsky)의 양력 이론 (날개 주위의 순환 이론)
  직선 흐름에 물체 주위의 순환 흐름(속박 와류)에 의해 와류가 발생하면 그 물체는 양력을 받게 되며 이를 쿠타-쥬코프스키의 양력이라 함
② 출발와류(starting vortex) : 날개 뒷전에서 발생하는 와류
③ 속박와류(bound vortex) : 날개 주위에 출발와류와 크기가 같고 방향이 반대로 발생하는 와류

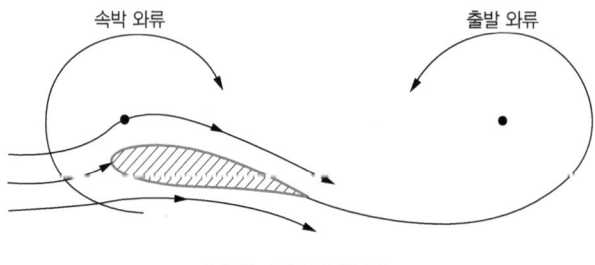

[순환 흐름의 종류]

④ 유도속도 : 날개 끝 와류들로 인해 주위의 공기가 날개 밑으로 움직이게 되며 이때의 유속을 유도 속도라 한다. (수평비행 시 속박 와류와 날개 끝 와류에 의해 발생)

(2) 날개의 항력 (유도항력 + 유해항력)

① 유도항력(C_{Di} : induced drag)

$$유도항력(D_i) = \frac{C_L}{\pi eAR} \times L = \frac{C_L}{\pi eAR} \times C_L \frac{1}{2}\rho V^2 S$$

유도항력계수 $C_{Di} = \dfrac{C_L^2}{\pi eAR}$

> **Note**
> ① e : 스팬 효율계수 (타원날개 : e = 1, 그 밖의 날개 : e < 1)
> ② Wing let : 저속용 날개에 사용되는 유도 항력 감소 장치의 하나로 이 장치는 유도 항력을 감소시켜 양항비를 25% 정도 증가시키는 효과가 있고, 날개 바깥쪽으로 내리 흐름을 유도하기 때문에 날개 외향의 실속을 막아주게 된다.
> ③ 기준(0의 값)에 따른 압력의 종류
> • 절대 압력(absolute pressure) : 진공상태를 0으로 하여 압력을 측정한 값
> • 계기 압력(gauge pressure) : 표준 대기압을 0으로 하여 압력을 측정한 값
> ※정압(+) : 표준 대기압보다 큰 압력, 부압(-) : 표준 대기압보다 작은 압력
> • 절대 압력 = 표준 대기압 ± 계기압력

[날개끝 와류와 윙렛(Winglet)]

② 형상항력(C_{DP} : profile drag)

형상항력 = 마찰항력 + 압력항력 ($C_{DP} = C_D$마찰 $+ C_D$압력)

③ 조파항력(wave drag)

④ 유해항력(parasite drag) : 항공기에서 양력에 관계하지 않고 비행을 방해하는 모든 항력을 통틀어 유해항력이라 한다. (즉, 유도 항력을 제외한 모든 항력)

(3) 날개의 실속성

비행기가 고도를 유지할 수 없는 상태. 즉, 실속각(최대 받음각)을 벗어났을 때 양력은 크게 감소하고 항력이 크게 증가하며 항공기가 수직 강하하는 상태

① 갑작스런 실속 : 종횡비가 큰 날개골, 고속기, 레이놀즈수가 작은 날개골
② 완만한 실속 : 종횡비가 작은 날개골, 저속기, 레이놀즈수가 큰 날개골

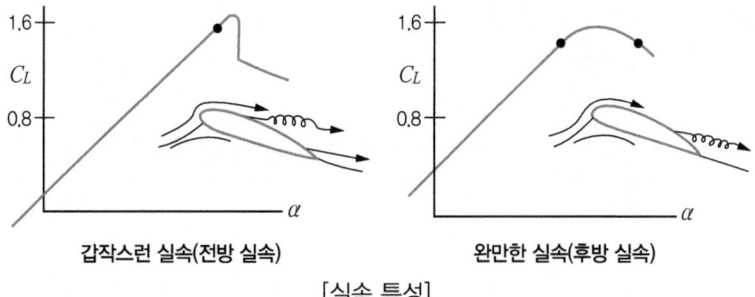

[실속 특성]

③ 날개 모양에 따른 실속 발생
  ㉠ 직사각형 날개 : 받음각을 크게 할수록 실속 영역은 날개 뿌리에서 끝으로 발전
  ㉡ 테이퍼형 날개 : 직사각형 날개와는 반대로 실속이 날개 끝에서부터 발생
  ㉢ 타원형 날개 : 날개길이 전체에 걸쳐 실속이 균일하게 발생, 실속으로부터의 회복이 늦다.
  ㉣ 뒤젖힘 날개 : 실속이 날개 끝으로부터 발생
④ 날개 끝 실속(익단 실속) 방지법
  ㉠ 날개의 테이퍼비를 너무 작게 하지 않는다.
  ㉡ 앞 내림(wash out)을 준다. (기하학적인 비틀림)
  ㉢ 경계층을 제어한다.
  ㉣ 슬랫을 설치한다.
  ㉤ 날개끝 부분의 두께비, 앞전 반지름, Camber 등이 큰 날개골을 사용한다.
    (날개 뿌리보다 날개 끝의 실속각을 크게 한 것 → 공력적 비틀림)
  ㉥ 날개 앞전을 Dog teeth 형태로 만든다.
  ㉦ 날개 윗면에 Stall fence를 설치한다.

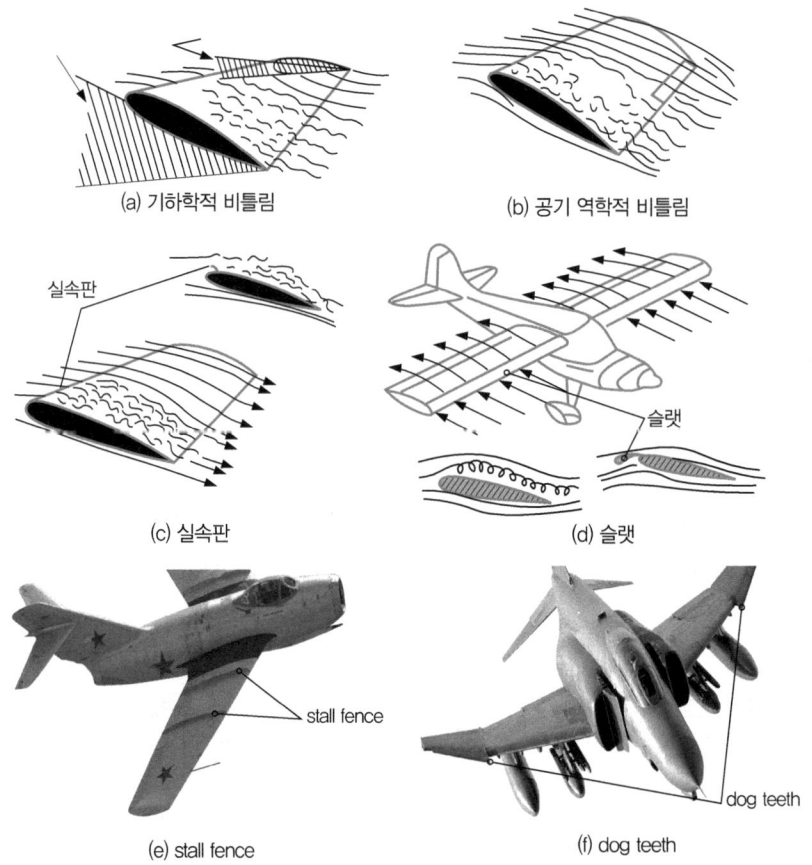

[날개끝 실속(Wingtip stall) 방지법]

4. 공력보조장치

가. 고양력 장치(HLD : high lift device)

플랩(flap), 슬롯(slot) 등을 사용하여 최대 양력계수인 C_{Lmax}를 크게 하는 장치

$$W = L = C_L \frac{1}{2}\rho V^2 S, \quad L_{max} = C_{Lmax} \frac{1}{2}\rho V^2 S$$

> **Note | 실속속도(최소 속도)**
> L = W일 때 C_L의 값은 C_{Lmax}이다. C_{Lmax}일 때의 항공기 속도를 실속속도(V_s), 최소속도(V_{min})라 한다.
> $$V_s(V_{min}) = \sqrt{\frac{2W}{\rho S C_{Lmax}}}$$

(1) 플랩(flap)

① 뒷전 플랩(trailing edge flap)
  ㉠ 단순 플랩(plain flap)
  ㉡ 분할 플랩(split flap)
  ㉢ 잽 플랩(zap flap)
  ㉣ 슬롯 플랩(slott flap), 이중 슬롯 플랩, 삼중 슬롯 플랩
  ㉤ 이중간격 플랩(double slotted flap)
  ㉥ 파울러 플랩(fowler flap) : 최대 양력계수가 가장 크게 증가, 날개 면적 증가, 틈의 효과, 캠버 증가의 효과

② 앞전 플랩(leading edge flap)
  ㉠ 슬롯과 슬랫(slot & slat)
  ㉡ 크루거 플랩(kruger flap) : 앞전 반지름을 크게 하는 장치
  ㉢ 드루프 앞전(drooped leading edge)

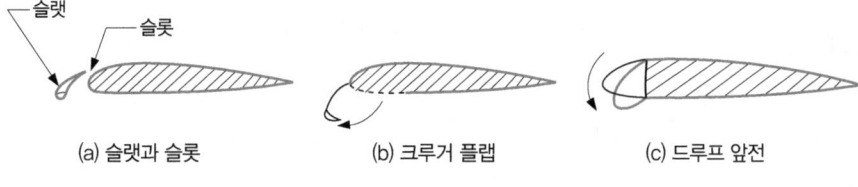

(a) 슬랫과 슬롯   (b) 크루거 플랩   (c) 드루프 앞전

[앞전 플랩의 종류]

(2) 경계층 제어장치 : 받음각이 클 때 흐름의 떨어짐을 직접 방지하는 장치

① 불어날림 방식(blowing type)
② 빨아들임 방식(suction type)

| Section 2 |
비행역학

01 비행성능

1. 항력과 동력

가. 비행기에 작용하는 공기력

(1) 큰 날개와 꼬리 날개에 작용하는 공기력 : 양력과 항력

(2) 비행 중에 작용하는 항력의 종류

① 형상 항력 : 압력항력 + 마찰항력(점성항력)

② 유도 항력 : 내리흐름(down wash)에 의한 유도속도에 의해 발생하는 항력으로 종횡비가 클수록 유도항력은 작아진다.

③ 조파 항력 : 초음속 흐름에서 충격파에 의해 발생

④ 유해 항력 : 양력에 관계하지 않고 비행을 방해 하는 모든 항력(유도 항력 제외)

⑤ 냉각 항력

⑥ 간섭 항력(interference drag) : 항공기 각 부분을 통과하는 공기 흐름이 서로 간섭을 일으켜 발생하는 항력으로 특히 동체와 날개의 결합에 기인하는 것과 날개의 장착 위치에 의한 간섭이 크다.(대형기에서는 날개와 동체의 연결 부위에 필렛(fillet)을 장착하여 간섭 항력을 줄인다.)

⑦ 램(ram) 항력

나. 필요 마력(Pr)

항력에 의해서 소비되는 마력. 즉, 비행기가 항력을 이겨서 전진하는데 필요한 마력이며 항력이 작을수록 필요마력이 적게 든다.(항력×속도)

* 1 PS(불마력) = 75kg · m/s, 1 HP(영마력) = 550 lb · ft/sec

$$P_r = \frac{DV}{75}(PS)$$

다. 이용 마력(P_a)

(1) 프로펠러 항공기

이용마력 : $P_a = BHP \times \eta_p$

(∵프로펠러 효율(η_p) = $\dfrac{출력}{입력}$ = $\dfrac{이용마력}{제동마력}$ → 이용마력(P_a) = 제동마력(BHP)$\times Hp$)

- 이용마력이 마력과 속도에 대한 그래프에서 곡선으로 나타난다.

(2) 제트 항공기

$P_a = \dfrac{TV}{75}(PS) = \dfrac{TV}{550}(HP)$ (T : 비행기의 이용추력, V : 비행기의 속도)

- 이용마력이 마력과 속도의 그래프에서 직선으로 나타난다.

라. 여유마력(P_e, 잉여마력) – 상승마력

이용마력과 필요마력의 차 (여유마력 = 이용마력 – 필요마력)

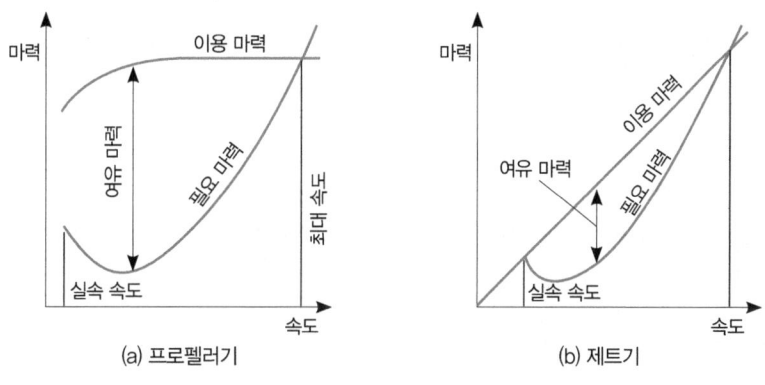

[비행기의 마력 곡선]

2. 일반 성능

가. 수평 비행성능

(1) **등속 비행** : $T = D$(비행방향에 대하여) → $T = D = C_D \dfrac{1}{2}\rho V^2 S$

(2) **수평 비행** : $W = L$(수직방향에 대하여) → $W = L = C_L \dfrac{1}{2}\rho V^2 S$

나. 상승, 하강 비행성능

(1) **상승비행**

① 힘의 관계식

$T = W\sin\theta + D,\ L = W\cos\theta$

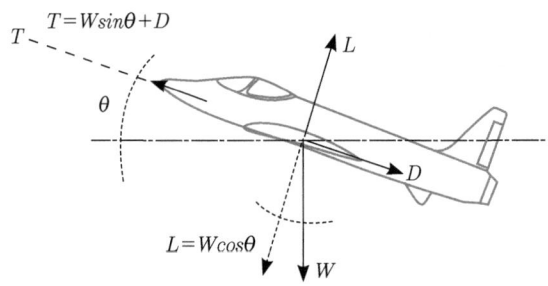

[상승 비행시의 힘의 평형식]

② 상승률(R.C : rate of climb) : 비행속도의 수직성분

$R.C = V sin\theta$ (상승각과 속도를 알 때)

③ 상승한계(ceiling) 및 상승시간

㉠ 절대상승한계(상승률 : 0m/s) : 이용마력과 필요마력이 같아져 상승률이 '0'이 될 때의 고도

㉡ 실용상승한계(상승률 : 0.5m/s, 100fpm) : 상승률이 0.5m/s 되는 고도 (절대상승 한계의 80~90%)

㉢ 운용상승한계(상승률 : 2.5m/s, 500fpm) : 비행기가 실제로 운용할 수 있는 고도

(2) 하강 비행

① 활공 비행(gliding)

활공비행 : 공중에서 기관이 없거나, 기관의 고장으로 정지된 상태에서의 비행

$L - W cos\theta = 0, \ W sin\theta - D = 0$

$$\frac{sin\theta}{cos\theta} = \frac{D}{L} \ \text{또는} \ tan\theta = \frac{C_D}{C_L} = \frac{1}{양항비} = \frac{고도}{수평활공거리}$$

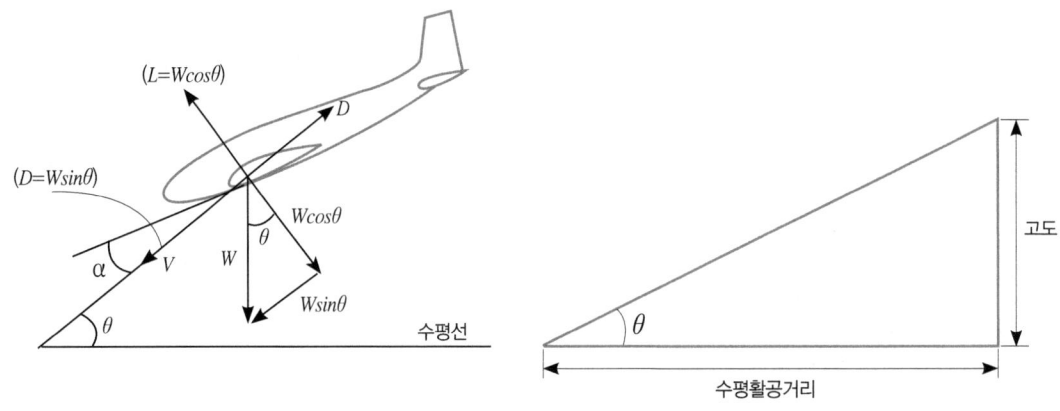

[활공 비행시 힘의 평형식 및 고도와 수평활공거리와의 관계]

② 급강하(diving)
  ㉠ 급강하 시 활공각 θ는 90°, 양력은 0이다 (L=0).
  ㉡ 종극속도(terminal velocity) : 비행기가 수직 강하를 할 때 점차 속도가 증가되다가 어떤 속도 이상이 되면 더 이상 증가 없이 일정 속도를 유지한다. 이것을 종극속도라 한다.

$$W = D = C_D \frac{1}{2}\rho V^2 S, \text{ 급강하 속도 } V_T = \sqrt{\frac{2W}{\rho s C_D}}$$

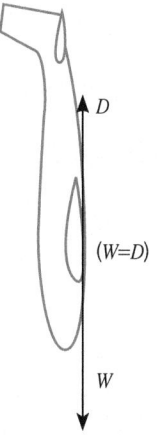

[급강하 비행시 힘의 평형식]

다. 선회 비행성능

(1) **정상 선회(coordinate turn)** : 수평면 내에서 일정한 선회 반지름으로 원 운동하는 비행

$$L\sin\theta = C.F(원심력) = \frac{WV^2}{gR}, \quad L\cos\theta = W$$

※ $\tan\theta = \dfrac{V^2}{gR}, \quad R = \dfrac{V^2}{g \times \tan\theta}$

> **Note**
> ① 항공기 선회 반경을 작게 하는 조건 : 선회 속도를 작게 하고 경사각을 크게 한다.
> ② 선회시의 미끄러짐 종류
>   • 구심력 < 원심력 : skid(외활)
>   • 구심력 > 원심력 : slip(내활)

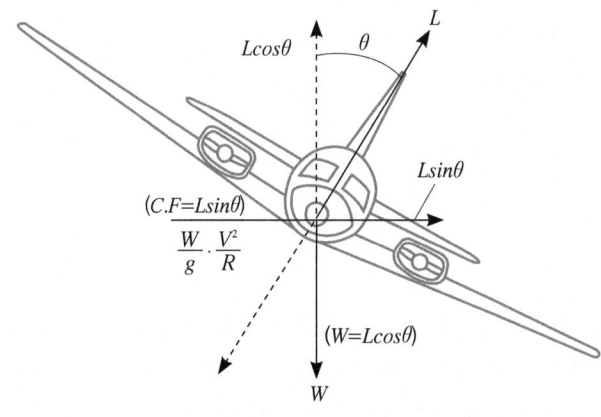

[선회 비행시 힘의 평형식]

(2) 선회 중의 하중배수(load factor)

① 수평비행시의 하중배수 $n = \dfrac{L}{W} = 1$

② 선회각 θ로 선회시의 하중배수 $n = \dfrac{L}{W} = \dfrac{L}{L\cos\theta} = \dfrac{1}{\cos\theta}$

라. 이·착륙 비행성능

(1) 이륙(take-off)

① 이륙속도 : 안전을 고려하여 실속 속도의 1.2배(1.2Vs)

② 이륙거리 : 지상 활주거리 + 상승거리(수평거리)

　㉠ 상승거리 : 비행기가 안전한 비행 상태의 고도까지 거리

　㉡ 장애물 고도

　　• 프로펠러 비행기 : 15m(50ft)

　　• 제트 비행기 : 10.7m(35ft)

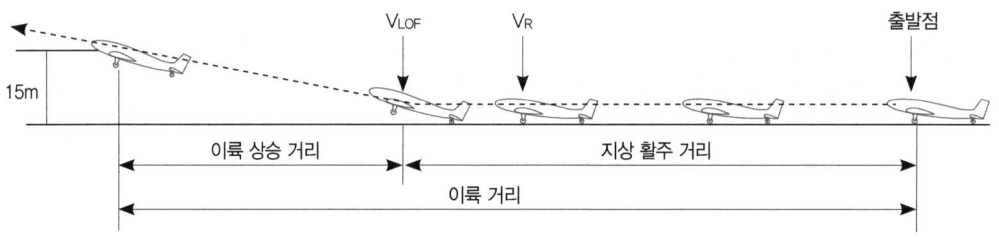

V_1 : 이륙 결정 속도 (take-off decision speed)
V_R : 이륙 전환 속도 (take-off rotation speed)
V_2 : 이륙 안전 속도 (take-off safety speed)
V_{LOF} : 부양 속도 (lift off speed)

[이륙 거리의 정의]

③ 이륙 활주거리를 짧게 하기 위한 조건

　㉠ 비행기의 무게를 가볍게 한다.

　㉡ 추력을 크게 한다.(가속도 증가)

　㉢ 항력이 적은 자세로 이륙한다.

　㉣ 맞바람(정풍)을 맞으면서 이륙한다.(바람의 속도만큼 비행기 속도증가)

　㉤ 고양력 장치를 사용한다.

(2) 착륙(landing)

① 착륙속도 : 활주로 위 15m 높이(장애물 고도)에서 진입속도 1.3Vs로 강하

② 착륙거리 : 착륙 진입거리 + 지상 활주거리(착륙활주거리)

　㉠ 착륙 진입거리 : 장애물 고도에서 바퀴가 지면에 접지 할 때까지의 거리

　㉡ 진입(approach) : 비행장에 착륙하기 위해 직선 강하하는 상태

③ 착륙거리를 짧게 하기 위한 조건
  ㉠ 비행기의 착륙무게를 가볍게 한다.(진입 중에)
  ㉡ 작은 실속속도로 착륙한다.
  ㉢ 활주 중 마찰력을 크게 하기 위해 스포일러 등 고항력 장치를 사용하여 양력을 줄이고, 항력을 증가시켜 비행기의 무게를 크게 해 착륙거리를 짧게 한다.

3. 특수 및 기동 성능

가. 실속 성능

(1) 실속이 일어나면 buffet 현상 발생, 승강키 효율 감소 → 기수내림 현상 발생

buffet : 박리에 의한 후류가 날개나 꼬리 날개를 진동시켜 발생하는 현상으로 실속이 일어나는 징조임을 나타낸다.

(2) 실속의 종류

① 부분 실속(partial stall) : 실속에 들어가기 전 실속 경보 장치가 울린 후 실속 회복
② 정상 실속(normal stall)
③ 완전 실속(complete stall)

나. 스핀 비행(spin)

(1) 스핀 : 자동회전(auto rotation)과 수직강하(diving)가 조합된 비행

(2) 정상스핀(normal spin)

① 수직스핀
② 수평스핀 : 낙하 속도는 수직 스핀보다 작지만 회전 각속도가 더 크다.

다. 비행하중

(1) 하중배수(load factor) : 가속도로 인해 발생하는 하중계수

$$n = 1 + \frac{관성력}{비행기\ 무게} = 1 + \frac{가속도(\alpha)}{g}$$

(2) 안전계수(safety factor)

① 제한 하중(limit load) : 비행 중에 생길 수 있는 최대하중
② 종극 하중(극한 하중, ultimate load) : 비행기에 발생하는 예기치 못한 과도한 하중을 말하며 비행기는 최소한 3초간의 하중을 견딜 수 있어야 한다. (종극하중 = 제한하중 × 안전계수)
③ V-n 선도 : 항공기의 속도(V)와 하중 배수(n)와의 관계를 직교좌표로 그린 그래프로 비행기의 안전한 운용범위를 나타낸다. → 구조 강도상의 보장

라. 항속 성능

(1) 순항(cruising) : 상승과 하강 구간을 제외한 비행 구간

① 경제속도(최량 경제속도) : 필요 마력이 최소인 상태로 비행할 때의 속도(연료 소비가 최소인 상태로 비행)

② 순항속도 : 경제속도는 실용상 너무 느려 경제속도보다 조금 빠른 속도로 비행

㉠ 장거리 순항방식 : 연료를 소비하는데 따라 비행기의 무게가 작아지므로 기관 출력을 줄여서 비행기 속도를 일정하게 유지하여 비행하는 방식

㉡ 고속 순항방식 : 기관의 출력을 일정하게 하면 연료소비에 따른 비행기의 무게가 감소하여 순항속도가 증가하는 방식

(2) 항속 거리와 항속 시간을 최대로 하는 조건

구분	propeller 기	Jet 기
항속 거리(range)를 최대로 하는 조건	$\left(\dfrac{C_L}{C_D}\right)_{max}$	$\left(\dfrac{C_L^{\frac{1}{2}}}{C_D}\right)_{max} = \left(\dfrac{\sqrt{C_L}}{C_D}\right)_{max}$
항속 시간(endurance)을 최대로 하는 조건	$\left(\dfrac{C_L^{\frac{3}{2}}}{C_D}\right)_{max}$	$\left(\dfrac{C_L}{C_D}\right)_{max}$

02 항공기의 안정과 조종

1. 조종면

가. 힌지 모멘트(hinge moment)와 조종력

(1) 조종면을 조작하기 위한 조종력은 힌지 모멘트에 비례한다.

$Fe = K \cdot He$ (Fe : 조종력, K : 기계적 이득 상수, He : 힌지 모멘트)

(2) 힌지 모멘트는 힌지 모멘트 계수(C_h), 동압(q), 조종면의 크기에 비례한다.

$H = C_h \dfrac{1}{2} \rho V^2 S \times c = C_h q (b \times c) c = C_h q \cdot b \cdot c^2$

(H : 힌지 모멘트, C_h : 힌지 모멘트 계수, b : 조종면의 폭, c : 조종면의 평균 시위)

(3) 고속, 대형 항공기는 조종력이 커야 하므로 공력 평형장치 및 탭(tab)을 이용하여 조종력을 경감시킨다.

나. 공력 평형 장치

(1) 앞전 밸런스(leading edge balance or overhang balance)

(2) 혼 밸런스(horn balance)
① 비보호 혼(un-shield horn)
② 보호 혼(shield horn)

(3) 내부 밸런스(internal balance)

(4) 프리즈 밸런스(frise balance)
① 도움날개에 많이 사용
② 연동되는 도움날개에서 발생하는 hinge moment가 서로 상쇄되도록 한 것
③ adverse yaw를 방지하는 방법으로 사용

다. 탭(tab)

(1) 목적
조종면의 뒷전 부분의 압력 분포를 변화시키는 역할을 함으로써 힌지 모멘트(hinge moment)에 큰 변화 발생

(2) 종류
① 트림 탭(trim tab) : 조종사가 비행 중에 발생할 수 있는 불평형 상태를 tab에 의해 교정함으로서 불필요한 조종력을 "0"으로, 즉 안정성을 해치지 않고 비행자세의 오차수정
② 밸런스 탭(balance tab) : 조종면이 움직이는 방향과 반대 방향으로 움직이도록 기계적으로 연결시킨 것으로 탭에 작용한 공력에 의해 조종력 경감.(lagging tab)
③ 서보 탭(servo tab) : 조종 탭(control tab)이라고도 하며, 조종석의 조종 장치와 직접 연결되어 tab만을 작동시켜 조종면이 움직이도록 설계
④ 스프링 탭(spring tab) : horn과 조종면 사이에 스프링을 설치하여, 스프링의 장력에 의해 항공기 속도에 따라 탭이 효율적으로 작동

2. 세로안정과 조종

안정과 조종은 서로 상반되는 성질을 나타내기 때문에 비행기 설계시에는 안정성과 조종성 사이에 적절한 조화를 유지하는 것이 필요하다.

가. 정적 안정

(1) 안정성(stability)
비행기가 수평비행 중에 돌풍 등의 교란을 받을 경우, 비행기 자체의 힘에 의해 원래의 자세로 돌아가려는 성질

(2) 정적 안정(static stability)
불평형 상태로부터 다시 평형 상태로 되돌아가려는 초기의 경향(성질)을 말함
① 평형상태(trim) : 물체에 작용하는 모든 힘의 합과 키놀이, 옆놀이, 빗놀이 모멘트의 합이

각각 "0"일 때(가속도가 없고, 정상비행 상태)

② 정적 불안정(음(-)의 정적안정)

③ 정적 중립

나. 동적 안정(dynamic stability)

시간이 경과함에 따른 운동의 변화를 나타낸 것으로 평형상태에서 이탈 후 시간이 경과함에 따라 운동의 진폭(진동)이 감소하여 원래의 평형상태로 되돌아가는 경우를 말한다.

※ 동적 안정이면 정적 안정이다.

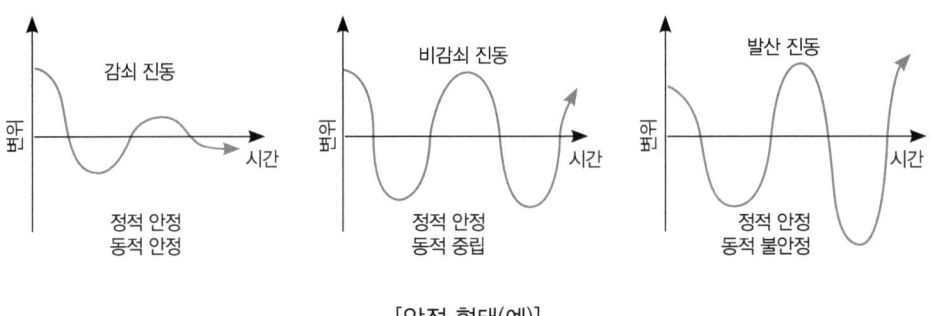

[안정 형태(예)]

다. 비행기의 기준축과 운동

(1) X축 : 세로축 운동, 옆놀이 모멘트(rolling), 가로안정 → 도움날개 → 조종간 좌우 조작

(2) Y축 : 가로축 운동, 키놀이 모멘트(pitching), 세로안정 → 승강키 → 조종간 전후 조작

(3) Z축 : 수직축 운동, 빗놀이 모멘트(yawing), 방향안정 → 방향키 → pedal의 전후 조작

라. 조종계통-주 조종면 (1차 조종면, primary control surface)

(1) 도움날개(aileron)

① 세로축 운동을 하며 가로 조종에 사용 → 롤링 모멘트(rolling moment)

② 좌우 도움날개의 올림과 내림의 각도가 다르게 (올림 각은 크고, 내림 각은 작게) 작용함

→ 차동 조종(differential control), (도움 날개의 유도항력 크기가 다르기 때문에 발생하는 역 빗놀이 방지)

(2) 승강키(elevator)

가로축 운동으로(Y축) 세로 조종에 사용 → 피칭 모멘트(pitching moment)

(3) 방향키(rudder)

수직축 운동으로 (Z축) 방향 조종에 사용 → 빗놀이 운동(yawing moment)

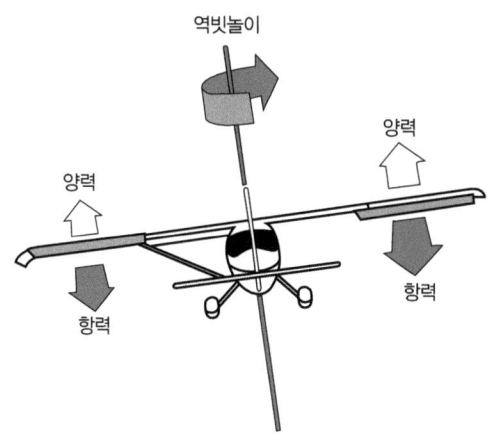

[역 빗놀이 (adverse yaw)]

마. 정적 세로 안정

(1) 정적 세로 안정

① 비행기 받음각과 가로축(Y축)을 기준으로 하여 상하 운동 즉, 키놀이 모멘트(pitching moment)에 의한 안정이다.

② 양력계수(C_L)와 키놀이 모멘트 계수(C_m) 그래프에서 음(−)의 기울기로 나타난다.

③ 키놀이 모멘트

$$M = C_m \frac{1}{2} \rho V^2 S \times c = C_m q S c$$
$$= C_m q (b \times c) \cdot c = C_m \cdot q \cdot b \cdot c^2$$

(M : 무게 중심에 관한 키놀이 모멘트, 기수를 드는 방향이 (+)방향이다.
q : 동압, S : 날개 면적, C_m : 키놀이 모멘트 계수, c : 평균공력시위(MAC))

(2) 비행기의 세로안정을 좋게 하는 방법

① 무게 중심(c.g)이 날개의 공기역학적 중심(a.c)보다 앞에 위치 할 것

② 날개가 무게 중심보다 높은 위치에 있을 것(high wing)

③ 꼬리 날개의 면적을 크게 하던지 시위를 크게 할 것

④ 꼬리 날개의 효율($\frac{q_t}{q}$)을 크게 할 것

> **Note** | 날개와 꼬리날개에 의한 무게 중심 주위의 모멘트
> - Mc · g (무게 중심 주위의 모멘트)= Mc · g wing + Mc · g tail
> - Mc · g wing : 날개 만에 의한 키놀이 모멘트
> - Mc · g tail : 수평꼬리 날개에 의한 키놀이 모멘트

바. 동적 세로 안정
외부의 영향(교란)을 받은 비행기의 시간에 따른 진폭 변위에 관한 것

(1) 장주기 운동
① 주기가 매우 긴 진동 운동으로 20~100초 사이의 값이다.
② 키놀이 자세, 고도와 비행 속도는 변하나 수직 방향의 가속도와 받음각은 변하지 않는다.

(2) 단주기 운동
① 키놀이 진동이며 짧은 주기 운동으로 0.5~5초 사이이다.
② 키놀이 자세, 고도와 비행 속도는 변하지 않고 수직 방향의 가속도와 받음각은 급격히 변한다.
③ 동적 세로 안정의 운동 중에서 가장 중요하다.
④ 단주기 운동이 발생하면 조종간을 자유로 하여 필요한 감쇠를 한다.

(3) 승강키 자유운동
① 승강키를 자유로 했을 때 발생하는 아주 짧은 주기의 진동으로 0.3~1.5초 사이이다.
② hinge선에 대한 승강키 flapping 운동이며 큰 감쇠를 갖는다.

3. 가로안정과 조종

가. 정적 가로 안정
(1) 정의
수평 비행 상태로부터 가로 방향으로의 공기력은 옆미끄럼을 유발시켜 수평비행상태로 복귀시키는 옆놀이 모멘트(rolling moment)를 발생시킨다. 옆놀이 모멘트 계수가 음(-)의 값을 가질 때 가로 안정이 있다.(옆미끄럼각(β)과 옆놀이 모멘트 계수(C_m) 그래프에서 음(-)의 기울기로 나타난다.)

(2) 가로 안정에 기여
① 날개의 상반각 효과(dihedral effect)
② 날개의 뒤젖힘각 효과(sweepback effect)

나. 동적 가로 안정
(1) 방향 불안정(directional divergence) → 허용불가
초기의 작은 옆미끄럼에 대한 반응이 옆미끄럼을 증가시키려는 경향이 있을 때 발생한다.

(2) 나선 불안정(spiral divergence) : 정적 방향 안정이 정적 가로 안정보다 클 때 나타난다.

(3) 가로 방향 불안정(dutch roll)
① 가로 진동과 방향 진동이 결합된 것이다.
② 쳐든각 효과가 정적 방향 안정보다 클 때 발생한다.

③ 동적으로는 안정하지만 진동하는 성질 때문에 발생한다.

4. 방향안정과 조종

가. 방향 안정

(1) **정의** : 정적 방향 안정은 비행기를 평형 상태로 되돌리려는 경향의 빗놀이 모멘트를 발생시킨다.

① 빗놀이 모멘트

$$N = C_n \frac{1}{2}\rho V^2 S \times b = C_n \frac{1}{2}qSb$$
$$= C_n q(b \times c) \cdot b = C_n qb^2 c$$

(N : 빗놀이 모멘트, 오른쪽 회전이 (+)방향이다. q : 동압, S : 날개 면적, C_n : 빗놀이 모멘트 계수, b : 날개 길이)

② 옆미끄럼각(β)과 빗놀이 모멘트 계수(C_n) 그래프에서 양(+)의 기울기로 나타난다.

(2) **도살핀(dorsal Fin)** : 수직꼬리날개가 실속하는 큰 옆미끄럼 각에서 방향 안정 증가

① 큰 옆미끄럼 각에서 동체의 안정성 증가

② 수직 꼬리 날개의 유효 종횡비를 감소시켜 실속각 증가

나. 방향 조종

(1) **방향 조종** : 방향키에 의해 수행된다.

(2) **방향키 부유각(rudder float angle)** : 방향키를 자유로 했을 때 공기력에 의하여 방향키가 자유로이 변위되는 각으로 큰 옆미끄럼각에서 급격히 증가한다.

5. 고속기의 비행 불안정

가. 세로 불안정

(1) **턱 언더(tuck under)** : 기수가 내려가는 경향과 조종력의 역작용 현상을 턱 언더라 한다.

① 발생원인 : 비행 속도가 임계 마하수(Mcr)를 넘으면 풍압중심의 위치가 뒤로 이동하여 기수를 내려가게 하는 모멘트가 증가하고 꼬리날개의 받음각도 증가하여 기수는 내려가게 된다.

② 마하 트리머(mach trimmer), 피치 트림 보상기(pitch trim compensator)를 설치하여 자동적으로 턱 언더 현상을 수정

(2) **피치 업(pitch-up)**

① 하강비행 시 조종간을 당겼을 때 예상한 정도 이상으로 기수가 올라가는 현상

② 피치 업의 발생원인

㉠ 뒤젖힘 날개의 날개 끝 실속

㉡ 뒤젖힘 날개의 비틀림

ⓒ 풍압중심이 앞으로 이동

ⓔ 승강키 효율의 감소

(3) 딥 실속(deep stall)

① 수평 꼬리날개가 높은 위치에 있을 때, T형 꼬리날개를 가질 때 발생

② 수평 꼬리 날개의 딥 실속 방지법

ⓞ 실속 트리거 장치를 설치한다.

ⓝ 동체 위쪽에 기관을 설치하는 경우 날개 윗면에 stall fence를 붙이거나 날개 밑면에 vortilon을 붙인다.

나. 가로 불안정

(1) 날개 드롭(wing drop)

① 비행기가 천음속 영역에 도달하면 한쪽 날개가 실속을 일으켜서 갑자기 양력을 상실하여 급격한 옆놀이를 일으키는 현상이다.

② 도움날개의 효율이 떨어져 회복이 어렵다.

③ 두꺼운 날개를 가진 비행기가 천음속으로 비행 시 발생한다.

(2) 옆놀이 커플링(roll coupling)

① 커플링(상호효과) : 한 축에 교란을 줄때 다른 축 주위에도 교란이 생기는 현상이다.

② 공력 커플링(aerodynamic coupling)

ⓞ 옆놀이 운동 시 : 옆놀이와 빗놀이 모멘트 발생

ⓝ 방향키, 옆미끄럼 조작시 : 빗놀이와 옆놀이 운동 발생

③ 관성 커플링(inertia coupling) : 기체축이 기류축에 경사지게 되면 기류축에 대한 옆놀이 운동과 원심력에 의해 키놀이 모멘트 발생

[벤트럴 핀(Ventral fin)]

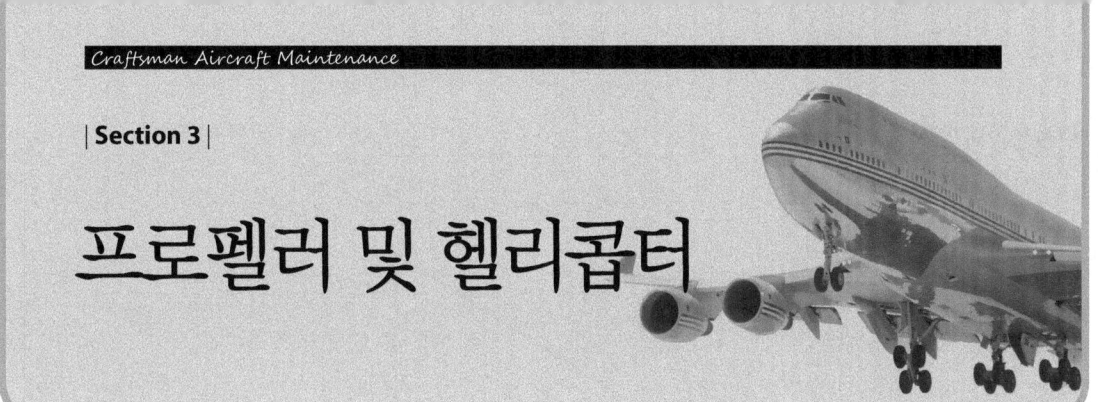

Section 3
프로펠러 및 헬리콥터

01 프로펠러 추진원리

1. 프로펠러 개요

가. 용어

(1) **깃 각**(blade angle, β) : 비행기 날개의 붙임각과 같은 것으로 프로펠러 회전면과 시위선이 이루는 각

(2) **유입각**(φ, 전진각) : 비행 속도와 깃의 회전 선속도를 합하여 하나의 합성속도(공기 유입 방향)를 만든 다음 이것과 회전면이 이루는 각

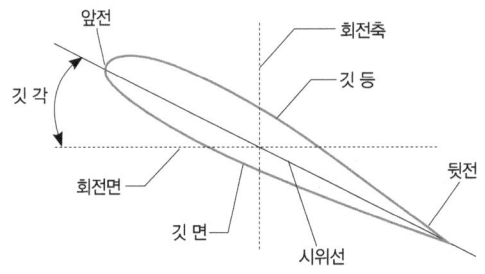

[프로펠러 깃의 단면 명칭]

(3) **받음각** : 깃 각에서 유입각을 뺀 각 (깃의 시위선과 유입 공기 방향과의 각)

(4) **피치**(pitch) : 프로펠러 1회전에 얻을 수 있는 전진거리

① 기하학적 피치(GP, geometric pitch) : 공기를 강체로 가정하고 이론적으로 얻을 수 있는 피치,
$GP = 2\pi r \cdot \tan\beta$

② 유효 피치(EP, effective pitch) : 프로펠러 1 회전에 실제로(공기 중에서) 얻은 전진거리,
$EP = \dfrac{V}{n} = 2\pi r \cdot \tan\phi$

47

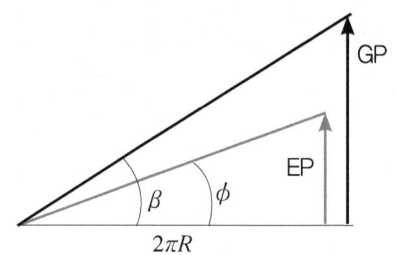

[기하학적 피치(GP)와 유효 피치(EP)의 정의]

③ 슬립 $Slip = \dfrac{GP - EP}{GP} \times 100\%$

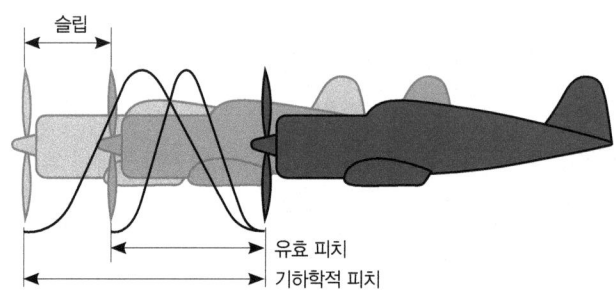

[슬립(Slip)의 정의]

나. 비행 중 프로펠러에 작용하는 힘과 응력(stress)

(1) 추력과 휨 응력

(2) 원심력과 인장 응력

(3) 비틀림력과 비틀림 응력

① 원심 비틀림 모멘트 : 깃을 저피치 되는 방향으로 회전

② 공력 비틀림 모멘트 : 깃을 고피치 되는 방향으로 회전

2. 프로펠러의 성능

가. 프로펠러의 추력

(1) 추력 : $T = ma = \rho A V^2 = \rho \left(\dfrac{\pi D^2}{4} \right)(\pi D n)^2 = C_t \rho n^2 D^4$

(n : 프로펠러 회전수, D : 프로펠러 직경, C_t : 추력 계수)

(2) 토크 : $Q = Tr = \rho A V^2 = C_t \rho n^2 D^4 \dfrac{D}{2} = C_q \rho n^2 D^5$

(3) 동력 : $P = Q\omega = C_q \rho n^2 D^5 \times 2\pi n = C_p \rho n^3 D^5$

나. 프로펠러의 효율

$$\eta_p = \frac{TV}{P} = \frac{C_t \rho n^2 d^4 V}{C_p \rho n^3 D^5} = \frac{C_t}{C_p} \times \frac{V}{nD} = \frac{C_t}{C_p} \times J$$

(1) 진행률(Advance ratio) : $J = \dfrac{V}{nD} = \dfrac{V}{n} \times \dfrac{1}{D} =$ 유효피치$\times \dfrac{1}{직경}$

(2) 깃 끝 속도 : $V_t = \sqrt{V^2 + (2\pi rn)^2}$, (V : 비행 속도, 2πrn : 회전 선속도)

02 헬리콥터 비행원리

1. 헬리콥터의 공기역학

가. 주회전 날개(main rotor)

(1) **구성** : 여러 개의 깃(blade)과 허브(hub)로 구성

(2) **flapping 운동** : 수평축에 대한 회전날개 깃(rotor blade)이 주기적으로 상하로 움직이는 운동 (flapping hinge, 수평 힌지)

① flapping hinge 장착에 따른 장점

㉠ 기준 축을 기울이지 않고 회전면을 기울일 수 있다.

㉡ blade의 뿌리 부분에 발생되는 굽힘력 상쇄

㉢ 자유로운 flapping으로 돌풍에 의한 영향제거

㉣ 양력의 불평형 해소

② 단점 : 기하학적인 불평형(회전날개가 주기적으로 회전하면서 생기는 항력과 관성력에 기인) 발생

(3) **lead-lag 운동** : 회전축을 중심으로 회전면 안에서 blade가 전후로 움직이는 운동(lead-lag hinge 또는 drag hinge, 수직 힌지)

① 코리올리 효과(coriolis effect)에 의해 발생

② lead-lag damper(drag damper) : 과도한 lead-lag 운동 방지 목적

> **Note** | 코리올리 효과(coriolis effect, 각운동량 보존의 법칙)
> 질량 중심이 회전축에 가까이 이동하면 회전 속도가 빨라지고 질량 중심이 회전축으로부터 멀어지면 회전 속도가 느려진다.

③ 회전 원판(rotor disk) : 회전날개의 회전면 → 깃끝 경로면

④ 코닝각(coning angle) : 회전면과 원추 모서리가 이루는 각

→ 원추각(원심력과 양력의 합력에 의해 발생)

⑤ 받음각(angle of attack) : 회전면과 헬리콥터의 진행 방향이 이루는 각

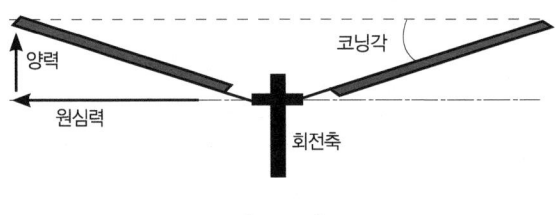

[코닝각]

(4) feathering 운동 : pitch각(깃각)을 변화시키는 운동(feathering hinge)

전진 → 작은 pitch각, 후퇴 → 큰 pitch각

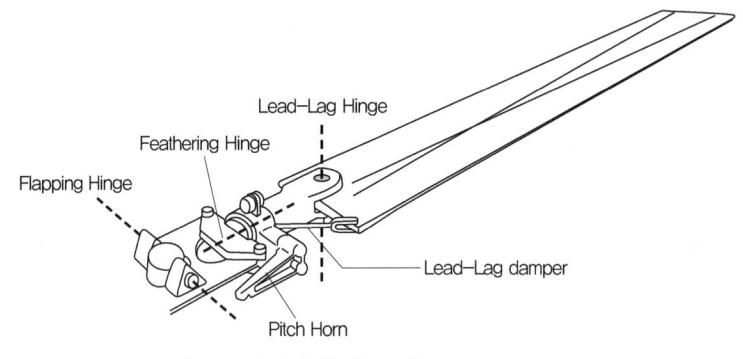

[회전 날개의 힌지 종류]

나. 꼬리 회전 날개(tail rotor 또는 anti-torque rotor)

주회전 날개에서 발생한 토크를 상쇄시키며, 방향 조종에 사용

2. 헬리콥터의 안정 및 조종

가. 정지비행(hovering) : 일정 고도를 유지하며 공중에 정지 상태로 떠 있는 상태

(1) 헬리콥터 무게와 같은 크기의 회전날개의 추력

(2) 반작용 → 추력과 크기는 같고 방향이 반대인 힘 → hovering의 조건

(3) 회전면 하중(disk load) $D \cdot L = \dfrac{\text{헬리콥터 무게}}{\text{회전면의 면적}} = \dfrac{W}{\pi r^2}$

(일반적으로 헬기의 원판 하중(회전면 하중)은 보통 12~60kg/m² 정도)

(4) 마력하중(horse power loading) : 헬리콥터 전체의 무게를 마력으로 나눈 값

$$마력하중 = \frac{W}{HP}$$

나. 자동 회전(auto rotation)

동력 발생장치의 고장 시 로터를 분리해서 원래 방향대로 계속 양력을 만들면서 활공하는 것으로 자동회전을 시키는 부분은 대략 blade의 25~75% 부분에 해당되고, 이 때 blade 폭과 같은 크기의 낙하산을 매단 것 같은 효과를 갖는다.

> **Note**
> ① 프리휠 클러치(freewheel clutch) : auto rotation시 회전 날개만 회전할 수 있도록 엔진과 회전 날개를 분리시키는 장치
> ② 원심 클러치(centrifugal clutch) : 왕복 기관 시동시 기관에 부하가 걸리지 않도록 하는 것으로 기관의 회전수가 낮을 때에는 기관의 회전력이 동력전달장치에 전달되지 않도록 한다.

다. 지면효과(ground effect)

헬리콥터가 지면에 가깝게 접근하게 되면 정지비행 때의 후류가 지면에 영향을 줌으로써 회전날개 회전면 아래의 공기압력이 대기압보다 증가되어 양력증가의 효과를 주는 것

> **Note**
> 회전날개 회전면의 고도가 회전날개 반지름 정도에 있을 때 추력증가는 5~10% 정도가 되며 그와 같은 지면 효과로 인하여 같은 기관의 출력으로 많은 무게를 지탱할 수 있다.

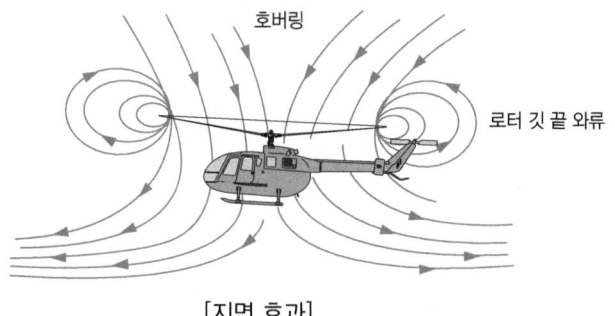

[지면 효과]

라. 헬리콥터의 수평최대속도 제한

(1) 후퇴하는 깃의 날개 끝 실속
(2) 후퇴하는 깃뿌리의 역풍범위
(3) 전진하는 깃 끝의 마하수 영향

마. 헬리콥터의 안정과 조종

(1) 헬리콥터의 균형과 조종

① 세로균형 : 주기적 피치 제어레버와 동시 피치 제어레버 사용

　㉠ 주기적 피치 제어(cyclic pitch control)

　㉡ 동시 피치 제어(collective pitch control)

② 가로 및 방향균형 : 주기적 피치 제어 레버와 pedal을 사용하여 가로 방향에 대한 변수 조절

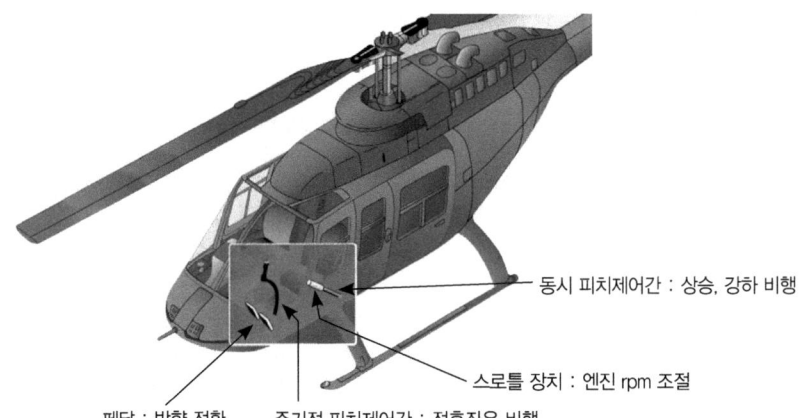

[헬리콥터의 조종간과 역할]

(2) 헬리콥터의 조종

① 수직방향 조종 : collective pitch control lever → 상승 및 하강 → throttle과 연동으로 작동

② 수평방향 조종 : cyclic pitch control lever → 전진 및 후진, 측진 등 조종간의 위치에 따라 회전면을 기울여 원하는 방향으로 조종

③ 방향조종 : pedal을 작동시켜 tail rotor의 pitch를 조종함으로써 원하는 방향으로 조종

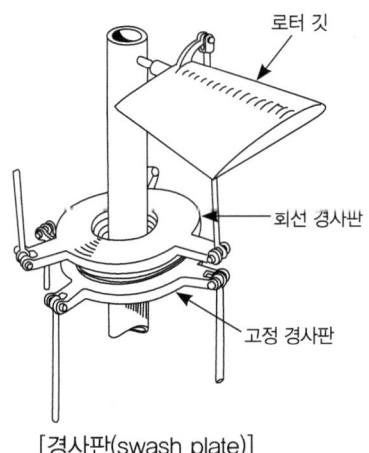

[경사판(swash plate)]

> **Note | swash plate(경사판)**
> 비행기의 조종면(control surface) 역할을 하는 장치로 주 회전 날개 아래에 한 쌍(회전 경사판, 고정 경사판)으로 되어 있으며, 조종간을 움직이면 경사판이 움직여 원하는 방향으로 조종할 수 있다.

제1장 비행원리 적중예상문제

01 비행성능 일반

01 다음 중에서 대기권의 구조는?

① 대류권 – 전리층 – 외기권 – 성층권
② 대류권 – 성층권 – 전리층 – 외기권
③ 성층권 – 대류권 – 전리층 – 외기권
④ 전리층 – 성층권 – 대류권 – 외기권

해설 대기권은 대류권–성층권–중간권–열권(전리층)–극외권(외기권)으로 구성된다.

02 다음 대기권의 구조 중 열권에 대한 바른 설명이 아닌 것은 무엇인가?

① 중간권 위에 있다.
② 극광, 유성이 길게 밝은 빛의 꼬리를 남긴다.
③ 전리층이 있다.
④ 각 분자, 원자는 지상에서 발사된 탄환과 같이 궤적운동을 한다.

해설 대기권의 구조
- 대류권 : 기상 현상이 있고 1km 상승시마다 온도가 6.5℃씩 낮아진다. (대류권계면 : 대기가 안정하여 제트기의 순항 고도로 적합)
- 성층권 : 고도변화에 따라 기온의 변화가 없고 오존(O_3)층이 존재한다.
- 중간권 : 대기권 중에서 온도가 가장 낮다.
- 열권 : 전리층(D, E, F층)이 있고 극광(오로라) 현상이 나타난다.
- 극외권 : 원자와 분자수는 무척 희박하여 탄환 궤적운동을 하며 경우에 따라 우주 밖으로 이탈하기도 한다.

03 대기가 안정하여 구름이 없고, 기온이 낮으며, 공기가 희박하여 제트기의 순항고도로 적합한 곳은?

① 대류권계면   ② 성층권계면
③ 중간권계면   ④ 열권계면

04 대류권에서 고도가 증가함에 따라서 대기는 어떻게 변화하는가?

① 온도 증가, 압력과 밀도 감소
② 압력 증가, 온도와 밀도 감소
③ 압력, 밀도, 온도 감소
④ 압력, 밀도, 온도 증가

해설 압력, 밀도는 대기에서 고도와 반비례하지만 온도는 대류권에서만 반비례하고 그 이상에서는 다르게 변화한다.

05 국제표준대기(ISA) 기준과 관계가 먼 것은?

① 상태방정식 만족
② 고도 상승에 관계없이 온도 −56.5℃ 유지
③ 항공기의 설계운용에 기준이 되는 대기 상태
④ 해발고도 밀도는 $0.12492 kgf \cdot s^2/m^4$

해설 고도 11km(−56.5℃)까지는 1km마다 −6.5℃ 감소하고, 그 이상은 일정하다.

[01. 비행성능 일반] 01 ② 02 ④ 03 ① 04 ③ 05 ②

06 점성의 영향을 무시하고 유체의 흐름을 해석한 경우는?

① 압축성 유체 ② 정상 흐름
③ 이상 유체 ④ 실제 유체

해설 • 유체의 밀도 변화 고려에 따라 : 비압축성 유체(밀도 변화 ×), 압축성 유체(밀도 변화 ○)
• 흐름 시간 경과에 따른 밀도, 속도, 압력 변화에 따라 : 정상흐름(밀도, 속도, 압력 변화 ×), 비정상흐름(밀도, 속도, 압력 변화 ○)
• 유체의 점성 고려에 따라 : 이상유체(점성 ×), 실제유체(점성 ○)

07 연속 방정식 $\rho_1 A_1 V_1 = \rho_2 A_2 V_2$의 설명으로 틀린 것은?

① A · V의 값은 일정(constant)하다.
② A와 V는 반비례 관계이다.
③ $\rho_1 = \rho_2$일 때 비압축성이다.
④ 에너지 보존 법칙으로 설명할 수 있다.

해설 연속 방정식은 질량 보존의 법칙으로 설명할 수 있으며, 에너지 보존 법칙은 항공기 기관에 관계되는 열역학 제1법칙이다.

08 입구지름이 10cm이고 출구지름이 20m인 원형관에 액체가 흐르고 있다. 출구에서의 속도가 10m/s일 때 입구 속도는 얼마인가?

① 2.5m/s ② 10m/s
③ 20m/s ④ 40m/s

해설 연속방정식 : $A \cdot V$ = 일정
$A_1 V_1 = A_2 V_2$, $V_1 = \frac{A_2}{A_1} \times V_2 = \frac{20^2}{10^2} \times 10$

09 다음 중 베르누이 정리에서 압력과 속도와의 관계는?

① 정압이 커지면 속도도 커진다.
② 정압이 커지면 속도는 일정하다.
③ 정압이 커지면 속도는 감소한다.
④ 정압이 감소하면 동압도 감소한다.

해설 베르누이 방정식 : 정압과 동압의 합은 항상 일정하다.($P_t = P + \frac{1}{2}\rho V^2$ = 일정)
그러므로 속도와 압력은 서로 반비례한다.

10 밀도가 $0.1 kg \cdot s^2/m^4$이고, 유체 흐름 속도가 100m/s일 때 동압은 얼마인가?

① $100 kg/m^2$
② $500 kg/m^2$
③ $1,000 kg/m^2$
④ $1,500 kg/m^2$

해설 $q = \frac{1}{2}\rho V^2 = \frac{1}{2} \times 0.1 \times 100^2$

11 레이놀즈수에 대한 설명 중 틀린 것은?

① $Re = \frac{\rho VL}{\mu} = \frac{VL}{\nu}$
② 단위는 cm^2/s
③ 관성력과 점성력의 비
④ 천이 레이놀즈수를 임계레이놀즈수라 한다.

해설 레이놀즈수는 무차원수(단위가 없음)이다.

12 동점성계수를 올바르게 나타낸 것은?

① 점성계수/밀도
② 밀도/점성계수
③ 관성력/점성력
④ 점성력/중력

해설 레이놀즈 수를 표현할 때 쓰이는 함수로 단위로는 cm^2/sec, m^2/sec, ft^2/sec 등이 있으며, $1 cm^2/sec$를 1stokes라고도 한다.

정답 06 ③ 07 ④ 08 ④ 09 ③ 10 ② 11 ② 12 ①

13 360km/h의 속도로 비행하는 항공기의 시위 길이가 2.5m이고 동점성 계수가 0.14cm²/s일 때 레이놀즈수는 얼마인가?

① 1.79×10^9 ② 1.55×10^9
③ 1.79×10^7 ④ 1.55×10^7

해설 $\text{Re} = \dfrac{VC}{v}$
$= \dfrac{(350/3.6) \times 100 \times 2.5 \times 100}{0.14}$
(단위를 같게 한 후 계산, 속도는 m/sec, 길이는 cm로 통일, 1km/h는 $\dfrac{1}{3.6}$ m/sec이며, 1m는 100cm이다.)

14 다음 중 임계 레이놀즈수를 옳게 설명한 것은?

① 난류에서 층류로 변할 때의 레이놀즈수
② 층류에서 난류로 변할 때의 속도
③ 층류에서 난류로 변할 때의 레이놀즈수
④ 난류에서 층류로 변할 때의 속도

해설 경계층은 흐름 중에 놓인 물체의 앞전에서는 층류경계층, 그리고 뒤이어 난류경계층이 형성된다. 층류에서 난류로의 변화 과정을 천이(transition) 라고 하며, 천이시의 레이놀즈수를 임계 레이놀즈수(critical Reynolds number)라고 한다.

15 다음 중에서 와류발생장치(vortex generator) 의 목적은?

① 층류의 유지 ② 난류의 생성
③ 불규칙흐름의 제거 ④ 항력 감소

해설 와류발생장치 : 날개 상부 앞전 쪽에 설치되어 있는 작은 금속 strip으로 난류 흐름을 형성시켜 박리를 지연시킨다.

16 대기의 성질 중 음속에 가장 큰 영향을 주는 물리적 요소는 무엇인가?

① 압력 ② 밀도
③ 온도 ④ 습도

해설 이상 기체의 경우 음속은 온도에만 좌우된다.
음속 $C = \sqrt{\gamma RT}$
(γ : 비열비, R : 기체상수, T : 온도)

17 다음 중 마하수 0.75 이하의 흐름을 무엇이라 하는가?

① 천음속 ② 아음속
③ 초음속 ④ 극초음속

해설
- M < 0.3   비압축성흐름 : 아음속
- 0.3 < M < 0.75   압축성흐름 : 아음속
- 0.75 < M < 1.2   압축성흐름 : 천음속
- 1.2 < M < 5.0   압축성흐름 : 초음속
- 5.0 < M   압축성흐름 : 극초음속

18 아음속 흐름과 초음속 흐름을 비교할 때 가장 두드러진 차이는?

① 점성 작용 ② 압축성 효과
③ 마찰 효과 ④ 가속 작용

해설 초음속 흐름에서는 공기의 압축성 효과에 의해 공기의 성질이 완전히 변한다. 압축성 효과를 나타내는 데 가장 중요하게 사용되는 무차원수는 마하수(Mach number)이다.

19 다음은 날개의 충격파 특성을 설명한 것이다. 틀린 것은?

① 음속 이상일 때 발생한다.
② 충격파를 지나온 공기입자의 압력은 감소한다.
③ 충격파를 지나온 공기입자의 밀도는 증가한다.
④ 충격파 후방의 공기흐름 속도는 급격히 감소한다.

해설 충격파의 강도는 충격파의 앞쪽과 뒤쪽의 압력차를 의미하며, 충격파를 지나온 공기입자의 속도는 감소하고 압력은 증가한다.

정답 13 ③ 14 ③ 15 ② 16 ③ 17 ② 18 ② 19 ②

Chapter 01 비행원리

20 충격파의 영향이라고 볼 수 없는 것은?

① 조파항력
② 경계층 박리
③ 마찰항력
④ 충격실속

해설 마찰항력은 공기의 점성에 의해 발생하는 항력이다.

21 다음 중 날개꼴(airfoil)에서 캠버(camber)를 나타내는 것은?

① 날개의 윗면과 아랫면 사이의 거리
② upper camber와 lower camber 사이의 거리
③ 시위선에서 평균캠버선까지의 거리
④ 앞전에서 최대 캠버선까지의 거리

해설
• 시위 또는 시위선(chord or chord line) : 앞전과 뒷전을 연결한 직선
• 평균캠버선(mean camber line) : 두께의 이등분점을 연결한 선

22 그림의 에어포일 설명 중 잘못된 것은?

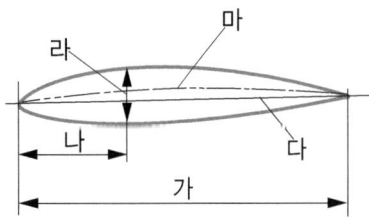

① 가 - 시위길이
② 나 - 최대캠버위치
③ 다 - 시위선
④ 라 - 캠버

해설 라 - 두께, 마 - 평균캠버선

23 다음 중에서 받음각(angle of attack)이란 무엇인가?

① 기체축과 상대풍이 이루는 각
② 가로축과 시위선이 이루는 각
③ 시위선과 상대풍이 이루는 각
④ 상대풍과 항공기 진행방향과의 각

해설
• 받음각(영각) : 항공기 진행 방향(상대풍)과 시위선이 이루는 각
• 붙임각(취부각-angle of incidence) : 항공기 세로축과 시위선이 이루는 각

24 항공기 무게가 3,000kg, 양력 계수가 0.5, 공기 밀도가 0.2kgf-sec^2/m^4, 비행 속도가 100km/h, 날개 면적이 40m^{2}일 때 양력은 얼마인가?

① 771kg
② 1,543kg
② 3,086kg
④ 3,000kg

해설 $L = C_L \frac{1}{2} \rho V^2 S$
$= 0.5 \times \frac{1}{2} \times 0.2 \times \left(\frac{100}{3.6}\right)^2 \times 40$

25 받음각이 일정할 때, 양력은 고도가 증가하면 어떻게 되는가?

① 감소한다.
② 증가한다.
③ 증가하다 감소한다.
④ 변화가 없다.

해설 자세의 변화가 없다면 고도가 증가일수록 밀도가 감소하므로 양력은 감소된다.

26 비행기 항력을 결정하는 것 중 가장 큰 비중을 차지하는 요소는?

① 밀도
② 면적
③ 속도
④ 압력

해설 $D = C_d \frac{1}{2} \rho V^2 S$

27 다음 중 좋은 날개골의 요소는 무엇인가?

① 날개는 두꺼울수록 좋다.
② 앞전반지름이 큰 날개가 좋다.
③ C_L 특히 C_{Lmax}이 큰 날개골
④ C_D 특히 C_{Dmax}이 큰 날개골

해설 최대양력계수(C_{Lmax})가 크고 최소항력계수(C_{Dmax})가 작을수록 좋은 날개골이다.

28 압력중심(Center of Pressure)에 관한 설명으로 가장 거리가 먼 것은?

① 압력중심 이동이 크면 비행기의 안정성에 좋지 않다.
② 압력중심의 위치는 앞전으로부터 압력중심까지의 거리와 시위 길이와의 비(%)로 나타낸다.
③ 보통의 날개에서 받음각이 커지면 압력중심은 뒤로 이동한다.
④ 날개에 압력이 작용하는 합력점이다.

해설 풍압중심=압력중심(C.P) : 날개 상·하면에 분포하는 압력의 대표 지점이다. 받음각의 변화에 따라 이 위치는 변하는데 받음각 증가시 C.P는 전방으로 이동하며, 감소시 C.P는 후방으로 이동한다.

29 공기력 중심(AC)과 풍압 중심(압력 중심)에 대한 설명 중 가장 올바른 것은?

① 공기력 중심과 풍압 중심은 항상 일치된다.
② 받음각의 변화에도 불구하고 피칭 모멘트가 일정한 점을 공기력 중심이라 한다.
③ 받음각의 변화에도 불구하고 피칭 모멘트가 일정한 점을 풍압 중심이라 한다.
④ 양력과 항력의 합성력이 날개시위 선상의 어떤 점에 작용할 때 그 점에서의 피칭 모멘트가 0이라면 그 점은 날개의 공기력 중심이다.

30 NACA 23015의 날개골에서 최대 캠버의 위치는?

① 15% ② 20%
③ 23% ④ 30%

해설
• 2 : 최대캠버의 크기가 시위의 2%
• 3 : 최대캠버의 위치가 앞전에서 시위의 15%
• 0 : 평균캠버선이 뒤쪽 반이 직선 (1 인 경우 : 곡선)
• 15 : 최대의 두께가 시위의 15%

31 다음 중에서 대칭인 날개골은 무엇인가?

① NACA 0022
② NACA 22022
③ NACA 2412
④ CLARK Y

해설 CLARK Y : 저속비행기에 많이 사용되는 성능이 좋은 날개골로서 밑면이 직선으로 되어있다.

32 직사각형 날개의 가로세로비를 나타낸 식으로 틀린 것은? (단, b : 날개의 길이, c : 날개의 시위, S : 날개의 면적)

① $\dfrac{b}{c}$ ② $\dfrac{b^2}{c}$

③ $\dfrac{S}{c^2}$ ④ $\dfrac{c^2}{S}$

33 다음 중에서 기체의 세로축과 날개의 시위선이 이루는 각을 무엇이라고 하는가?

① 처진각
② 뒤젖힘각
③ 처든각
④ 붙임각

해설 붙임각(incidence angle) = 취부각

34 뒤젖힘각(sweepback angle)을 올바르게 설명한 것은?

① 25%C 되는 점들을 날개뿌리에서 날개끝까지 연결한 직선과 기체의 가로축이 이루는 각
② 날개가 수평을 기준으로 위로 올라간 각도
③ 기체의 세로축과 시위선이 이루는 각
④ 비행 방향과 시위선이 이루는 각

35 다음 중에서 후퇴 날개(swept wing)의 단점은 무엇인가?

① 높은 임계마하수를 가질 수 있다.
② 항력발산 마하수를 크게 할 수 있다.
③ 경계층이 날개 끝쪽으로 향하여 스팬 방향으로 진행하므로 팁(tip)에서 실속을 일으킨다.
④ 비행기의 가로 안정성이 좋다.

해설 후퇴(sweepback) 날개는 임계 마하수를 크게(충격파의 발생 지연) 하는 장점이 있는 반면, 날개 끝의 실속 특성이 좋지 못한 단점을 가지고 있다.

36 날개의 순환이론에 대한 설명으로 가장 올바른 내용은?

① 날개의 앞쪽에는 출발와류로 인한 빗올림 흐름이 있다.
② 속박와류로 인하여 날개에 양력이 발생한다.
③ 날개를 지나는 흐름은 윗면에서는 정압(+)이고, 아랫면에서는 부압(-)이다.
④ 날개끝 와류의 중심축은 흐름방향에 직각이다.

해설 날개 뒤쪽에 출발와류(starting vortex)가 형성되고 나면 날개 주위에도 이것과 크기가 같고 방향이 반대인 속박 와류(bound vortex)가 만들어지고 이 순환흐름에 의해 쿠타-쥬코브스키의 양력이 발생된다. (매그너스 효과)

37 가로세로비(Aspect Ratio)에 대한 설명 중 옳은 것은?

① 가로세로비가 커지면 유도항력이 커진다.
② 가로세로비가 커지면 유도항력이 작아진다.
③ 가로세로비가 크면 양항비가 작아진다.
④ 가로세로비가 크면 횡안정이 나빠진다.

해설 가로세로비(AR)가 커지면 유도항력($C_{di} = \frac{C_L^2}{\pi eAR} = \frac{1.2^2}{\pi \times 1 \times 6}$)은 작아지고, 양항비($C_L/C_d$)가 커진다.

38 날개의 양력분포가 타원인 항공기의 $C_L=1.2$이고 가로세로비가 6일 때 유도항력계수는 얼마인가?

① 0.012   ② 0.076
③ 1.076   ④ 1.012

해설 $C_{di} = \frac{C_L^2}{\pi eAR} = \frac{1.2^2}{\pi \times 1 \times 6}$

39 다음 중 유해항력(parasite drag)에 속하지 않는 것은?

① 간섭항력   ② 유도항력
③ 형상항력   ④ 조파항력

해설 유도항력(induced drag)은 양력발생에 관련한 항력이다. 항력 중 유도항력을 제외한 모든 항력은 유해항력이다.

40 형상항력(profile drag)은 다음 중 어떠한 항력은 의미하는가?

① 압력항력과 표면 마찰항력이다.
② 압력항력과 유도항력이다.
③ 표면 마찰항력과 유도항력이다.
④ 유해항력과 유도항력이다.

정답 34 ① 35 ③ 36 ② 37 ② 38 ② 39 ② 40 ①

해설
- 형상항력 : 물체의 모양에 따라 크기가 달라짐
- 압력항력 : 흐름이 물체 표면에서 떨어져 하류쪽으로 와류를 발생시키기 때문에 생기는 항력
- 마찰항력 : 물체 표면과 유체사이에서 발생하는 점성 마찰에 의한 항력

41 최근 항공기의 비행성능을 좋게 하기 위하여 날개 끝부분에 윙렛(Winglet)을 장착하는데 이의 주목적은 무엇인가?

① 양력 증가
② 유도항력 감소
③ 마찰항력 감소
④ 실속 방지

해설 날개끝에서는 날개 상하면에 생기는 압력차이로 날개 아랫면에서 윗면으로 향해 공기흐름(up wash)이 생겨 유도 받음각을 감소시켜 양력이 감소되나, 윙렛을 설치하여 유도 항력을 감소시켜 실질적으로 가로세로비를 크게 한 것과 같은 효과를 준다.

42 Taper wing에서 wing tip stall이 발생하기 쉽다. 이 때의 방지책은 무엇인가?

① Slat을 tip 부근에 사용한다.
② 테이퍼를 크게 한다.
③ 상반각을 준다.
④ Wing tip 쪽의 받음각이 Wing root 쪽의 받음각보다 크게 한다.

해설 날개끝 실속 방지법
- 테이퍼를 크지 않게 한다.
- 기하학적 비틀림(날개뿌리에서 끝으로 감에 따라 받음각이 작아지도록 날개에 앞내림을 줌)을 준다. – wash out
- 날개끝 부분에 실속 특성이 좋은 날개골(두께비, 앞전 반지름, 캠버가 큰 날개골)을 사용한다. – 공력적 비틀림
- 날개 뿌리에 실속판인 스트립(strip)을 붙인다.
- 날개끝 부분에 슬롯(slot)을 설치한다.

43 다음 중에서 고양력 장치는 무엇인가?

① Slot
② Nacelle
③ Aileron
④ Vortex Generator

해설
- 앞전 플랩 : 크루거 플랩, 드루프 앞전, 슬롯
- 뒷전 플랩 : 단순플랩, 스플릿플랩, 파울러플랩, 이중 슬롯 플랩
※ Vortex generator : 날개에 설치되어 있는 작은 금속 strip로서 난류 흐름을 형성시켜 박리를 지연(압력 항력 감소)

44 다음 중 날개 윗면을 돌출시켜 간섭항력을 일으키고 양력을 감소시키는 장치는 어느 것인가?

① Flap
② Slot
③ Spoiler
④ 경계층 제어장치

해설 스포일러(Spoiler)
- 공중 스포일러 : 좌우 대칭으로 펼치면 브레이크 역할, 보조날개와 연동으로 비대칭으로 펼치면 보조날개의 역할
- 지상 스포일러 : 착륙 접지 후 펼쳐서 양력을 감소시켜 바퀴 브레이크의 효과를 높이고 항력을 증가시킴

정답 41 ② 42 ① 43 ① 44 ③

02 비행역학

01 최대출력 800마력으로 비행하는 항공기의 프로펠러 효율이 80%일 때 이 항공기의 이용마력은 얼마인가?

① 640PS ② 700PS
③ 800PS ④ 880PS

해설 이용마력, $P_a = \dfrac{TV}{75} = BHP \times \eta_P = 800 \times 0.8$

02 비행기가 수평비행 중 상승하려면 어떤 상태로 비행하여야 하는가?

① $P_a = P_r$ ② $P_a > P_r$
③ $P_a < P_r$ ④ $P_a \leq P_r$

해설 상승하려면 상승률(R.C)이 0 이상이어야 한다.
$R.C = \dfrac{75(P_a - P_r)}{W} > 0$
즉 P_a(이용마력) > P_r(필요마력)
※ 여유(잉여)마력(P_e) : 이용마력과 필요마력과의 차, $P_e > 0$일 때 상승 또는 가속 상태

03 등속수평비행을 하기 위한 조건은?

① 양력<중력, 항력>추력
② 양력<중력, 항력=추력
③ 양력=중력, 항력>추력
④ 양력=중력, 항력=추력

해설
• 수평비행 조건 : 양력(L) = 중력(W),
• 등속비행 조건 : 항력(D) = 추력(T)

04 등속도 수평비행이라 함은 어떠한 비행 형태인가?

① 일정한 가속도로 수평 비행하는 것을 말한다.
② 일정한 속도로 수평비행 함을 말한다.
③ 필요마력이 일정하게 되는 수평비행을 말한다.
④ 속도가 시간에 따라 일정하게 증가하면서 수평비행 함을 말한다.

05 비행중인 항공기의 항력이 추력보다 클 때의 비행 상태로 옳은 것은?

① 상승한다.
② 등속도 비행한다.
③ 감속 전진 운동한다.
④ 가속 전진 운동한다.

해설 $F = ma = \dfrac{W}{g}a = T - D, a = \dfrac{g(T-D)}{W} < 0$,
(D가 T보다 클 때)

06 항공기의 무게가 6,000kg, 양항비가 6, 날개면적 30m²의 제트기가 해발고도를 960km/h로 수평비행하고 있을 때의 추력은?

① 7,800kg ② 7,500kg
③ 6,000kg ④ 1,000kg

해설 수평 등속 비행 조건에서
$T = W \times \dfrac{C_D}{C_L} = W \times \dfrac{1}{양항비} = 6,000 \times \dfrac{1}{6}$

07 항공기의 중량이 일정한 경우에 항공기의 추력과 양항비(lift-drag ratio)와는 어떠한 관계가 있는가?

① 추력은 양항비에 비례한다.
② 추력은 양항비에 반비례한다.
③ 추력은 양항비의 제곱에 비례한다.
④ 추력은 양항비의 제곱에 반비례한다.

정답 [02. 비행역학] 01 ① 02 ③ 03 ④ 04 ② 05 ③ 06 ④ 07 ②

08 다음 중에서 실용상승 한계란?

① 상승률이 0 m/s가 되는 고도
② 상승률이 0.5 m/s가 되는 고도
③ 상승률이 2.5 m/s가 되는 고도
④ 상승률이 5 m/s가 되는 고도

해설
- 절대상승한계 : 상승률이 0m/s가 되는 고도
- 실용상승한계 : 상승률이 0.5m/s가 되는 고도
- 운용상승한계 : 상승률이 2.5m/s가 되는 고도

09 고도가 증가할수록 상승률은 감소하게 된다. 절대상승한계에서의 이용마력과 필요마력 사이의 관계는?

① 이용마력이 필요마력보다 크다.
② 이용마력과 필요마력이 같다.
③ 이용마력이 필요마력보다 작다.
④ 이용마력과 필요마력은 상승률과 무관하다.

해설 절대상승한계는 상승률이 0이므로
상승률 $(R.C) = \dfrac{75(P_a - P_r)}{W} = 0$,
$\therefore P_a - P_r = 0,\ P_a = P_r$

10 다음 이용마력 및 필요마력 곡선에서 최대 상승률을 얻을 수 있는 지점은?

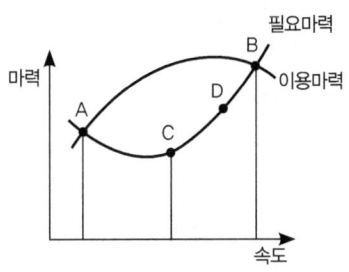

① A
② B
③ C
④ D

해설 최대 상승률을 얻으려면 여유 마력(잉여 마력)이 최대가 되는 지점이다.

11 활공기가 고도 2000m 상공에서 양항비가 30인 상태로 활공한다면 도달할 수 있는 수평활공거리는 얼마인가?

① 20,000
② 40,000
③ 60,000
④ 80,000

해설 $\tan\theta = \dfrac{고도}{수평활공거리} = \dfrac{1}{양항비}$
수평활공거리 $= 30 \times 2{,}000$

12 항공기가 활공비행시 활공각을 θ라고 할 때 활공각을 나타내는 식은?

① $\sin\theta = D/L$
② $\cos\theta = L/D$
③ $\tan\theta = D/L$
④ $\tan\theta = L/D$

해설 $\tan\theta = \dfrac{D}{L} \times \dfrac{C_D}{C_L} = \dfrac{1}{양항비}$

13 무게가 2,000kg인 비행기가 5,000m 상공 (ρ=0.075)에서 급강하할 때 C_D=0.03이고, W/S=274kg/m²일 때 이 때의 급강하속도는?

① 108m/s
② 117m/s
③ 493.5m/s
④ 937.4m/s

해설 급강하 비행 조건 $W = D = C_D \dfrac{1}{2}\rho V^2 S$,
$\therefore V_t = \sqrt{\dfrac{2W}{\rho S C_D}} = \sqrt{\dfrac{2}{\rho C_D} \times \left(\dfrac{W}{S}\right)}$
$= \sqrt{\dfrac{2}{0.075 \times 0.03} \times 274}$

14 항공기가 기관이 정지한 상태에서 수직강하하고 있을 때 도달할 수 있는 최대속도를 종극속도라 한다. 종극속도는 어떠한 상태의 속도를 말하는가?

① 항공기 총중량과 항공기에 발생되는 양력과 같은 경우
② 항공기 총중량과 항공기에 발생되는 양력이 없는 경우 항력이 같아지는 속도

③ 항공기 양력의 수평분력과 항력의 수직 분력이 같은 경우
④ 항공기 양력과 항력이 같은 경우

해설 비행기가 수직강하를 시작할 때 점차 속도가 증가되다 어떤 속도 이상이 되면 더 이상 증가없이 일정 속도를 유지한다. 이 속도를 종극속도(terminal velocity)라 한다.

15 중량이 2,000kg인 비행기가 선회 비행시, 선회각이 40°이고 속도가 150km/h일 때 선회 반지름 R은 몇 m인가?

① 271　　② 245
③ 211　　④ 200

해설 $R = \dfrac{V^2}{g\tan\theta} = \dfrac{\left(\dfrac{150}{3.6}\right)^2}{9.8 \times \tan 40°}$

16 비행기가 상승하면서 선회비행을 하는 경우는?

① 양력의 수직분력이 중량보다 커야 한다.
② 양력의 수직분력이 중량보다 작아야 한다.
③ 양력의 수직분력과 중량이 같아야 한다.
④ 양력과 수직분력에 관계없다.

해설 • 정상선회 $W = L\cos\theta$(양력의 수직 성분)
• 상승선회 $W < L\cos\theta$

17 선회(Turn) 비행시 외측으로 Slip하는 이유는?

① 경사각이 작고 구심력이 원심력보다 클 때
② 경사각이 크고 구심력이 원심력보다 클 때
③ 경사각이 작고 원심력이 구심력보다 클 때
④ 경사각이 크고 원심력이 구심력보다 클 때

해설 • 슬립(Slip) : 원심력($\dfrac{WV}{gR}$) < 구심력($L\sin\phi$),
• 스키드(Skid) : 원심력 > 구심력

18 선회 비행시 선회반지름을 작게 하는 방법으로 올바른 것은?

① 비행속도를 증가시킨다.
② 저고도로 선회 비행한다.
③ 선회각을 줄여준다.
④ 날개면적을 줄여준다.

해설 선회반지름을 작게 하는 방법
• 선회속도를 작게, 경사각을 크게
• 공기 밀도 증가, 양력 계수 증가, 날개 면적 증가 (양력 증가-실속 속도 감소)

19 착륙시 프로펠러 항공기의 장애물 고도는?

① 10.7m　　② 15m
③ 25m　　④ 30m

해설 • 프로펠러 항공기 장애물 고도 : 15m
• 제트 항공기 장애물 고도 : 10.7m

20 프로펠러 비행기의 이륙거리는 무엇인가?

① 15m 고도에 도달하기까지의 지상 수평거리
② 바퀴가 땅에서 떠올라 가는 지점까지의 지상 수평거리
③ 양력이 최대가 되는 거리
④ 항력이 최대가 되는 거리

해설 이륙거리 = 지상활주거리 + 장애물고도까지 이륙하는데 소요되는 상승 거리

21 착륙거리를 짧게 하기 위한 설명으로 가장 올바른 것은?

① 항력을 작게 한다.
② 착륙속도를 크게 한다.
③ 마찰이 큰 활주로에 착륙한다.
④ 활주시 비행기 양력을 크게 한다.

해설 S(착륙거리) $= \dfrac{W}{2g}\dfrac{V^2}{(D+\mu W)}$를 짧게 하는 조건

정답　15 ③　16 ①　17 ③　18 ②　19 ②　20 ①　21 ③

- 이륙할 때와 같이 비행기의 착륙 무게가 가벼워야 지상 활주거리가 짧게 된다.
- 착륙 속도가 작아야 한다
- 착륙 활주 중에 항력을 크게 해야 한다.
- 착륙 활주 시 양력은 아주 작아 식에서 무시된다.

22 항공기의 무게가 2,500kg, 밀도가 0.125kg-s²/m⁴이고, 날개의 면적이 20m², 최대 양력계수가 1.8일 때 실속속도 V_S는 얼마인가?

① 44m/s ② 120km/h
③ 150km/h ④ 33.3km/h

해설 $V_S = \sqrt{\dfrac{2W}{\rho S C_{Lmax}}}$

$= \sqrt{\dfrac{2 \times 2500}{0.125 \times 20 \times 1.8}} = 33.3 m/s$

$= 33.3 \times 3.6 ≒ 120 km/h$

23 받음각이 클 때 기체 전체가 실속되고 그 결과 롤링과 요잉을 수반함으로서 나선을 그리면서 고도가 감소되는 비행 상태는?

① 크랩 방식(Crab Method)에 의한 비행 상태
② 더치 롤(Dutch Roll)비행 상태
③ 윙다운 방식(Wing Down Method)에 의한 비행 상태
④ 스핀(spin) 비행 상태

해설 더치 롤은 가로 방향 불안정을 의미하며, 크랩 방식과 윙다운 방식은 측풍 착륙 방법이다.

24 비행기의 스핀(spin) 비행과 가장 관련이 깊은 현상은?

① 자전 현상(autorotation)
② 날개드롭 현상(wing drop)
③ 가로방향 불안정 현상(dutch roll)
④ 디프실속 현상(deep stall)

해설 스핀이란 자동회전과 수직강하가 조합된 비행으로 수직스핀과 수평스핀이 있다.

25 총중량 5,000kg, 선회속도가 360km/h인 비행기가 60°로 정상 선회할 때 하중배수는?

① 1 ② 1.5
③ 2 ④ 2.5

해설 선회비행 시의 하중배수
$n = \dfrac{L}{W} = \dfrac{L}{L\cos\theta} = \dfrac{1}{\cos\theta} = \dfrac{1}{\cos 60}$

26 등속 수평 비행중의 비행기에 걸리는 하중배수는?

① 0 ② 1
③ 0.5 ④ 1.7

해설 $n = \dfrac{W+F}{W} = 1 + \dfrac{F}{W} = 1 + \dfrac{a}{g}$,
수평 등속 조건에서 $a = 0$

27 다음 중에서 설계하중이란 무엇인가?

① 제한하중 × 안전계수
② 제한하중 ÷ 안전계수
③ 제한하중 + 안전계수
④ 제한하중 − 안전계수

해설
- 설계하중 = 극한하중 = 최대인장하중
  = 종극하중 = 제한하중×안전계수
- 기체의 모든 부분은 극한하중에 최소한 3초 동안은 파괴되지 않도록 설계해야 한다.

28 제트기의 항속거리를 최대로 하기 위한 조건 중 맞는 것은?

① 비연료 소비율을 크게 한다.
② $\left(\dfrac{C_L^{\frac{1}{2}}}{C_D}\right)_{max}$ 인 상태로 비행한다.
③ 출력을 최대로 비행한다.
④ 하중계수를 최대로 비행한다.

29 프로펠러 항공기가 최대항속시간으로 비행할 수 있기 위한 조건은?

① $\dfrac{C_L}{C_D}$이 최대
② $\dfrac{(C_L)^{\frac{3}{2}}}{C_D}$이 최대
③ $\dfrac{(C_L)^{\frac{1}{2}}}{C_D}$이 최대
④ $\dfrac{C_L}{(C_D)^{\frac{1}{2}}}$이 최대

해설

구분	프로펠러기	제트기
항속거리를 최대로 하는 조건	$\left(\dfrac{C_L}{C_D}\right)_{max}$	$\left(\dfrac{C_L^{\frac{1}{2}}}{C_D}\right)_{max} = \left(\dfrac{\sqrt{C_L}}{C_D}\right)_{max}$
항속시간을 최대로 하는 조건	$\left(\dfrac{C_L^{\frac{3}{2}}}{C_D}\right)_{max}$	$\left(\dfrac{C_L}{C_D}\right)_{max}$

30 비행기의 평형(trim)상태를 뜻하는 것이 아닌 것은?

① 작용하는 모든 힘의 합이 무게중심에서 "0"인 상태
② 속도변화가 없는 상태
③ 비행기의 기관이 추력을 일정하게 내는 상태
④ 비행기의 회전 모멘트 성분들이 없는 상태

31 정상수평비행에서 평형(trim) 상태일 때의 피칭모멘트계수 C_{Mcg}의 값은 얼마인가?

① $C_{Mcg} = -1$
② $C_{Mcg} = 0$
③ $C_{Mcg} = 1$
④ $C_{Mcg} = 2$

해설 • $C_{Mcg} > 0$: 기수를 올리는 모멘트
• $C_{Mcg} = 0$: 중립
• $C_{Mcg} < 0$: 기수를 내리는 모멘트

32 비행기의 받음각이 외부 교란을 받아 진동을 시작하여 점차적으로 진동이 감소하여 처음의 상태로 돌아가는 것을 가장 올바르게 표현한 것은?

① 정적안정
② 동적안정
③ 동적불안정
④ 정적불안정

33 다음 중 평형상태로부터 벗어난 뒤에 다시 평형 상태로 되돌아가려는 초기경향은?

① 정적 불안정
② 양의 정적안정
③ 정적 중립
④ 음의 정적안정

해설 양(+)의 안정 : 안정, 음(−)의 안정 : 불안정
• 정적안정 : 원래의 평형상태로 되돌아가려는 비행기의 초기 경향
• 동적안정 : 시간이 지남에 따라 운동의 진폭이 감소되어 안정 상태로 돌아가는 것

34 정적안정과 동적안정에 대한 설명 중 맞는 것은?

① 동적안정이 (+)이면 정적안정은 반드시 (+)이다.
② 동적안정이 (−)이면 정적안정은 반드시 (−)이다.
③ 정적안정이 (+)이면 동적안정은 반드시 (+)이다.
④ 정적안정이 (−)이면 동적안정은 반드시 (+)이다.

해설 일반적으로 정적 안정이 있다고 해서 동적 안정이 있다고는 할 수 없지만, 동적 안정이 있는 경우에는 정적 안정이 있다고 할 수 있다.

35 항공기의 안정성과 조종성은 어떠한 관계가 있는가?

① 안정성이 좋아지면 조종성도 좋아진다.
② 안정성이 좋아지면 조종성이 저하된다.

정답 29 ② 30 ③ 31 ② 32 ② 33 ② 34 ① 35 ②

③ 안정성과 조종성은 관계가 없다.
④ 안정성이 나빠지면 조종성도 나빠진다.

해설 안정과 조종은 서로 반대되는 성질을 나타내기 때문에, 조종성과 안정성을 동시에 만족시킬 수는 없다.

36 다음 중 잘못 연결된 것은 어느 것인가?

① yawing – elevator
② pitching – elevator
③ yawing – rudder
④ rolling – aileron

해설 항공기의 3축 주위의 운동과 조종 방법

구분	운동	조종면	조종간
가로축 (Y축)	키놀이 (pitching)	승강키 (elevator)	조종간을 전후로 이동
세로축 (X축)	옆놀이 (rolling)	도움날개 (aileron)	조종간을 좌우로 이동
수직축 (Z축)	빗놀이 (yawing)	방향키 (rudder)	좌우 페달을 밀어준다.

37 비행기 기체축에서 X축(세로축)에 관한 모멘트는?

① 옆놀이 모멘트
② 키놀이 모멘트
③ 빗놀이 모멘트
④ 옆놀이 모멘트 및 키놀이 모멘트

38 항공기가 이륙시 엘리베이터(elevator)의 조작은?

① 중립 위치에서 아래로 내린다.
② 중립 위치에서 위로 올린다.
③ 중립 위치에서 고정시킨다.
④ 중립 위치에서 아래로 내린 후 다시 위로 올린다.

39 세로 안정성과 가장 관련이 깊은 것은?

① 날개
② 수평 꼬리날개
③ 수직 꼬리날개
④ 도움날개

해설
• 세로안정 : 수평꼬리날개
• 가로안정 : 주날개
• 방향안정 : 수직꼬리날개

40 항공기 날개에 상반각을 주게 되면 다음과 같은 특성을 갖게 한다. 가장 올바른 내용은?

① 유도저항을 적게하고 방향 안정성을 좋게 한다.
② 옆미끄럼을 방지하고 가로 안정성을 좋게 한다.
③ 익단 실속을 방지하고 세로 안정성을 좋게 한다.
④ 선회성능을 향상시키나 가로 안정성을 해친다.

해설 상반각(쳐든각-dihedral effect)은 가로 안정에 있어 가장 중요한 요소로서 옆미끄럼에 대한 안정된 옆놀이 모멘트를 발생시킨다.

41 다음 중 어느 때 가로방향 불안정(Dutch roll)이 발생하는가?

① 항공기가 실속에 들어갈 때 발생
② 정적방향안정보다 쳐든각효과가 클 때
③ 엘리베이터를 급격히 조작하였을 때
④ 추력이 급격히 떨어질 때

해설
• 가로 방향 불안정 : Dutch roll이라고도 하며 가로 진동과 방향 진동이 결합된 것으로서 동적으로는 안정하지만 진동하는 성질 때문에 문제가 된다.(Dutch roll 방지 장치 – yaw damper)
• 나선 불안정 : 정적 방향 안정성이 정적 가로 안정성보다 훨씬 클 때 나타난다.

정답 36 ① 37 ① 38 ② 39 ② 40 ② 41 ②

42 항공기 동체 기준선 또는 세로축과 관계있는 안정 형태는?

① 가로안정
② 세로안정
③ 수평안정
④ 방향안정

해설
- 세로축 : 가로안정
- 가로축 : 세로안정
- 수직축 : 방향안정

43 다음 중 비행기의 방향안정에 일차적으로 영향을 주는 요소는?

① 수평꼬리날개
② 수직꼬리날개
③ 플랩
④ 슬랫

해설 수직꼬리날개는 방향안정에 일차적인 영향을 주며 가로안정에도 중요한 영향을 준다.

44 항공기 기수를 우측으로 선회할 경우 관련 모멘트가 맞는 것은?

① 음(-)의 롤링 모멘트
② 제로 롤링 모멘트
③ 양(+)의 피칭 모멘트
④ 양(+)의 요잉 모멘트

해설
- 기수가 상하로 움직임 : 키놀이(pitching) 모멘트-기수가 상승시 (+)모멘트
- 기수가 좌우로 움직임 : 빗놀이(yawing) 모멘트-기수가 우측으로 향할 때 (+) 모멘트
- 기체축을 중심으로 회전 : 옆놀이(rolling) 모멘트-기체가 우측으로 회전시 (+) 모멘트

45 수직꼬리날개가 실속하는 큰 미끄럼각에서도 방향안정성을 유지하기 위한 효과적인 장치는?

① 윙렛
② 도살핀
③ 서보 탭
④ 파울러 플랩

해설
- 윙렛(winglet) : 날개 끝에 유도항력을 줄이는 장치
- 서보탭(servo tab) : 조종력 경감장치로서 조종장치와 직접 연결
- 파울러 플랩(fowler flap) : 뒷전 플랩 중 가장 효율이 좋음

46 다음 중 빗놀이 모멘트(yawing moment : M)를 잘못 표현한 것은 어느 것인가?

① $M = C_m \dfrac{1}{2}\rho V^2 Sb$
② $M = C_m qSb$
③ $M = C_m qb^2 c$
④ $M = C_m \dfrac{1}{2}\rho V^2 b^2 c$

해설 빗놀이 모멘트 $M = C_m \dfrac{1}{2}\rho V^2 Sb = C_m \rho Sb$
$= C_m q(b \times c) = C_m qb^2 c$

47 다음 중 고속 비행시 턱 언디(tuck under) 현상을 수정하기 위해 장치된 계통은 무엇인가?

① 고속 트리머(high speed trimmer)
② 밸런스 트리머(balance trimmer)
③ 조정 트리머(control trimmer)
④ 마하 트리머(mach trimmer)

해설 턱 언더 현상을 수정하는 장치에는 auto pilot 장치의 하나인 mach trimmer와 PTC(pitch trim compensator)가 있다.

정답 42 ① 43 ② 44 ④ 45 ② 46 ④ 47 ④

48 비행기가 하강비행을 하는 동안 조종간을 당겨 기수를 올리려 할 때, 받음각과 각속도가 특정 값을 넘게 되면 예상한 정도 이상으로 기수가 올라가게 되는 현상은?

① 스핀(spin)
② 더치롤(Duch roll)
③ 버페팅(buffeting)
④ 피치 업(pitch up)

해설
- 세로불안정 : 턱 언더, 피치 업, 딥 실속
- 가로불안정 : 날개 드롭, 옆놀이 커플링

49 날개 드롭(wing drop)에 대한 설명으로 가장 관계가 먼 내용은?

① 받음각이 작을 때 강하게 나타나서 한쪽 날개에만 충격실속이 생긴다.
② 도움날개의 효율이 떨어져서 회복하기 어렵다.
③ 두꺼운 날개를 사용한 비행기가 천음속으로 비행시 발생한다.
④ 아음속에서 충격파가 과도할 경우 날개가 동체에서 떨어져 나갈 수 있다.

해설 wing drop 현상은 얇은 날개를 가지는 초음속 비행기가 천음속으로 비행할 때는 발생하지 않는다. 또한 아음속에서는 충격파가 발생하지 않는다.

50 초음속기 동체 하부에 설치하는 벤트럴 핀(ventral fin)의 목적은 무엇인가?

① 턱 언더 현상 방지
② 피치 업 현상 방지
③ 날개 드롭 현상 방지
④ 옆놀이 커플링 방지

51 조종면에서 앞전 밸런스(leading edge balance)를 설치하는 가장 큰 목적은?

① 양력 증가
② 조종력 경감
③ 항력 감소
④ 항공기 속도 증가

52 연동되는 도움날개에서 발생하는 힌지모멘트가 서로 상쇄되도록 조종력을 경감하는 장치는?

① Horn balance
② Leading edge balance
③ Frise balance
④ Internal balance

해설
- 앞전 밸런스(Leading edge balance) : 조종면의 앞전을 길게 하여 조종력 경감
- 혼 밸런스(Horn balance) : 밸런스 역할을 하는 조종면을 플랩의 일부분에 집중시킴
- 내부 밸런스(Internal balance) : 플랩의 앞전이 밀폐, 압력차를 이용

53 비행기가 어떤 속도로 정상비행할 때 조종력을 사용하지 않고 조종력을 "0"으로 유지하기 위한 것은?

① servo tab
② balance tab
③ spring tab
④ trim tab

해설
- 서보 탭(servo tab) : 조종석의 조종장치와 직접 연결되어 탭만 작동시켜 조종면을 움직이도록 설계
- 평형 탭(balance tab) : 조종면이 움직이는 방향과 반대 방향으로 움직일 수 있도록 기계적으로 연결되어 조종력 경감
- 스프링 탭(spring tab) : 혼과 조종면 사이에 스프링을 설치하여 스프링의 장력으로써 항공기 속도에 따라 조종력 조절

정답 48 ④ 49 ④ 50 ④ 51 ② 52 ③ 53 ④

03 프로펠러 및 헬리콥터

01 프로펠러의 깃 각에 대해서 가장 올바르게 설명한 것은?

① 깃의 전 길이에 걸쳐 일정하다.
② 깃 뿌리에서 깃 끝으로 갈수록 작아진다.
③ 깃 뿌리에서 깃 끝으로 갈수록 커진다.
④ 일반적으로 프로펠러 중심에서 50% 되는 위치의 각도를 말한다.

해설 프로펠러는 깃 끝으로 갈수록 속도가 빨라지므로 깃 전체의 피치를 일정하게 하기 위하여 속도가 빠른 깃 끝 부분으로 갈수록 각도를 작게 한다.

02 프로펠러 깃각이 β, 직경이 D일 때 기하학적 피치는?

① $\dfrac{\pi D}{2}\tan\beta$ ② $\pi D \tan\beta$
③ $\dfrac{\pi D}{2}\sin\beta$ ④ $\pi D \sin\beta$

해설
- 기하학적 피치(GP) : 프로펠러 깃을 한바퀴 회전시켰을 때 앞으로 전진하는 이론적인 거리 (공기를 강체로 가정)
  $GP = 2\pi r \times \tan\beta = \pi D \times \tan\beta$, (β는 깃각)
- 유효 피치(EP) : 공기 중에서 프러펠러가 1회전 할 때에 실제로 전진하는 거리
  $EP = 2\pi r \times \tan\theta = V \times \dfrac{60}{n}$, (θ는 유입각)

03 프로펠러 항공기의 비행속도가 V, 회전수가 Nrpm일 때, 이 항공기 프로펠러의 유효 피치는?

① $\dfrac{VN}{60}$ ② $\dfrac{60N}{V}$
③ $\dfrac{60V}{N}$ ④ $\dfrac{N}{60V}$

04 프로펠러의 슬립(slip)이란?

① 유효피치에서 기하학적피치를 뺀 값을 평균기하학적 피치의 백분율로 표시
② 기하학적피치에서 유효피치를 뺀 값을 평균 기하학적 피치의 백분율로 표시
③ 유효피치에서 기하학적피치를 나눈 값을 백분율로 표시
④ 유효피치와 기하학적피치를 합한 값을 백분율로 표시

해설 $Slip = \dfrac{GP-EP}{GP} \times 100\%$

05 프로펠러가 고속으로 회전할 때 발생하는 응력 중 추력(thrust)에 의해서 발생되는 것은?

① 인장응력   ② 전단응력
③ 비틀림응력   ④ 굽힘응력

해설
- 원심력 : 인장응력
- 추력 : 굽힘응력
- 비틀림 : 비틀림응력

06 프로펠러 효율에 대한 설명 중 가장 거리가 먼 것은?

① 추력에 비례한다.
② 비행속도에 비례한다.
③ 진행률(J)에 반비례한다.
④ 축동력에 반비례한다.

해설 $\eta_P = \dfrac{TV}{P} = \dfrac{C_t \rho n^2 D^4 V}{C_P \rho N^3 D^5}$
$= \dfrac{C_t}{C_P} \times \dfrac{V}{nD} = \dfrac{C_t}{C_P} \times J$

정답 [프로펠러 및 헬리콥터] 01 ② 02 ② 03 ③ 04 ② 05 ④ 06 ③

07 프로펠러의 진행률(advance ratio)이란?

① 프로펠러의 유효피치와 프로펠러 지름과의 비
② 추력과 토크와의 비
③ 프로펠러의 기하피치와 유효피치와의 비
④ 프로펠러의 기하피치와 프로펠러 지름과의 비

해설
• 진행률(J) = $\dfrac{V}{nD} = \dfrac{V}{n} \times \dfrac{1}{D}$
  (V : 속도, n : rpm, D : 프로펠러 지름)
• 유효피치 = $\dfrac{V \times 60}{n}$
따라서, 진행률은 유효피치와 프로펠러 지름과의 비

08 헬리콥터에서 회전날개의 깃은 회전하면 회전면을 밑면으로 하는 원추의 모양을 만들게 된다. 이 때 이 회전면과 원추 모서리가 이루는 각을 무엇이라고 하는가?

① 받음각 ② 피치각
③ 코닝각 ④ 플래핑각

해설 회전 날개 회전시 발생하는 원심력과 양력의 합력에 의해 생기는 각도

09 헬리콥터 회전날개(rotor blade)에 적용되는 기본 힌지(hinge)는?

① 플래핑(flapping)힌지, 페더링(feathering)힌지, 전단(shear)힌지
② 플래핑 힌지, 페더링 힌지, 항력(lead-lag)힌지
③ 페더링 힌지, 항력 힌지, 전단 힌지
④ 플래핑 힌지, 항력 힌지, 경사(slope)힌지

해설
• 플래핑(flapping) 힌지 : 회전날개 깃이 위아래로 자유롭게 움직일 수 있도록 한 힌지(양력 불평형 해소)
• 항력(drag or lead-lag) 힌지 : 회전날개 깃이 회전면 내에서 앞뒤 방향으로 움직일 수 있도록 한 힌지(기하학적 불평형 해소)
• 페더링(feathering) 힌지 : 회전날개 깃의 피치가 변화되도록 하는 힌지

10 헬리콥터 회전날개의 회전면과 회전날개(원추 모서리) 사이의 각을 코닝각(Coning Angle)이라 부르는데 이러한 코닝각을 결정하는 요소는?

① 항력과 원심력의 합력
② 양력과 추력의 합력
③ 양력과 원심력의 합력
④ 양력과 항력의 합력

11 총중량 800kgf, 엔진출력 160HP, 회전날개 반경 2.8m 회전날개깃 수가 2개일 때 원판하중은 몇 kgf/m²인가?

① 28.5 ② 30.5
③ 32.5 ④ 35.5

해설 원판하중(회전면하중) : 고정익 항공기에서의 날개하중(W/S)과 같은 의미
$DL = \dfrac{W}{\pi R^2} = \dfrac{800}{\pi \times 2.8^2}$
※ 마력하중 = $\dfrac{W}{HP}$

12 헬리콥터는 자동회전을 행하기 위하여 프리휠(freewheel) 장치를 필요로 한다. 이 장치의 가장 중요한 역할은?

① 회전날개는 기관에 의해서 구동되나 회전날개가 기관을 구동시킬 수 없도록 하는 장치
② 회전날개는 기관에 의해 구동되며, 기관 정지시 회전날개가 기관을 구동시킬 수 있도록 하는 장치
③ 회전날개는 기관에 의해서 구동되나, 자전강하시 회전날개가 기관을 구동시킬 수 있는 장치
④ 기관 정지시 회전날개의 회전력으로 비상장비를 작동시킬 수 있게 만든 장치

정답 07 ① 08 ③ 09 ② 10 ③ 11 ③ 12 ①

[해설] 프리휠 클러치(freewheel clutch) : auto rotation 시 회전 날개만 회전할 수 있도록 엔진과 회전 날개를 분리시키는 장치

13 비행기가 무동력으로 하강하는 것에 대응하는 헬리콥터가 갖고 있는 가장 큰 특징은?

① 수직 비행
② 자전하강
③ 플래핑
④ 리드-래그

[해설] 자동회전(Autorotation) : 동력발생장치의 고장 시 로터를 분리해서 원래 방향대로 계속 활공하는 것으로 자동회전시키는 부분은 대략 blade의 25~75% 부분에 해당되고, 이 때 blade 폭과 같은 크기의 낙하산을 매단 것 같은 효과를 갖는다.

14 헬리콥터가 빠르게 비행할 수 없는 이유를 설명한 내용 중 틀린 것은?

① 후퇴하는 깃에서의 실속
② 후퇴하는 깃에서의 역풍지역
③ 전진하는 깃 끝의 항력감소
④ 전진하는 깃 끝의 속도증가

15 헬리콥터가 지면효과(ground effect)를 현저하게 느끼는 것은 언제인가?

① 지면에서 브레이드 회전면까지의 높이가 회전날개의 직경 이하일 때
② 지면에서 기체 랜딩기어까지의 높이가 회전날개의 직경이하일 때
③ 지면에서 브레이드 회전면까지의 높이가 회전날개 직경의 ¼ 이하일 때
④ 지면에서 브레이드 회전면까지의 높이가 회전날개 직경의 ½ 이하일 때

[해설] 지면 효과(ground effect) : 헬리콥터가 지면에 가깝게 접근하게 되면 정지비행 때의 후류가 지면에 영향을 줌으로써 회전날개 회전면 아래의 공기압력이 대기압보다 증가되어 양력증가의 효과를 주는 것

16 헬리콥터에서 세로축에 대한 움직임(Rolling : 횡요)은 무엇에 의해 움직이게 되는가?

① 트림 피치 컨트롤 레버(trim pitch control lever)
② 콜렉티브 피치 컨트롤 레버(collective pitch control lever)
③ 테일 로우터 피치 컨트롤(tail rotor pitch control)
④ 사이클릭 피치 컨트롤(cyclic pitch control lever)

17 헬리콥터 회전날개의 조종 장치 중 주기피치조종과 동시피치조종을 해야 할 필요성이 있다. 이를 위해서 사용되는 장치는?

① 안정 바(Stabilizer Bar)
② 트랜스미션(Transmission)
③ 평형 탭(Balance Tab)
④ 회전경사판(Swash Plate)

[해설]
• 전후좌우 비행 : 주기적 피치 제어간(cyclic pitch control lever) – 회전경사판(swash plate)을 이용
• 상승하강 비행 : 동시 피치 제어간(collective pitch control lever) – 회전경사판을 이용
• 방향 조종 : 페달 – 테일 로터의 피치 조절

18 헬리콥터를 전진시키는 힘으로 가장 올바른 것은?

① 회전판을 경사시켜 발생하는 추력의 수평 성분
② 테일로터의 회전력
③ 로터 블레이드에서 나오는 유도속도 성분
④ 터보샤프트 엔진의 배기가스 추력

[해설]
• 전진시키는 힘 : 추력의 수평성분
• 양력 : 추력의 수직성분

정답 13 ② 14 ③ 15 ④ 16 ④ 17 ④ 18 ①

Chapter 02

Craftsman Aircraft Maintenance

항공기 정비

Section 1 | 정비와 정비작업
Section 2 | 기초 정비 및 지상안전·지원

| Section 1 |

정비와 정비작업

01 정비의 개요

1. 정비의 개념

가. 정비의 개요 및 목적

(1) **정비의 목적** : 항공기 운용의 목적을 달성하기 위해 감항성, 쾌적성, 정시성을 가지게 하며 항공기재의 품질을 유지하고 향상시켜 운송이 경제성을 달성될 수 있도록 하는 것을 목적으로 한다.

(2) **정비의 개요** : 고장의 발생 요인을 미리 발견하여 제거함으로써 지속적으로 완전한 기능을 유지할 수 있는 것을 정비의 개념이라 할 수 있다. 또한 항공기가 운항 중에 고장 없이 그 기능을 정확하고 안전하게 발휘할 수 있는 능력을 감항성이라 하며, 모든 항공기는 비행시 기내에 감항증명서를 비치 보관하여야 한다.

나. 정비의 특성(항공기 운송의 목적)

(1) **감항성** : 항공기가 운항 중에 고장없이 그 기능을 정확하고 안전하게 운항할 수 있는 능력(인명과 재산보호)

(2) **쾌적성** : 항공기가 운항 중에 객실(기내) 안의 청결 상태를 유지하는 능력(승객에게 만족감과 신뢰감을 준다)

(3) **정시성** : 항공기가 종착기지로 착륙을 해서 다음기지로 운항하기 위해서 시간 내에 작업을 끝내는 정시 출발 목적 달성을 위한 능력

(4) **경제성** : 최소의 정비 비용으로 최대의 효과를 얻기 위하여 모든 정비 작업을 경제적으로 운용하는 능력

다. 정비의 분류

(1) 예방정비(보수)

① 경미한 정비 : 항공기의 지상 취급, 세척, 보급 등 어느 정도 경험과 지식 및 기능을 가진 작업자가 유자격 정비사의 감독 하에서 할 수 있는 작업(항공기의 조종장치나 도어의 적절한 작동을

정비하기 위하여 조절하는 작업)

② **일반적인 정비(보수)** : 감항성에 영향을 끼치는 항공기 각 부분의 점검, 조절, 검사 및 부품의 교환 등 반드시 유자격 정비사의 확인을 받아야 한다.

(2) **수리** : 항공기나 부품 및 장비의 손상이나 기능 불량 등을 원래의 상태로 회복시키는 작업

① **소수리** : 감항성에 큰 영향을 끼치지 않는 기체나 부품의 수리 및 수정작업 및 교환 작업

[정비의 분류]

② **대수리** : 감항성에 큰 영향을 끼치는 수리로서 기관, 프로펠러의 부품의 수리작업으로 관계기관의 확인이 필요
   ㉠ 기체의 일부 또는 전체 오버홀
   ㉡ 기본 구조 부분의 강도와 관계되는 수리 작업
   ㉢ 내부 부품의 복잡한 분해 작업
   ㉣ 기관, 프로펠러, 주요장비품의 성능에 영향을 끼치는 작업
   ㉤ 특수한 시설과 장비를 필요로 하는 작업
   ㉥ 예비품 검사 대상 부품의 오버홀

(3) **개조** : 항공기나 장비 및 부품에 대한 원래의 설계를 변경하거나 새로운 부품을 추가로 장착시킬 때 실시하는 작업

① **대개조**
   ㉠ 항공기 중량, 강도, 기관의 성능, 비행성능 및 그 밖의 감항성 등에 중대한 영향을 끼치는 개조 작업으로 관계 기관의 확인이 필요
   ㉡ 기체에서 중량 및 중심 한계의 변경, 날개 형태의 변경, 항공기 표피 및 조종능력의 변경, 그 밖에 각 계통의 개조, 기관이나 장비에서 성능이나 구조의 변경

② **소개조** : 그 외의 작업

라. 정비의 단계

(1) **운항정비** : 항공기를 정비 대상으로 하는 정비로 비행 전 점검, 중간 점검, 비행 후 점검, 기체의 정시점검(A, B점검) 등이 있다.

(2) **공장정비** : 항공기를 정비하는데 많은 정비시설과 오랜 정비시간을 요구하며 항공기의 장비 및 부품을 장탈하여 전문 공장에서 정비하는 것

① **기체의 공장정비** : 운항정비에서 할 수 없는 항공기의 정시점검과 기체의 오버홀

② 기관의 공장정비 : 항공기로부터 장탈한 기관의 검사, 기관 중정비, 기관 상태정비, 기관 오버홀
③ 장비의 공장정비 : 장비의 벤치첵, 장비의 수리 및 오버홀

> **Note**
> ① 벤치첵 : 장치의 기능검사로서 장치를 시험벤치에 설치하여 적절히 작동하는 가를 확인하는 것이다.
> ② 오버홀 : 장치를 완전히 분해하여 상태를 검사하고, 손상된 부품을 교체하는 정비 절차이다.(Zero Setting)

마. 정비의 등급 및 정비기지의 종류

(1) 정비의 등급
① 일선 정비의 종류 : 비행 전 점검, 비행 후 점검, 중간 점검, A 점검, B 점검
② 후방 정비 : C 점검, 부서 정비
③ 창 정비(샵정비) : 항공기 각 부분의 상태를 생산 당시의 상태와 같은 정도로 재생시키는 작업으로 오버홀 정비라고도 한다.

(2) 정비 기지의 종류
① 모기지 : 정비작업을 위하여 설비 및 인원 부분품 등을 충분히 갖추고 정시 점검 이상의 정비 작업을 수행할 수 있는 기지
② 그 밖의 기지의 종류
　㉠ 출발기지 : 항공기가 감항성에 영향을 주지 않을 정도로 정비를 마치고 이륙준비를 하는 기지
　㉡ 종착기지 : 항공기가 안전하게 운항을 마치고 착륙을 하기 위해서 종착하는 기지
　㉢ 반환기지 : 항공기가 갑작스럽게 어떠한 부분에 결함이 발생했을 때 다시 정비를 하기 위해 출발기지로 돌아가기는 위한 기지

> **Note**
> ① 단위 구성품(Unit) : 쉽게 장착, 장탈할 수 있는 종합적인 부품
> ② 부품(Part) : 볼트, 너트, 핀, 스크루 등 구조가 간단하고 모든 규격과 제조 공정이 표준화되어 있는 것

2. 정비관리

가. 정비관리의 개념

(1) 정비방식
① 시한성 정비
　㉠ 장비나 부품의 상태는 관계하지 않고 정비시간의 한계 및 폐기시간의 한계를 정하여

정기적으로 분해, 점검하거나 폐기 한계에 도달한 장비나 부품을 새로운 것으로 교환하는 방식

ⓒ 오버홀, TRP(Time Regulated Parts, 시한성 부품) 등에 해당

② 상태정비

ⓐ 정기적인 육안검사나 측정 및 기능시험 등의 수단에 의해 장비나 부품의 감항성이 유지하고 있는지를 확인하는 정비방식

ⓒ 성능 허용한계, 마멸한계, 부식한계를 가지는 장비나 부품에 활용

③ 신뢰성 정비 : 안정성에 직접 영향을 주지 않으며 정기적인 검사나 점검을 하지 않은 상태에서 고장을 일이키거나 그 상태가 나타날 때까지 사용할 수 있는 일반 부품이나 장비에 적용하는 것으로 고장률이나 운항 상황 등의 데이터를 분석하여 필요한 부분만을 정비하는 방식이다.

> **Note** | 정비방식이 신뢰성으로 가고 있는 이유
> ① 최근에 와서 항공기의 설계, 제작 기술이 크게 발전됨에 따라 구조의 부분적 손상 또는 장비품의 단독 고장 등 경미한 결함이 생기더라도 2중 시스템이나 3중 시스템 채택 등으로 비행의 안정이나 비행 능력에 거의 영향을 미치지 못한다.
> ② 비파괴 검사 기술의 발전과 OC 방식이 가능한 구조 개선으로 기체구조, 엔진 및 장비품의 내부 상태까지를 외부에서 손쉽게 점검할 수 있다.
> ③ 컴퓨터를 이용한 고장 데이터의 처리와 모니터링 기술의 발달로 기재의 신뢰성이 언제나 확인될 수 있다.

(2) 정비관리방식 : 감항성을 확보하고 항공기재의 품질을 향상시키는 정비작업

① **예방 정비관리** : 장비나 부품의 고장 발생을 전제로 하여 그 상태에 관계없이 그 장비나 부품이 일정한 한계에 도달하면 항공기로부터 장탈하여 정기적으로 분해 정비하는 방식

② **신뢰성 정비관리** : 항공 기재의 품질상태를 상태정비 방식이나 신뢰성 정비방식 등에 의해 수리로 감시하고 미리 설정된 품질 수준이 지켜지지 않을 때에는 바로 원인 규명, 대책 및 조치한 후에 다시 정보수집을 하는 일련의 활동을 기능적으로 수행하는 단계

> **Note** | 예방정비의 모순점
> ① 본래의 사용시간과 고장과는 상관관계가 없는 부품이 많고 장시간 만족스럽게 작동되는 장비나 부품을 고의로 장탈
> ② 장비나 부품을 장탈하거나 또는 분해 조립 시 고장 발생의 가능성
> ③ 만족스럽게 작동되는 부품을 조기에 장탈하기 때문에 본래의 결점을 파악하기 어려워 품질 개선이 이루어지지 않는다.

나. 정비조직

(1) 정비지원 업무의 조직

① **정비관리 업무** : 정비계획 및 통제업무를 담당하는 것으로 정비계획을 세우고 정비기술인력, 정비지원 장비, 정비 시설 등을 운용하며 정비작업 통제 및 항공기 운용 업무를 담당

② **품질 관리 업무** : 정비 품질을 유지 관리하는 조직

③ 보급 관리 업무 : 항공기 부품의 수습 계획 및 저장 관리

④ 기술 관리 업무 : 정비 기술 지시 및 정비규정의 작성, 고장의 대책, 기술자료의 관리

⑤ 정비 훈련 관리 업무 : 정비 기술 인력의 전문 교육 훈련을 담당

(2) **정비 업무의 조직** : 항공기 정비를 직접수행하는 업무

① 운항정비 공장 : 운항을 직접 지원

② 기체정비 공장 : 항공기 기체의 공장정비를 수행하는 부서

③ 기관정비 공장 : 항공기 기관의 공장정비를 담당

④ 장비정비 공장 : 전자기기나 기타 장비의 공장정비 수행

다. 정비기술관리

(1) **정비규정** : 항공법을 기준으로 하여 항공회사가 정비작업에 관한 안정성 확보 및 효과적인 정비작업의 수행을 목적으로 설정된 기술적인 규칙과 기준(정비규정은 항공운송사에서 정하지만 국토교통부장관의 허가를 받아서 사용)

① 정비에 종사하는 자의 직무 ② 정비기지의 시설 및 기구

③ 기체 및 장비품 등의 정비방식 ④ 장비품 등의 사용시간 한계

⑤ 장비품의 기록 작성 및 보관방법 ⑥ 항공기의 운항허가 기준

⑦ 정비에 종사하는 자의 훈련방법

(2) **정비기술도서** : 항공기와 기관 및 기타 장비를 운용하고 정비하는데 요구되는 모든 기술 자료를 수록하고 있는 간행물로서 미국항공운송협회(ATA)의 규격에 따라 구성

① 정비기술정보 : 기체구조 수리교범, 오버홀 교범, 전기 배선도 교범, 검사 지침서

② 작동기술정보 : 비행교범(작동교범)

③ 부품기술정보 : 부품 도해목록(IPC), 구매 부품 목록, 가격 목록

(3) 정비 작업에 있어서 정비 규정 이외의 기술적인 지시를 망라하는 것으로 항공기의 개조, 계획적인 대수리, 일시검사, 부품의 제작, 정비 사항의 긴급한 실시 등의 특별 작업을 지시하는데 사용하는 기술자료

① 감항성 개선 명령(Airworthiness Directive, AD)

② 정비 지원 기술 정보(Service bulletin, SB)

③ 시한성 기술 지시(Time compliance technical order, TCTO)

> **Note**
> 감항성 개선 기술 지시(민간 항공기), 시한성 개선 기술 지시(군용 항공기)는 강제적으로 수행되어야 할 구속력을 갖는다.

3. 정비규정 및 업무

가. 정상작업 및 특별작업

(1) **정상 작업** : 정비 사항에 따라 일정한 기간마다 반복하여 수행되는 계획적인 정비 작업 또는 불가항력적으로 발생한 정비 사항을 필요에 따라 비계획적으로 수행하는 정비 작업을 말한다.

① 계획정비 : 감항성을 유지하고 확인하기 위한 점검, 검사, 보급, 정기적인 부품 교환 등을 포함하는 정비작업으로 넓은 의미에서 정시 점검과 시한성 부품의 교환 등으로 나뉜다.

② 비계획 정비 : 예측할 수 없는, 불가항력적으로 발생한 항공기 및 계통의 고장에 대한 수리 점검, 고장 탐구 및 항공 기재의 상태가 특정한 조건에 해당하였을 경우 수행하는 정비를 말한다.

(2) **특별 작업** : 특별 작업은 항공 기재의 품질을 향상시키거나 항공기 및 관련 장비의 기능 변경을 목적으로 하여 설계 변경을 시키는 개조 작업 및 일시적인 검사(AD, TCTO) 등을 수행하는 작업을 말한다.

나. 기체의 정비작업

(1) **비행조건**

① 최소구비 장비목록(MEL) : 경미한 결함의 수정이나 감항성에 영향이 없는 장비의 교환작업이 정시성에 해를 끼치게 될 경우에 안정성을 보장할 수 있는 한계에서 다음 기지까지 정비 작업을 이월시켜 운항하도록 하기 위한 것

② 부족허용 부품목록(MPL) : 감항성을 저해하는 요소가 없는 범위 내에서 운항 중에 분실 또는 멸실된 부품에 대하여 정시성의 확보를 목적으로 운항을 허용하기 위한 것으로 자재와 설비 및 예산이 확보될 때에는 즉시 원상태로 복원하는 것

(2) **지상 정비지원**

① 지상 취급 : 견인, 계류, 호이스트, 잭 작업, 지상 유도 작업 등

② 보급 : 연료, 윤활유, 작동유, 액체 산소 및 기체 산소, 압축 공기, 물 등을 보급

③ 세척 및 부식처리 : 수명을 연장하는 가장 쉬우면서도 적극적인 방법

④ 비행 가능 상태의 확인 : 비행 가능 상태의 확인 작업은 항공기가 비행할 수 있는 상태인지의 여부를 확인하기 위한 비행 전 점검과, 중간 기착지에 착륙하였다가 다시 비행하기 전의 중간 점검을 마치고, 감항성을 위한 모든 정비 작업의 이력을 확인하기 위하여 항공일지 등을 검토한 다음 정비사가 일지에 확인 서명을 함으로써 비행을 개시할 수 있도록 하는 작업이다.

(3) **기체의 점검**

① 비행 전 점검과 비행 후 점검

㉠ 비행 전 점검(T-check) : 비행 전에 외부점검과 세척, 운항 중에 소비할 액체 및 기체의

보충, 기관 및 필요한 계통의 점검, 그 밖에 항공기 시동의 지원 및 지상 동력장비의 지원 등을 통하여 항공기의 출발을 준비하는 것
- 비행 전 점검 내부 점검사항 : 외부 조명계통의 작동상태
- 비행 전 점검 외부 점검사항 : 각 계통의 배유 및 배수 상태 점검, 동·정압공의 가열 및 청결상태 점검, 조종계통의 장착 및 점검 상태 점검

ⓛ 비행 후 점검 : 최종 비행을 마치고 수행하는 점검으로 항공기 내부와 외부의 세척, 탑재물의 하역 액체 및 기체의 보급, 운항 중에 발생한 결함 교정 등을 하여 다음날의 비행을 준비하는 것

② **정시점검** : 일정한 점검주기를 가지고 반복하여 점검할 수 있도록 하는 정비
  ㉠ A 점검 : 항공기의 소모성 액체나 기체를 보급하고 비행 중 손상되기 쉬운 조종면, 타이어 제동장치, 기관들을 중심으로 행하는 점검으로 운항하는 사이사이 시간을 이용(결함 수정, 기내 청소)
  ㉡ B 점검 : A 점검의 점검 항목에 보충해서 기관점검을 위주로 하며 운항 중의 시간을 이용하여 행한다.
  ㉢ C 점검 : A 점검과 B 점검 이외에 보든 계통의 배관과 배선, 기관, 착륙장치 등에 대한 점검 항목, 기체 구조의 외부 점검 및 작동 부위의 윤활과 시한성 부품의 교환 등이 행해지는 점검으로 2~3일 정도 운항을 중지하여 점검
  ㉣ D 점검 : 오버홀 점검, 주로 기체 구조나 내부검사가 본래의 목적이지만 A 점검, B 점검, C 점검의 점검 항목 이외의 계통의 작동 점검이나 기능 점검 및 기체 중심의 측정 등과 항공기 도장 포함(감항성을 유지하기 위한 기체 점검의 최고 단계)
  ㉤ 내부 구조 검사(ISI) : 감항성에 일차적인 영향을 끼칠 수 있는 기체 구조를 중심으로 검사하여 감항성을 유지하기 위한 기체 내부 구조에 대한 표본 검사

③ **정기점검** : 일정한 기간 동안 비행을 하지 않았다면 비행시간을 기준하여 행해져야 하는 정시 점검이 수행되지 않게 된다. 그러나 각 부분에는 비행시간의 경과와는 관계없이 노화되는 부분이 있다. 따라서, 이러한 부분은 비행시간에 관계없이 일정한 기간이 지나면 정기적으로 점검하여야 하는데 이를 정기점검이라 한다.

④ **기체의 오버홀** : 항공기 기체 및 각 계통의 수리 순환 품목을 분해, 세척, 수리 및 조립하여 새것과 같은 상태로 만드는 것으로 사용시간을 "0"으로 환원한다.

⑤ **분할 오버홀** : 오버홀 점검 항목을 분할하여 일정한 시간마다 단계적으로 수행함으로서 일정한 시간이 항공기 전체가 오버홀 되도록 하는 정비방식으로 정비시간을 단축할 수 있는 장점이 있다.

⑥ **HT(HARD TIME)** : 일정한 사용시간에 도달한 장비품 등을 항공기에서 장탈하여 정비하거나 폐기하는 정비기법으로 폐기 및 오버홀 등이 요구

⑦ 수리 순환 품목 : 부품을 사용 후 수리 또는 오버홀하여 다시 항공기에 사용하고 항공기에서 장탈하여 다시 수리나 오버홀 과정을 거치는 품목

다. 기관의 정비작업

(1) 기관의 검사

① 윤활유 분광 검사(Spectrometric Oil Analysis Program, SOAP) : 정기적으로 사용중인 윤활유를 채취하여 분광 분석장치에 의해 혼합된 미량의 금속을 분석하여(추출된 샘플을 전기용광로에서 연소시켜 분광계로 분석) 윤활유가 순환되는 작동 부위의 이상 상태를 탐지

② 기관의 보어스코프 검사 : 보어스코프(간접 육안검사)를 이용하여 기관의 압축기 부분이나 터빈 부분의 결함 상태를 확인 검사하는 방법

③ 고열 부분의 검사(Hot Section Inspection, HSI) : 연소실이나 터빈 등 고열부분만을 중점적으로 점거하고 나머지 부분은 그대로 조립하는 검사 방법으로 목적은 다음과 같다.
  ㉠ 기관의 감항성을 확인하기 위해서 뿐만 아니라 기관의 사용 시간 연장
  ㉡ 불필요한 분해 정비하지 않기 위해 정비 시간 단축

(2) 기관 중정비(engine heavy maintenance) : 기관을 기체로부터 정기적으로 계획한 시간 간격으로 장탈하여 각 구성 부품에 따라 정해진 검사, 수리, 교환 등을 수행하는 정비

(3) 기관 상태 정비(on condition maintenance) : 가스터빈 기관의 효율적인 운영과 신뢰성 관리를 위하여 기과 정비에서의 점검과 검사 및 수리 등의 결과 부품 교환상황, 운항 중의 고장 상황 등 관련된 정보를 수집하고 분석하여 필요한 시기에 필요한 부품에 대해 요구되는 정비

(4) 기관의 오버홀 : 시한성 정비방식에 의해 사용시간 한계 내에서 기체로부터 기관을 장탈하여 완전 분해 수리함으로서 사용시간을 "0"으로 환원(주로 왕복기관에 적용)

> **Note**
> ① FDM(Flight Data Monitorring, 비행자료 수집장치) : 배기가스 온도, 연료 유량 및 진동 등을 기록하고 이것의 수치 변동 경향으로부터 기관 부품의 변형 등을 밝혀내는데 활용
> ② AIDS(Aircraft Integrated Data System, 비행기록 직접장치) : 기관을 비롯하여 모든계통의 각 부분에 감지기를 붙여 비행중의 압력, 유량, 온도 및 변위 등의 신호를 연속적으로 기록하고 이상이 있는 자료를 지상의 전자계산기로 처리하여 부품의 기능저하 결함의 탐지나 고장을 탐구하는데 활용

라. 장비의 정비작업

(1) 부품 상태 구분

① 사용가능 부품(serviceable parts) : 노란색 표찰(Tag)

② 수리요구 부품(repairable parts) : 초록색 표찰(Tag)

③ 폐기품(condemn parts) : 빨간색 표찰(Tag)

> **Note** | 수리중 : 파란색 표찰(Tag)

(2) **기능 점검** : 항공기의 계통 및 구성품의 작동이나 각종 작동유, 연료 등의 흐름상태, 온도, 압력 등이 규정된 지시 상태로 정상 기능을 발휘하는 허용 한계값 내에 있는가를 결정하기 위한 세부 검사로서 항공기에 장착된 상태에서 수행하는 정비

(3) **벤치 첵** : 작동점검이나 기능점검으로 구성품의 기능이나 성능을 알 수 없을 때 구성품을 장탈하여 전문 공장에서 시험 장비를 이용하여 작동시험 및 측정을 해보고 필요한 경우에 분해 세척한 후 단순한 조치를 취하는 단계까지의 정비 작업

(4) **장비의 수리** : 육안 검사, 비파괴 검사, 및 그 밖의 벤치 첵 등을 수행하여 고장의 원인을 알아낸 다음 고장 부분을 수리 또는 교환함으로서 정상 작동 기능을 가지도록 하는 작업으로 사용시간이 "0"으로 환원되지 않는다.

(5) **장비의 오버홀** : 분해, 세척, 검사, 수리, 품목의 교환, 조립, 시험 등의 정비 단계를 거쳐 새것과 같은 상태로 만드는 정비작업으로 부품의 사용시간을 "0"으로 환원

02 정비작업

1. 항공기 기계요소

가. 항공기용 볼트(Bolt)

(1) **볼트의 재질** : 항공기용 볼트는 일반적으로 니켈강이나 알루미늄 합금을 사용한다.

(2) **볼트의 구성** : 두부(Head)와 섕크(Shank)로 구성

① 섕크 : 나사에서 머리 부분을 제외한 나머지 몸통의 길이

② 그립(Grp)

㉠ 섕크에서 나사산 부분을 제외한 나사의 길이로서 체결하고자 하는 부품의 두께와 같거나 더 커야 하며 절대로 그립의 길이가 작아서는 안 된다.

㉡ 접시머리 볼트(Countersunk head bolt)의 경우 그립의 길이는 헤드까지 포함된 전체 길이에서 나사산 부분의 길이를 뺀 나머지 길이이다.

> **Note | AN 볼트 규격**
> AN 3 DD-6
> • AN 3 : 표준 육각머리 볼트
> • 3 : 볼트 지름(3/16 인치)
> • DD : 재질(2024 T)
> • 6 : 볼트의 길이(6/8 인치)
> ※표준 육각머리 볼트는 AN 3~AN 20까지 있다.

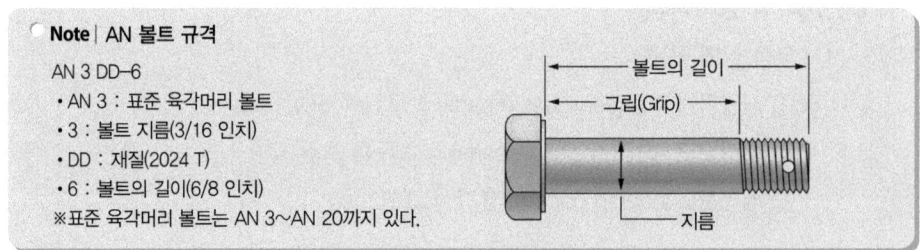

(4) 나사산 피치의 종류 및 나사의 등급

① 나사산 피치의 종류

㉠ NF(American National Fine Pitch) : 1인치당 나사산 수가 14개인 나사

㉡ UNF(American Standard Unified Fine Pitch) : 1인치당 나사산 수가 12개인 나사

㉢ NC(American National Coarse)

㉣ UNC(American Standard Unified Coarse)

② 나사 등급의 종류

㉠ 1등급(CLASS 1) : LOOSE FIT

㉡ 2등급(CLASS 2) : FREE FIT

㉢ 3등급(CLASS 3) : MEDIUM FIT – NF계열 나사산 사용

㉣ 4등급(CLASS 4) : CLOSE FIT

> **Note** | 항공기용 볼트
> 항공기용 볼트는 CLASS 3, NF 계열나사산을 사용한다.

(5) 볼트 머리 기호 식별

머리기호	종류	허용강도	비고
—	내식성 볼트		
=	내식성 볼트		
+	합금강 볼트	125,000~145,000 psi	
△	정밀공차볼트		
ⓐ	정밀공차볼트	160,000~180,000 psi	고강도볼트
▲	정밀공차볼트	125,000~145,000 psi	합금강볼트
R	열처리 볼트		
− −	알루미늄 합금 볼트		
=	황동 볼트		

(6) 항공기용 볼트의 종류

① 육각 볼트(HEX HEAD)(AN 3~AN 20) : 일반적인 인장 및 전단하중을 담당하는 구조부용 볼트로서 모든 목적에 사용된다.

㉠ 직경이 1/4IN 이하의 AL 합금볼트는 일차 구조 부분에 사용 불가하다.

㉡ 카드뮴 도금 강철 볼트에 알루미늄 합금 너트는 이질금속의 부식 때문에 해상 항공기에는 사용 불가능하다.

㉢ 알루미늄 합금 볼트나 너트는 정비 및 점검 목적으로 자주 장탈하는 부분에 사용해서는 안 된다.

② 정밀공차 볼트(AN 173~186) : 일반 볼트보다 정밀하게 가공된 볼트이다.
  ㉠ 심한 반복운동이나 진동이 발생하는 곳과 같이 단단히 조여야 할 곳에 사용한다.
  ㉡ 12~14 온스의 망치로 쳐야 제 위치로 들어간다.
③ 인터널 렌치 볼트(MS 20004~MS 20024) : 인터널 렌치 볼트라고도 한다.
  ㉠ 고강도강으로 만들어졌으며 특수 고강도 너트와 함께 사용한다.
  ㉡ 인장과 전단이 작용하는 부분에 사용하는 것이 좋다.
  ㉢ AN 육각 머리볼트와 강도 차이 때문에 교체 사용이 불가능하다.
  ㉣ 볼트 체결시 육각형의 L 렌치를 사용한다.
④ 드릴 헤드 볼트(AN 73~AN 81) : 안전결선 구멍이 마련되어 있으며 머리 부분의 두께가 일반적으로 두껍다.
⑤ 크레비스 볼트 : 보통 스크루 드라이버를 사용하여 장착하며 전단하중만 작용하는 곳에 사용되고 조종계통에 기계적 핀으로 자주 사용된다.
⑥ 아이볼트 : 외부에서 인장 하중이 작용하는 곳에 사용되며 고리(EYE)는 턴 버클, 크레비스 혹은 케이블 걸이가 걸리도록 되어 있다.
⑦ 로크 볼트(고정 볼트, lock bolt) : 고강도 볼트와 리벳으로 구성되며 날개의 연결부, 착륙장치의 연결부와 같은 구조부분에 사용된다. 재래식 볼트보다 신속하고 간편하게 장착할 수 있고 와셔를 사용하지 않아도 된다.
  ㉠ 풀(pull)형 고정 볼트 : 특수 공기총을 사용하여 혼자서 작업이 가능하다.
  ㉡ 스텀프(stump)형 고정 볼트 : 공간이 매우 좁은 경우에 사용한다.
  ㉢ 블라인드(blind)형 고정 볼트 : 한쪽 면에서만 작업이 가능한 부분에 사용한다.

(7) 볼트의 체결 방법 : 볼트와 너트가 헐거워졌을 때에 빠지지 않도록 하기 위한 방법
  ① 머리 방향이 비행 방향이나 윗 방향으로 향하게 체결
  ② 회전하는 부품에는 회전하는 방향으로 향하도록 체결
  ③ 볼트 그립의 길이는 결합 부재의 두께와 동일하거나 약간 긴 것을 선택하고 길이가 맞지 않을 때에는 와셔를 이용하여 길이를 조절해야 한다.

나. 항공기용 너트(NUT)

(1) 분류와 용도

① 분류
  ㉠ 비자동 고정 너트 : 너트 자체만으로는 진동 등의 원인에 위해 나사가 풀리는 것을 방지할 수 없어 특별한 고정장치가 필요한 너트를 말한다.(Cotter Pin)
  ㉡ 자동 고정 너트 : 너트를 조여주면 자동적으로 고정되는 너트로 고정장치가 별도로 필요하지 않다.

② 용도 : 볼트와 함께 사용되어 부품의 체결시 사용되며 임의로 풀고 조일 수 있는 특징이 있다.

(2) 비자동 고정너트

① 캐슬 너트(Castle Nut)
- ㉠ 용도 : 섕크에 안전핀 구멍이 있는 육각 볼트, 크레비스 볼트, 아이 볼트, 드릴 헤드 볼트 등에 사용하며 큰 인장하중에 잘 견디는 특성이 있다.
- ㉡ 고정 장치 : 코터 핀

② 평 너트(Plain Nut)
- ㉠ 용도 : 큰 인장 하중을 받는 곳에 적합
- ㉡ 고정 장치 : 체크 너트나 고정 와셔

③ 얇은 육각 너트
- ㉠ 용도 : 보통의 육각 너트보다 더 가벼운 너트로서 전단하중이 작용하는 곳에 사용
- ㉡ 고정 장치 : 체크 너트나 고정와셔

④ 나비 너트(Wing Nut) : 손가락으로 조일 수 있을 정도의 강도가 요구되는 부분이나 자주 장탈되는 곳에 사용

⑤ 평 체크 너트 : 평 너트, 세트 스크루(Set Screw) 끝에 나사산 로드(Rod)에 고정장치로 사용

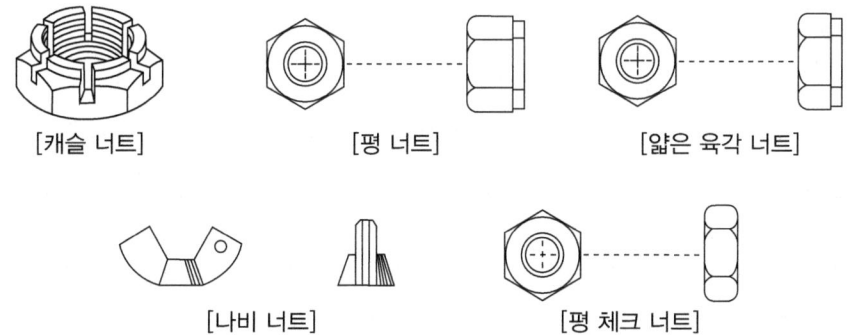

[캐슬 너트]   [평 너트]   [얇은 육각 너트]

[나비 너트]   [평 체크 너트]

(3) 자동 고정너트

① 분류 : 전금속형, 파이버형

② 사용장소
- ㉠ Antifriction(마찰방지 베어링)과 조종 풀리의 장착에 사용
- ㉡ 보기 검사창 주위의 앵커 너트 및 작은 탱크의 장착 구멍
- ㉢ Rocker Box 덮개와 배기관
- ㉣ 자동 고정 너트는 과도한 진동 하에서 쉽게 풀리지 않는 강도를 요하는 연결에 사용되며 볼트나 너트가 회전하는 연결부에 사용 불가

③ 전금속형 자동 고정 너트 : 전금속형은 스프링의 탄성을 이용하여 볼트를 꽉 잡아주어 고정되는 형태로 고온부에 주로 사용된다.

④ 파이버형 자동 고정 너트 : 파이버 고정형 너트는 너트 안쪽에 파이버 칼라를 끼워 탄력성을 줌으로써 자체가 스스로 체결되고, 동시에 고정작업이 이루어지는 너트이다. 일반적으로 자동 고정 너트는 일반적으로 사용 온도 한계인 121℃(250F) 이하에서 제한 횟수만큼 사용할 수 있게 되어 있으나, 경우에 따라서는 649℃(1200F)까지 사용할 수 있는 것도 있다. 재사용 가능 횟수는 다음과 같다.

  ㉠ 파이버형 : 약 15회
  ㉡ 나이론형 : 약 200회

⑤ 플레이트 너트(Plate Nut) : 앵커 너트(Anchor Nut)
  ㉠ 용도 : 얇은 패널에 너트를 부착하여 사용할 수 있도록 고안되어 있으며 항공기 구조부의 폐쇄 표피에 점검창 등을 낼 때 사용한다.
  ㉡ 재질 : 알루미늄 합금

> **Note | 너트의 식별 기호**
> AN310 D − 5 R
> • AN310 : 항공기용 캐슬 너트
> • D : AL 합금 (2017T)
> • 5 : 사용 볼트의 직경 (5/8in)
> • R : 오른나사

다. 항공기용 스크루(Screw)

(1) 종류

① 구조용 스크루 : 같은 크기의 볼트와 같은 전단강도를 가지면 명확한 그립을 갖고 있다.

② 기계용 스크루 : 가장 많이 사용되며, 저탄소강, 황동, 내식강이나 Al 합금으로 만들어 구조용에 비해 강도가 낮다. (예, 둥근 머리 스크루, 납작 머리 스크루, 필리스터 스크루)

③ 자동 탭핑 스크루 : 스스로 나사를 내면서 체결되는 부품이다.
  ㉠ 비구조재의 영구적인 접합, 구조물에 얇은 판을 부착, 리벳 작업을 위해 일시적으로 판재를 접합하는 곳에 사용한다.
  ㉡ 자동 탭핑 스크루는 1차 구조에 사용해서는 안 된다.

(2) 스크루와 볼트의 차이점

① 볼트보다 일반적으로 낮은 강도를 갖는다.   ② 볼트보다 질이 낮다.
③ 명확한 그립을 가지고 있지 않다.   ④ 나사 부분의 정밀도가 낮다.
⑤ 대부분 스크루 드라이버로 장탈된다.

(3) 나사못의 식별방법

① AN 501 A B P 416 8
  ㉠ AN : AN 표준 기호
  ㉡ 501 : 둥근 납작 머리 스크루(필리스터 머리 기계 나사)
  ㉢ A : 나사에 구멍 유무(A : 있다, 무표시 : 없다)

④ B : 나사못의 재질
- B : 황동, C : 내식강, DD : AL합금(2024T)
- D : AL합금(2017T), P : 머리의 홈(필립스)

⑤ 416 : 나사못의 축의 지름(4/16 인치)

⑥ 8 : 나사못의 길이(8/16 인치)

② AN 507 C 428 R 8

① AN : AN 표준 기호

② 507 : 100° 납작머리

③ C : 내식강

④ 428 : 축의 지름의 4/16, 1인치당 나사산의 수가 28개임

⑤ R : + 홈이 머리에 있음

⑥ 8 : 길이가 8/16인치

라. 항공기용 와셔(Washer)

(1) 평 와셔(Plane Washer) : AN 960, AN 970

① 너트에 평활한 면압을 형성하여 부품의 파손을 방지한다.

② 볼트와 너트 조립 시 알맞은 그립 길이를 확보한다.

③ 캐슬 너트 사용 시 볼트에 있는 코터 핀 구멍이 일치되도록 너트 위치를 조절한다.

④ 표면 재질을 손상시키지 않기 위하여 고정 와셔 밑에 사용한다.

⑤ 너트를 고정시키는 고정 장치로 사용되기도 한다.

(2) 고정 와셔(Lock Washer) : AN 935, AN 936

① 역할 : 자동 고정 너트나 캐슬 너트가 적합하지 않는 곳에 기계용 스크루나 볼트에 함께 사용되는 고정 장치

② 종류

① 스프링 와셔 : AN 935로 진동에 강한 특성을 갖고 있으며, 스프링의 탄성을 이용하여 너트를 고정시킨다. 또한 스프링 와셔는 재사용이 가능하다.

② 스타 와셔 : AN 936은 고온부에 사용되며 재사용되지는 않는다.

③ 고정 와셔가 사용될 수 없는 경우

① 파스너와 함께 1차, 2차 구조에 사용할 경우

② 파스너와 함께 항공기 어느 부품이든지 이 부품의 결함이 항공기나 인명에 손상이나 위험을 줄 수 있는 결과가 우려되는 곳

③ 결함으로 틈새가 생겨 연결부위에서 공기 흐름이 누출되는 곳

④ 스크루가 빈번하게 제거되는 곳

    ⓜ 와셔가 공기 흐름에 노출되는 곳

    ⓗ 와셔가 부식 조건에 영향을 받는 곳

    ⓢ 표면의 결함을 막는 밑바닥에 평와셔가 없이 와셔가 직접 재료에 닿는 경우

(3) **특수 와셔**(AN 950, AN 955) : 볼 소켓 와셔와 볼 시트 와셔는 표면에 어떤 각을 이루고 있는 볼트를 체결하는데 사용한다.

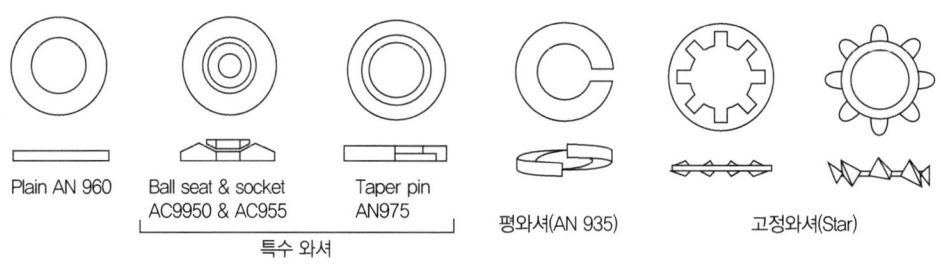

[와셔]

마. 항공기용 리벳(Rivet)

(1) **기능** : 구조 부재의 기계적 영구결합에 사용

(2) **머리 모양에 따른 종류**

① 둥근 머리 리벳(Round head rivet, AN 430, AN 435, MS 20435) : 항공기 표면에는 공기 저항이 많아 사용하지 못하고 항공기 내부의 구조부에 사용되며 주로 두꺼운 금속판의 결합에 사용

② 납작 머리 리벳(Flat head rivet, AN 441, AN 442) : 둥근머리 리벳과 마찬가지로 외피에 사용하지 못하고 내부 구조 결합에 사용

③ 접시 머리 리벳(Counter sunk head rivet, AN 420, AN 425, MS 20426) : 일명 Flush 리벳, 접시머리 리벳이라 불리고 항공기 외피용 리벳으로 결합

④ 브래지어 리벳(AN 435) : 둥근머리 리벳과 카운트 성크 리벳의 중간 정도로서 머리의 직경이 큰 대신 머리 높이가 낮아 둥근머리 리벳이 비하여 표면이 매끈하여 공기에 대한 저항이 적은 대신 머리 면적이 커 면압이 넓게 분포되므로 얇은 판의 항공기 외피용으로 적합

⑤ 유니버셜 리벳(AN 470) : 브래지어 리벳과 비슷하나 머리 부분이 강도가 더 강하고 항공기의 외피 및 내부 구조 결합용으로 많이 사용

> **Note | 카운터 성크 각도**
> - AN 420 : 90°
> - AN 425 : 78°
> - AN 426 : 100°

[리벳의 종류]

(3) 재질에 따른 분류

① 1100(2S) : A로도 표기하며 순수 알루미늄 리벳으로 비구조용 사용한다.

② 2117 T(AD) : A 17 ST로도 표기하며 항공기에 가장 많이 사용되며 열처리를 하지 않고 상온에서 작업을 할 수 있다.

③ 2017 T(D) : 17 ST로도 표기하며, Ice box rivet으로 2117 T 리벳보다 강도가 요구되는 곳에 사용되며 상온에서 너무 강해 풀림처리 후 사용한다. 상온 노출 후 1시간 후에 50% 정도 경화되며 4일쯤 지나면 100% 경화된다. 냉장고에서 보관하고 냉장고에서 꺼낸 후 1시간 이내 사용해야 한다.

④ 2024 T(DD) : 24 ST로도 표기하며, Ice box rivet으로 2017 T보다 강한 강도가 요구되는 곳에 사용하며 열처리 후 냉장 보관하고 상온 노출 후 10~20분 이내에 작업을 하여야 한다.

⑤ 5056(B) : 마그네슘(Mg)과 접촉할 때 내식성이 있는 리벳이며 마그네슘 합금 접합용으로 사용되며 머리에 + 표로 표시한다.

⑥ 모넬 리벳(M) : 니켈 합금강이나 니켈강 구조에 사용되며 내식강 리벳과 호환적으로 사용할 수 있는 리벳이다.

⑦ 구리(C) : 동합금, 가죽 및 비금속 재료에 사용한다.

⑧ 스테인레스강(F, CR Steel) : 내식강 리벳으로 방화벽, 배기관 브라켓 등에 사용한다.

(4) 리벳의 규격 및 식별 : 항공기용 AN 표준 규격 리벳은 종류와 재질, 직경 및 길이 등 리벳에 대한 필요한 사항을 나타낼 수 있는 다음과 같은 표시 기호가 정해진다.

① AN 470 AD 3 - 5
  - ㉠ AN 470 : 유니버셜 리벳
  - ㉡ AD : 재질(2117)
  - ㉢ 3 : 직경(3/32 인치)
  - ㉣ 5 : 길이(5/16 인치)

② AN 426 D 5 - 12
  - ㉠ AN 426 : 카운트 성크 머리(100°)
  - ㉡ D : 재질(2017)
  - ㉢ 5 : 직경(5/32 인치)
  - ㉣ 12 : 길이(12/16 인치)

(5) 특수 리벳

① 체리 리벳(Cherry rivet) : 버킹 바(bucking bar)를 댈 수 없는 곳에 쓰이며 돌출 부위를 가지고 있는 스템(stem)과 속이 비어있는 리벳 생크, 머리로 되어 있다.

② 리브 너트(Rib nut) : 생크 안쪽에 구멍이 뚫려 나사가 나있는 곳에 리브너트를 끼워 시계 끼워 시계방향으로 돌리면 생크가 압축을 받아 오그라들면서 돌출부위를 만든다. 항공기의 날개나 테일 표면에 고무재 제빙부츠를 장착하는데 사용한다.

③ 폭발 리벳(Explosive rivet) : 생크 끝 속에 화약을 넣어 리벳 머리에 가열된 인두로 폭발시켜 리벳작업을 하도록 되어 있다. 연료탱크나 화재 위험 있는 곳 사용을 금지한다.

④ 고전단 응력 리벳 : 블라인드형 리벳이 아니며(재료의 양편에서 작업) 전단응력만 작용하는 곳에 사용하고 그립 길이가 생크의 직경보다 작은 곳에는 사용이 불가하다.

> **Note | 리벳 이음의 특성**
> ① 초응력에 의한 잔류 변형률이 생기지 않으므로 취약 파괴가 일어나지 않는다.
> ② 구조물 등에서 현지 조립할 때에는 용접 이음보다 쉽다.
> ③ 경합금과 같이 용접이 곤란한 재료에는 신뢰성이 있다.
> ④ 강판의 두께에 한계가 있으며 이음 효율이 낮다.

바. 턴 록 파스너(Turn Lock Fastener)

(1) 용도 : 항공기에 있는 점검판, 창, 기타 장탈 가능한 판을 안전하게 고정시키며 검사와 정비를 목적으로 판넬을 쉽고 빠르게 장탈하는데 사용한다.

(2) 종류

① 쥬스 파스너

㉠ 구성 : 스터드, 그로멧, 리셉터클

㉡ 종류 : 윙(Wing), 플러시(Flush), 오벌(Oval)

㉢ 규격 : 머리부에 몸체의 직경, 길이, 머리 모양이 표시되어 있다.

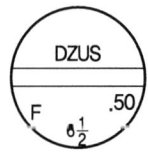

F : Flush head

$6\frac{1}{2}$: 몸체 직경(6.5/16 인치)

50 : 몸체의 길이(50/100 인치)

② 캠록 파스너

㉠ 구성 : 스터드 어셈블리, 그로멧, 리셉터클

㉡ 용도 : 엔진의 카울링(cowling)을 장착하는데 주로 사용

③ 에어록 파스너 : 스터드, 크로스 핀, 리셉터클로 구성

사. 항공기용 고정핀

(1) 기능 : 연결부의 고정장치로 사용

(2) 종류

① 테이퍼 핀

㉠ 용도 : 전단하중을 전달하는 연결부와 유격이 있어서는 안 되는 곳에 사용

ⓒ 종류 : 평 테이퍼 핀, 나사산 테이퍼 핀
② 납작머리 핀(크레비스 핀)
 ㉠ 용도 : 타이로드(Tie rod) 터미널과 계속적으로 작동하지 않는 부조종 계통에 사용
 ㉡ 장착방법 : 보통 코터 핀으로 고정되며 핀이 파손되었거나 빠졌을 경우에도 그곳에 남아 있도록 항상 머리가 위로 향하도록 장착한다.
③ 코터 핀
 ㉠ 용도 : 볼트, 스크루, 너트, 핀 등의 안전장치로 사용
 ㉡ 주의사항 : 재사용 불가

> **Note | 내식강 코터 핀**
> 비자성 물질이 필요한 곳이나 부식에 강한 재질이 요구되는 곳에 사용된다.

아. 턴버클과 케이블

(1) 턴버클(turn buckle)
① 용도 : 조종 케이블의 장력을 조절하는데 사용
② 구성 : 턴 버클 배럴과 턴 버클 단자로 구성되며, 턴 버클 배럴은 한쪽은 오른나사, 다른 한 쪽은 왼나사로 되어 있어 배럴을 돌리면 동시에 잠기고 동시에 풀려 케이블이 장력을 규정된 장력으로 조일 수 있다.
③ 턴버클의 안전 고정작업
 ㉠ 단선식 결선법(single wrap method) : 케이블 직경이 1/8인치 이하(3.3mm 이하)에 사용하며 턴버클 앤드에 5~6회(최소 4회) 정도 감아 마무리 한다.
   • 턴버클의 죔이 적당한 지 확인한다. 확인 방법은 나사산이 3개 이상 밖으로 나와 있으면 안 되며 배럴 구멍에 핀을 꽂아보아 핀이 들어가면 제대로 체결이 되지 않은 것이다.
   • 턴버클의 4배정도가 되게 와이어를 자른다.
   • 턴버클 배럴에 있는 구멍에 와이어를 끼운다.
   • 턴버클이 죄어지는 방향으로 와이어를 반회전시켜 턴 버클엔드, 접합기구의 구멍에 끼운 후 배럴의 중앙을 향하여 반대로 구부린다.
   • 턴버클 생크 주위로 와이어를 5~6회(최소 4회) 감는다.
   • 와이어를 절단하고 생크에 감아 안으로 구부린다.
 ㉡ 복선식 결선법(double wrap method) : 케이블 직경이 1/8인치 이상(3.2mm 이상)인 경우에 사용한다.
   • 턴버클 길이의 4배정도가 되도록 와이어를 두 가닥 자른다.
   • 턴버클 중심에 있는 구멍에 2개의 와이어를 끼워 턴버클 끝을 향해 90도 되게 구부린다.

- 턴버클 안이나 포크 엔드의 갈라진 틈(yoke)속으로 와이어 끝을 집어 넣는다.
- 와이어를 양끝에서 턴 버클 중심을 향하여 다시 좁힌다.
- 남은 와이어로 생크 주위의 와이어를 4번 감는다.
- 구멍을 통과한 선을 잡고 턴버클의 중심을 향하여 먼저 감은 선과 반대방향으로 4번 감는다.
- 와이어 끝을 자른 다음에 이것을 생크의 몸통에 바싹 붙인다.
- 반대쪽도 같은 작업을 한다.

> **Note | 턴버클 고정 시 유의사항**
> ① 배럴의 검사 구멍에 핀을 꽂아 보아 핀이 들어가지 않으면 제대로 체결된 것이다.
> ② 턴버클 앤드의 나사산이 배럴 밖으로 3개 이상 나와 있으면 충분히 체결되지 않은 것이다.
> ③ 케이블 안내기구(풀리, 페어리드)의 반경 2인치 이내에 설치해서는 안 된다.

(2) 케이블(cable)

① 용도 : 배럴과 단자를 이음 작업하여 케이블의 장력을 유지

② 연결방법

  ㉠ 스웨징 방법(swaging method) : 스웨징 케이블 단자에 케이블을 끼우고 스웨징 공구나 장비로 압착하여 접착하는 방법으로 연결부분 케이블 강도는 케이블 강도의 100%를 유지하며 가장 일반적을 많이 사용한다.

  ㉡ 5단 엮기 케이블 이음 방법(5tuck woven cable splice method) : 부싱(bushing)이나 딤블(thimble)을 사용하여 케이블 가닥을 풀어서 엮은 다음 그 위에 와이어로 감아 씌우는 방법으로 7×7, 7×19 케이블로서 직경이 3/32인치 이상 케이블에 사용할 수 있다. 연결부분의 강도는 케이블 강도의 75%이다.

  ㉢ 랩 솔더 케이블 이음 방법(wrap solder cable splice) : 케이블 부싱이나 딤블 위로 구부려 돌린 다음 와이어를 감아 스테아르산의 땜납 용액에 담아 땜납용액이 케이블 사이에 스며들게 하는 방법으로 케이블 지름이 3/32인치 이하의 가요성 케이블이거나 1×19 케이블에 적용이다. 접합부분의 강도는 케이블 강도의 90%이고 고온 부분에는 사용을 금지한다.

  ㉣ 니코프레스 이음 방법(nicopress cable splice method)

③ 케이블의 세척 방법

  ㉠ 쉽게 닦아 낼 수 있는 녹이나 먼지는 마른 헝겊으로 닦아낸다.

  ㉡ 케이블 표면에 칠해져 있는 오래된 방부제나 오일로 인한 오물 등은 깨끗한 헝겊에 솔벤트나 케로신을 묻혀 닦아낸다.

  ㉢ 세척한 케이블은 깨끗한 마른 헝겊으로 닦아낸 다음 부식에 대한 방지를 한다.

④ 케이블 검사 방법
　㉠ 케이블의 와이어에 잘림, 마멸, 부식 등이 없는지 검사한다.
　㉡ 와이어의 잘린 선을 검사할 때는 헝겊으로 케이블을 감싸서 다치지 않도록 검사한다.
　㉢ 풀리나 페어리드에 닿는 부분을 세밀히 검사한다.
　㉣ 7×7케이블은 25.4 mm당(1인치당) 3가닥, 7×19케이블은 25.4mm당(1인치당) 6가닥이 잘려 있으면 교환해야 한다.
⑤ 케이블의 장력 측정 : 케이블 텐션 미터(cable tension meter)를 이용하여 케이블의 장력을 측정한다.

자. 항공기용 튜브와 호스 접합 기구

(1) 튜브(Tube)

① 용도 : 상대운동을 하지 않는 두 지점 사이의 배관에 사용
② 튜브의 호칭 치수 : 바깥지름×두께
③ 튜브의 접합방식
　㉠ 플레어 방식 : 표준 플레어 각도는 37°
　　• 단일 플레어 방식 : 플레어 공구를 사용하여 나팔 모양으로 성형하여 접합에 사용
　　• 이중 플레어 방식 : 직경이 3/8 in 이하인 Al 튜브에 사용
　㉡ 플레어리스 방식 : 플레어를 주지 않고 접합기구를 사용하여 연결
④ 튜브의 절단작업 : 튜브의 중심선에 대해 정확하게 90°로 튜브를 절단하는 작업으로 일반적으로 활톱을 이용하며 알루미늄, 구리, 연질 금속의 절단은 표준 절단 공구를 사용한다.
⑤ 튜브의 굽힘작업 : 튜브를 구부릴 때 튜브 지름에 대해 최소 굽힘 반지름이 규정되어 있으므로 그 이하의 반지름으로는 구부리지 않도록 한다.
⑥ 튜브 검사와 수리 : 알루미늄 합금 튜브에서 긁힘이 튜브 두께의 10% 이내이면 사포 등으로 문질러 사용하고 튜브 교환시 원래의 것과 동일한 것을 사용
⑦ 튜브의 사용 가능 압력
　㉠ 알루미늄 합금 튜브 : 140 kg/cm^2 (2000 PSI) 이하
　㉡ 강철 튜브 : 140 kg/cm^2 (2000 PSI) 이상에 사용

> **Note | 알루미늄 관의 색 띠에 의한 구별방법**
> 알루미늄 관을 식별하기 위한 색 띠는 관의 양끝이나 중간에 부착하며, 보통 10cm의 넓이를 가지고 있다. 두 가지 색깔로 표시되는 경우는 각각 절반의 너비를 차지한다.
>
> | 알루미늄 합금 번호 | 색 띠 | 알루미늄 합금 번호 | 색 띠 |
> |---|---|---|---|
> | 1100 | 흰색 | 5052 | 자주색 |
> | 2003 | 녹색 | 6053 | 검은색 |
> | 2014 | 회색 | 6061 | 파란색과 노란색 |
> | 2024 | 빨간색 | 7075 | 갈색과 노란색 |

(2) 호스(Hose)

① 용도 : 상대운동을 하는 두 지점 사이의 배관에 사용

② 호스의 치수(= 내경)

　㉠ 가요성 호스의 크기를 표시하는 방법은 호스의 안지름(내경)으로 표시하며 1인치의 16분비($x/16$ in)로 나타낸다.

　㉡ 예를 들어 No. 7인 호스는 안지름이 7/16 인치인 호스를 말한다.

③ 호스작업 : 테프론 호스나 고무 호스에 호스 접합 기구를 부착하여 배관용으로 사용할 수 있도록 호스를 조립하는 작업으로 호스를 장착시 유의사항은 다음과 같다.

　㉠ 호스가 꼬이지 않도록 한다.

　㉡ 압력이 가해지면 호스가 수축되므로 5~8% 여유를 준다.

　㉢ 호스의 진동을 막기 위해 60cm 마다 클램프로 고정한다.

④ 압력에 따른 분류

　㉠ 중압용 호스 : 125kg/cm² 까지 사용

　㉡ 고압용 호스 : 125~210kg/cm² 까지 사용

⑤ 재질에 따른 분류

　㉠ 고무호스
　　• 안쪽에 이음이 없는 합성고무 층이 있고 그 위에 무명과 철선의 망으로 덮여 있으며 맨 마지막 층에는 고무에 무명이 섞인 재질로 덮여있다.
　　• 연료계통, 오일 냉각 및 유압계통에 사용한다.

　㉡ 테프론 호스
　　• 항공기 유압계통에서 높은 작동온도와 압력에 견딜 수 있도록 만들어진 가요성 호스이다.
　　• 어떤 작동유에도 사용이 가능하고 고압용으로 많이 사용한다.

⑥ 호스의 보관 : 어둡고 서늘하고 건조한 곳에 보관하며 4년 이상 보관한 것은 사용을 금한다.

차. 안정, 고정작업

(1) 안전결선(Safety Wire)

① 복선식 안전결선 : 두 가닥을 이용하여 체결하는 방법

   ㉠ 고정 작업해야 할 부품의 간격이 4~6인치(10.2cm~15.2cm)일 때 3개까지 결선한다.

   ㉡ 좁은 간격으로 떨어져 있을 때는 24인치(61cm) 길이의 안전결선으로 함께 고정시킬 수 있는 범위까지 고정

② 단선식 안전결선

   ㉠ 3개 이상의 체결부품이 기하학적으로 밀착되어 복선식이 곤란하거나 전기계통 비상장치 등 단선식으로 작업이 적합할 때 사용

   ㉡ 단선식으로 고정 작업 시 연속적으로 고정시킬 수 있는 부품수는 24인치 길이의 안전결선으로 고정할 수 있는 숫자로 제한한다.

③ 안전결선 방법

   ㉠ 한번 사용한 와이어는 다시 사용해서는 안 된다.

   ㉡ 와이어를 꼬을 때 피막에 손상을 입혀서는 안 된다.

   ㉢ 와이어를 꼬을 때 팽팽한 상태가 되도록 해야 한다.

   ㉣ 안전결선은 당기는 방향이 부품의 죄는 방향이 되도록 한다.

   ㉤ 매듭을 만들기 위해 자를 때에는 자른 면이 직각이 되도록 하여 날카롭게 되지 않도록 한다.

   ㉥ 플라이어로 과도하게 당기면 꼬임 시작점에 응력이 집중되어 끊어질 염려가 있으므로 심하게 당기지 않도록 한다.

   ㉦ 안전 결선 끝 부분은 3~6회 정도 꼬아서 전단 후 구부린다.

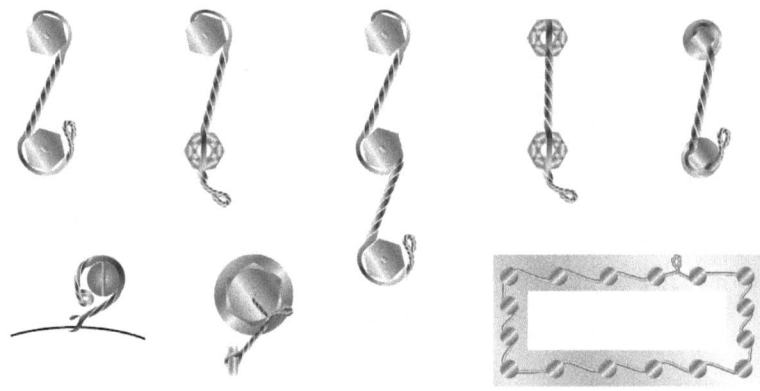

[안전결선법]

(2) 코터핀(cotter pin)

① 볼트 상단으로 구부리는 방법 : 볼트 상단으로 구부린 코터 핀의 가닥 길이가 볼트 지름을 벗어나서는 안 되고 아래쪽으로 구부린 가닥은 와셔의 표면에 얹히지 않도록 한다.

② 너트 둘레로 감아 구부리는 방법 : 코터 핀의 가닥이 너트 바깥지름을 벗어나지 않도록 한다.

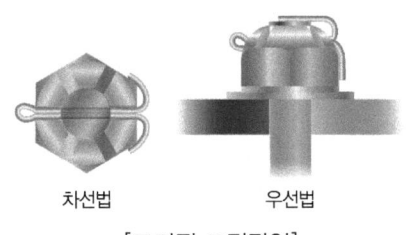

[코터핀 고정작업]

2. 측정기기 및 공구류

가. 측정기기

(1) 버니어 캘리퍼스(vernier calipers)

① 원통의 지름, 안지름 등을 측정하는 데 주로 사용된다.

② 본척과 본척 위를 이동하는 버니어(부척)로 되어 있는데 보통 사용되고 있는 것은 본척의 한 눈금이 1mm이고, 버니어의 눈금은 본척의 19눈금을 20등분한 것이다. 이것에 의하면, 읽을 수 있는 최소치수는 1/20mm이다. 이 밖에 최소치수가 1/50mm인 것도 있다.

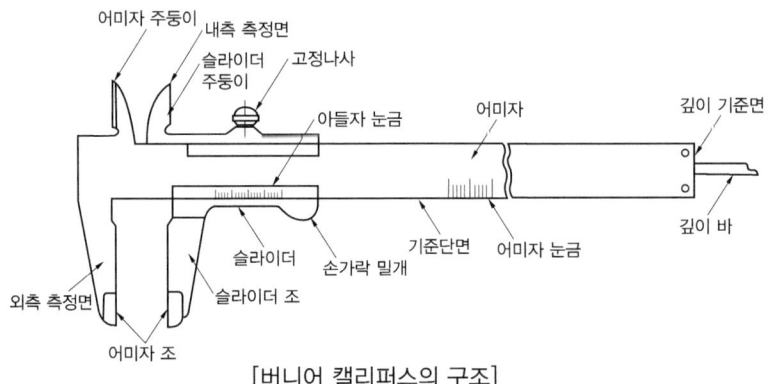

[버니어 캘리퍼스의 구조]

(2) 마이크로미터(micrometer)

① 물체의 바깥지름, 안지름 등을 측정하는데 일반적으로 0.01mm 단위까지 정확하게 길이를 측정할 수 있는 측정 기구이다.

② 앤빌과 스핀들, 슬리브와 딤블로 구성된다. 딤블에는 원주 방향으로 50등분한 눈금이 새겨져

있고, 한 바퀴 회전시켰을 때 슬리브의 한 눈금(0.5mm)만큼 움직이기 때문에 슬리브에서는 0.5mm까지 읽을 수 있고, 딤블에서 0.01mm까지 읽을 수 있다.

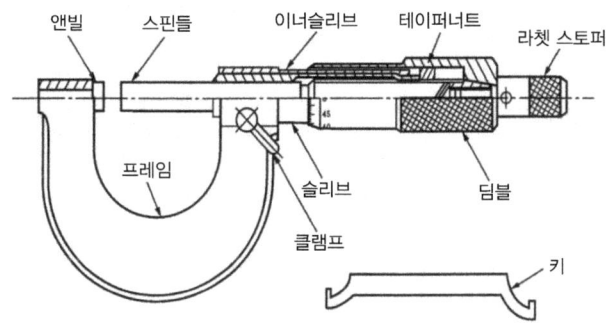

[마이크로미터 각 부 호칭]

(3) 하이트 게이지(height gauge)

① 높이 게이지라고도 한다. 앞쪽 끝은 단단하고 뾰족하게 되어 있으므로 재료에 금긋기를 할 수 있다. 높이 측정과 금긋기 작업을 한꺼번에 할 수 있으므로 작업을 능률적으로 진행할 수 있다.

② 하이트 게이지의 종류
  ㉠ HM형 : 견고하여 금긋기에 적당하며 비교적 대형이다. 0점 조정이 불가능하다.
  ㉡ HB형 : 경량 측정에 적당하나 금긋기용으로는 부적당하다. 스크라이버의 측정면이 베이스면까지 내려가지 않으며 0점 조정이 불가능하다.
  ㉢ HT형 : 표준형으로 본척의 이동이 가능하다.

(4) 다이얼 게이지(dial gauge)

① 측정물의 길이를 직접 측정하는 것이 아니라 길이를 비교하기 위한 것이다.
② 평면의 요철, 공작물 부착 상태, 축 중심의 흔들림, 직각의 흔들림 등을 검사하는 데 사용한다.

(5) 토크 렌치(torque wrench)

① 볼트와 너트, 스크루 등을 규정된 값으로 조일 때 사용하는 공구로 렌치로 단위는 kg-cm, kg-m, N/m, in-lb, ft-lb 이다.

② 토크 렌치의 종류
  ㉠ 고정식 토크 렌치
    • 프리셋 토크 드라이버 : 스크루를 규정된 죔값으로 조여 주는 공구
    • 오디블 인디케이팅 토크 렌치 : 규정된 죔값을 미리 설정한 후 그 값에 도달하면 "클릭" 하는 소리를 내어 조임값을 알려주는 공구

ⓒ 지시식 토크 렌치
- 디플렉팅 빔 토크 렌치 : 빔의 변형 탄성력을 이용하여 규정된 조임값으로 조여 주는 공구
- 리짓 프레임 토크 렌치 : 다이얼의 눈금으로 조임값을 나타내주는 공구

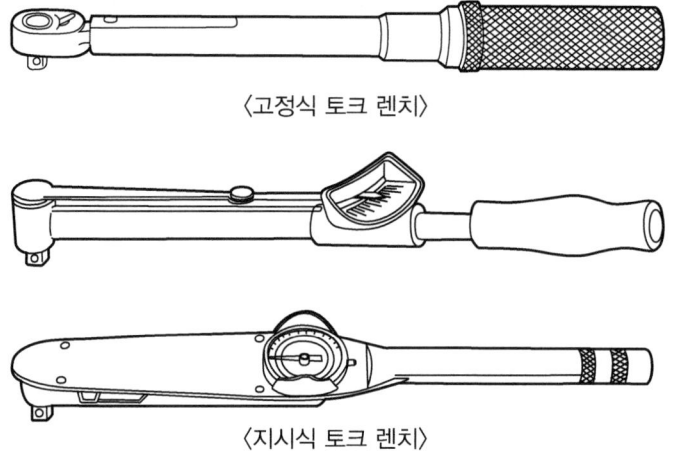

〈고정식 토크 렌치〉

〈지시식 토크 렌치〉

③ 토크 렌치 사용시 주의사항
  ㉠ 토크값을 측정할 때에는 자세를 바르게 하고 부드럽게 죄어야 한다.
  ㉡ 토크 렌치를 사용할 때에는 특별한 지시가 없으면 볼트의 나사산에 윤활유를 사용해서는 안 된다.
  ㉢ 토크 렌치를 사용할 때에는 너트를 죄어야 한다.
  ㉣ 규정된 토크로 죄어진 너트에 안전결선이나 고정핀을 끼우기 위해서 너트를 더 죄어서는 안 된다.

④ 연장 공구를 사용하는 경우의 죔값의 계산

$$T_W = \frac{T_A \times L}{L \pm A} \quad \text{또는} \quad T_A = \frac{(L \pm E)T_W}{L}$$

T_W : 토크 렌치의 지시 토크값
T_A : 실제 죔 토크값
L : 토크렌치의 길이
A : 연장공구의 길이

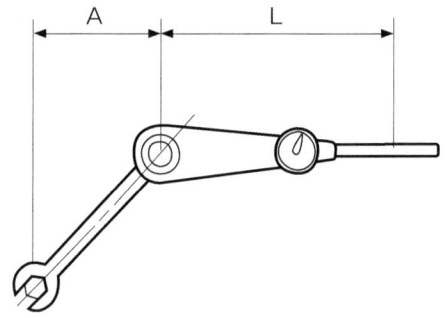

나. 공구류

(1) 탭(tap)
① 암나사를 가공할 때 사용한다.
② 탭 작업시 주의 사항
  ㉠ 공작물의 수평을 유지할 것
  ㉡ 탭 구멍은 나사의 골지름보다 조금 크게 뚫을 것
  ㉢ 2/3 회전 시 마다 반대로 조금 돌릴 것
  ㉣ 절삭유를 충분히 사용할 것

(2) 다이스(dies)
① 수나사를 가공할 때 사용한다.
③ 다이스 작업시 주의 사항
  ㉠ 절삭량을 점차로 늘릴 것
  ㉡ 다이스의 앞쪽으로 절삭할 것
  ㉢ 다이스는 핸들에 정확히 고정할 것
  ㉣ 다이스와 재료는 항상 90°를 유지할 것

(3) 리머, 서피스게이지, 스크레이퍼
① 리머(reamer) : 드릴로 뚫어놓은 구멍을 정확한 치수의 지름으로 넓히거나 또는 구멍의 내면을 깨끗하게 다듬질하는 데 사용하는 공구
② 서피스게이지(surface gauge) : 정반 위에서 금긋기, 중심내기 등에 이용하는 금긋기 공구로 측정기능이 없음
③ 스크레이퍼(scraper) : 기계가공이나 줄작업 후 다듬는 공구

3. 기본작업

가. 판금작업

(1) 정의 : 얇은 판재를 성형, 가공하는 작업으로 필요한 구조부재를 제작하는데 주로 사용하는 방법이다.

(2) 판금 설계
① 최소 굽힘 반지름 : 판재를 최소 예각으로 굽힐 때 내접원의 반지름
  ㉠ 풀림처리한 판재의 최소 굽힘 반지름 : 그 두께와 같은 정도의 굽힘 반지름
  ㉡ 보통 판재의 최소 굽힘 반지름 : 판재 두께의 3배 정도

② 굽힘 여유(Bend Allowance : BA, 굴곡 허용량) : 평판을 구부려서 부품을 만들 때 완전히 직각으로 구부릴 수 없으므로 굽히는데 소요되는 여유길이

$$B_A = \frac{\theta}{360} \times 2\pi(R+\frac{1}{2}T)$$ θ : 굽힘 각도, R : 굽힘 반지름, T : 판재 두께

③ 세트 백(Set Back, SB) : 굴곡된 판 바깥면의 연장선의 교차점과 굽힘 접선과의 거리

$$SB = K(R+T)$$

$$K = \tan\frac{\theta}{2}$$ (90°일 때 $\tan\frac{90}{2} = \tan45 = 1$)

(3) 판재의 절단 및 굽힘 가공

① 전단가공 : 판재 작업시 불필요한 부분을 잘라내는 가공
  ㉠ 블랭킹(Blankimg) : 펀치와 다이를 프레스에 설치하여 판금 재료로부터 소정의 모양을 떠내는 작업
  ㉡ 펀칭(Puncking) : 필요한 구멍을 뚫는 작업
  ㉢ 트리밍(Trimming) : 가공된 제품의 불필요한 부분을 떼어내는 작업
  ㉣ 세이빙(Shaving) : 블랭킹 제품의 거스러미를 제거하는 끝 다듬질

② 굽힘가공 : 얇은 판을 굽히는 작업
  ㉠ 굽힘가공(Bending) : 판을 굽히는 것
  ㉡ 성형가공(Forming) : 판 두께의 크기를 줄이지 않고 금속 재료의 모양을 여러 가지로 변형시키는 가공
  ㉢ 비이딩(Beading) : 용기 또는 판재에 선모양의 돌기(비딩)를 만드는 가공
  ㉣ 버어링(Burling) : 뚫려 있는 구멍에 그 안지름보다 큰 지름의 펀치를 이용하여 구멍의 가장자리를 판면과 직각으로 구멍 둘레에 테를 만드는 가공
  ㉤ 커얼링(Curling) : 원통 용기의 끝 부분에 원형 단면 테두리를 만드는 가공으로 제품의 강도를 높이고, 끝 부분의 예리함을 없애 안전하게 하는 가공
  ㉥ 네킹가공(Necking) : 용기에 목을 만드는 것
  ㉦ 엠보싱(Embosing) : 소재의 두께를 변화시키지 않고 성형하는 것으로 상하가 서로 대응하는 형을 가지고 있다.
  ㉧ 플랜징가공(Flanging) : 원통의 가장자리를 늘려서 단을 짓는 가공
  ㉨ 크림핑가공(Crimping) : 길이를 짧게 하기 위해 판재를 주름잡는 가공
  ㉩ 범핑가공(Bumping) : 가운데가 움푹 들어간 구형의 면을 가공하는 작업
  ㉪ 포울딩(Folding) : 짧은 판을 접는 것

③ 드로잉(Drawing) 가공
  ㉠ 딥 드로잉(Deep Drawing) : 깊게 드로잉하는 것
  ㉡ 벌징(Bulging) : 용기를 부풀게 하는 것
  ㉢ 스피닝(Spining) : 일명 판금 선반이라 하며 소재를 주축과 연결된 다이스에 고정한 후 주축을 회전시키며 가공봉으로 성형 가공하는 것
  ㉣ 커핑(Cupping) : 컵 형상을 만드는 과정이며, 딥 디로잉을 하기 위한 과정
  ㉤ 마르폼법(Marform Press) : 다이 측에 금속 다이 대신 고무를 사용하는 드로잉법
  ㉥ 액압성형법(Hydro Forming) : 마르폼과 비슷한 형식이나 고무 대신 액체를 이용한 성형법
④ 압축가공
  ㉠ 스웨이징(Swaging) : 소재를 짧고 굵게 만다는 것
  ㉡ 압인가공(Coining) : 동전이나 메달 등의 앞, 뒤쪽 표면에 모양을 만드는 것
⑤ 이음가공 : 판재를 서로 연결하거나 접합하는 가공
  ㉠ 시임작업(Seaming) : 판재를 서로 구부려 끼운 후 압착시켜 결합시키는 작업
  ㉡ 리벳작업(Rivet) : 리벳을 사용하여 영구 접합시키는 가공
  ㉢ 용접작업(Welding) : 용접기를 사용하여 금속을 녹여 접합시키는 작업

나. 용접작업(WELDING)

(1) 용접의 종류 및 장, 단점

① 용접의 종류

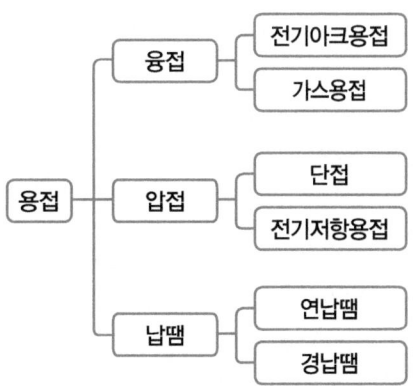

② 용접의 장점
  ㉠ 기밀을 요할 수 있다.   ㉡ 작업 속도가 빠르다.
  ㉢ 재료를 10~15% 절약할 수 있다.   ㉣ 이음 효율이 향상된다.
  ㉤ 주물보다 강도가 우수하고 중량 경감

③ 용접의 단점
  ㉠ 용접부의 결함 검사가 곤란하다.
  ㉡ 응력 집중 현상이 발생한다.
  ㉢ 용접성은 용접 모재의 재질에 좌우된다.

(2) 산소-아세틸렌 가스 용접

① 호스(HOSE)
  ㉠ 산소호스
    - 검은색 또는 초록색에 바른 나사 결합부
    - 연결부에 기름이나 그리스 등을 칠하면 폭발 위험이 있다.
  ㉡ 아세틸렌 호스
    - 빨간색에 왼나사 결합부
    - 연결장치에 동, 황동제 부속을 써서는 안 된다.

② 아세틸렌 가스(C_2H_2)
  ㉠ 성질
    - 무색, 무취, 무미로 비중은 0.9
    - 연소속도 330ft/sec^2
    - 저온, 저압에서는 안정하나 15psi 이상에서는 불안정하고 29.4 psi에서는 자동 폭발
    - 아세톤에 용해시키면 250psi까지 안전
    - 450~480℃에서 자연발화하며 505~515℃가 되면 자연 폭발
  ㉡ 발생 방법에 따른 종류
    - 용해 아세틸렌
    - 규조토, 목탄, 석면 등과 같은 다공질의 물질을 넣고 아세톤을 흡수시킨 후 아세틸렌 가스를 충전시켜 사용하며 보통 15℃에서 15 기압 정도로 가압하여 용해한 아세틸렌을 사용
  ㉢ 용해 아세틸렌의 장점
    - 아세틸렌을 발생시키는 발생기와 부속 기구가 필요치 않다.
    - 운반이 용이하며 어떠한 장소에서든 간단히 작업할 수 있다.
    - 발생기를 사용하지 않으므로 폭발할 위험성이 적다.
    - 아세틸렌의 순도가 높으므로 불순물에 의해 용접부의 강도가 저하되는 일이 없다.
    - 카바이트의 처리가 필요치 않다.

③ 산소 가스
  ㉠ 성질
    - 무색, 무취, 무미로 비중은 1.105

- 자연 연소하지 않으나 그리스 및 기름 등과 접촉시키면 폭발 위험
  ⓛ 제조 및 사용방법 : 액체 공기의 분류나 물의 전기 분해로 제조하며 35℃에서 약 150 기압의 고압 용기에 담아서 사용(순도 99.5% 이상)
③ 압력 조절기(레귤레이터) : 가스통 안의 높은 압력을 사용 가능한 압력으로 낮추어 주고 또한 압력을 일정하게 조절해 준다.
  ㉠ 산소 사용 압력 : 3~4kg/cm²
  ⓛ 아세틸렌 사용 압력 : 0.1~0.5 kg/cm²
④ 용접 토치
  ㉠ 산소와 아세틸렌을 혼합하고 토치 팁에서 점화시켜 불꽃을 만들어 용접할 모재를 접합시키는데 사용
  ⓛ 토치 취급시 주의사항
    - 팁 구멍은 반드시 팁 크리너로 닦을 것
    - 토치에 기름이 묻지 않도록 할 것
    - 팁이 막혔을 때 산소만 분출시키면서 물속에서 냉각시킬 것
⑤ 토오치 팁
  ㉠ 독일식 팁 : 용접작업에 사용되는 것은 용접하여야 할 판의 두께에 따라 번호를 붙임
  ⓛ 프랑스식 팁 : 시간당 소비하는 아세틸렌 양으로 표시
⑥ 용접 불꽃
  ㉠ 산소, 아세틸렌의 양에 따른 종류
    - 산화염 : 아세틸렌보다 산소가 많을 때의 불꽃으로 황동, 청동, 납땜 등 고온이 필요한 곳에 사용
    - 탄화염 : 산소보다 아세틸렌 양이 많을 때의 불꽃으로 스테인레스강, Al, 모넬메탈 등 산화하기 쉬운 금속에 사용
    - 중성염(표준염) : 토치에서 산소와 아세틸렌의 혼합비 1 : 1 일 때의 불꽃으로 일반 용접에 사용

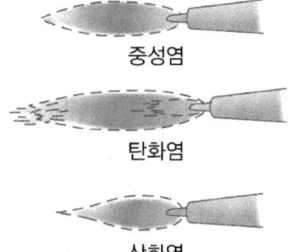

  ⓛ 불꽃의 구성
    - 백심 : 환원성으로 가장 안쪽의 불꽃이며 백색이다. 온도는 1,500℃
    - 속불꽃 : 무색에 가까우며 고열이 발생한다. 온도는 3,200~3,500℃
    - 겉불꽃 : 완전 중성으로 온도는 2,000℃

⑦ 불량현상
  ⊙ 역류 : 산소가 아세틸렌 호스로 들어가는 것
  ⓒ 역화 : 가스 유출 속도보다 연소 속도가 빠를때 토치 속으로 연소가 진행되는 현상
  ⓒ 인화 : 불꽃이 혼합실까지 들어가 그 곳에서 연소하는 현상으로 [새액] 소리가 나고 혼합실이 뜨겁다.

(3) 아크 용접 : 교류나 직류를 이용하여 모재와 용접봉 사이에 아크를 발생시켜 그 아크열로 용접하는 작업 방법

① 직류 전원 아크 용접 : 아크 발생이 안정하고 일정하다.
  ⊙ 정극성 : 모재에 +극을 연결하는 방법으로 양극에서 열이 더 많이 발생하므로 모재의 용입이 깊어 많이 사용하는 방법
  ⓒ 역극성 : 모재에 -극, 용접봉에 +극을 연결하는 방법으로 모재의 용입이 얇아 박판, 주철, 고탄소강, 합금강 및 비철금속 등의 용접에 사용

② 교류 전원 아크 용접 : 아크 전원일 일정하지 않고 불안정하여 피복 용접봉을 사용하기 전에는 실효성이 없었으나, 주파수 증가에 따른 미세하고 균일한 아크가 발생되는 장점 때문에 교류 아크 용접기를 현재 널리 사용한다.

③ 용접봉
  ⊙ 심선
   • 용접봉에서 용융금속을 보충하는 역할을 하며 심선의 재질에 따라서 용접부에 큰 영향을 주므로 심선은 가능한한 불순물이 적어야 한다.
   • 심선은 직경이 3.2~6.0mm가 가장 많이 사용되며 모재의 재질과 같은 재질의 심선을 사용해야 한다.
  ⓒ 피복제 역할
   • 아크를 안정시켜 준다.
   • 용접물을 외부 공기와 차단시켜 산화를 방지한다.
   • 용착금속을 피복하여 급랭에 의한 조직 변화를 방지하여 작업효율이 좋아진다.
   • 용착 금속의 기계적 성질을 개선한다.
   • 용착 금속에 적당한 합금 원소를 첨가한다.
   • 슬랙을 제거하고 비드를 깨끗이 한다.

④ 아크의 이상적 길이
  ⊙ 3~5mm가 좋고 일정간격, 속도를 유지할 필요가 있다.
  ⓒ 아크 길이가 너무 길면 용입불량, 공기와 접촉으로 재질 변화와 핀 홀(Pin-Hole)이 생기기 쉽다.
  ⓒ 아크에 영향을 주는 요소 : 전류의 세기, 전압, 전력

⑤ 아크 용접기의 종류
　　㉠ 교류 용접기 : 가동 철심형, 가동 코일형
　　㉡ 직류 용접기 : 전동기 발전형, 엔진 구동형, 정류기형
⑥ 아크 용접 용구
　　㉠ 헬멧 및 핸드실드 : 아크나 유해 광선으로부터 작업자의 눈을 보호하기 위해서 사용
　　㉡ 장갑과 에이프런 : 감전과 유해 광선을 피하기 위하여 가죽으로 만든 것을 사용
　　㉢ 슬랙 해머 : 용접시 발생한 슬랙을 제거하는데 사용되는 망치

(4) 불활성 가스 아크 용접

① 원리 : 용접이 진행되는 동안 용접 부위를 대기와 차단시키기 위하여 아크 둘레에 보호 덮개로 불활성 가스인 아르곤이나 헬륨 가스를 사용하는 용접
② 특징
　　㉠ 작업이 쉽고 용접 속도가 빠르다.
　　㉡ 용접 부위가 견고하여 부식에 대한 저항이 높다.
　　㉢ 티타늄, 마그네슘, 내식강 및 산화되기 쉬운 금속에 매우 좋은 효과가 있다.
③ 텅스텐 불활성 가스 아크 용접(TIG 용접)
　　㉠ 아크를 일으키는데 소모되지 않는 (비소모성) 텅스텐 전극이 사용되며 용접작업 도중에 불활성 가스 (아르곤, 헬륨)가 용접부위의 공기를 차단하여 산화를 방지시키며 텅스텐 전극은 단지 아크를 일으키기 위해 사용된다.
　　㉡ 정전류 특성 전원에 직류 역극성, 직류 정극성, 교류 등이 사용
④ 금속 불활성 가스 아크 용접(MIG 용접)
　　㉠ TIG 용접에서의 비소모성 텅스텐 전극 대신 소모성 금속 와이어를 이용하는 용접으로 불활성 가스로는 보통 아르곤이 사용되고 경우에 따라 소량의 헬륨과 산소를 혼합하여 사용하기도 하며 저탄소강에는 이산화탄소와 아르곤에 산소가 2% 혼합된 가스를 사용한다.
　　㉡ 정전압 전원에 직류 역극성을 주로 사용
⑤ 불활성 가스 아크 용접의 장점
　　㉠ 모든 금속의 용접이 가능하다.
　　㉡ 슬랙이 발생하지 않으며 용접 부분이 깨끗하다.
　　㉢ 스패터 및 합금 성분의 손실이 적다.
　　㉣ 용착 금속의 상태가 좋다.
　　㉤ 용접 속도가 빠르고 변형이 적다.
　　㉥ 용접이 가능한 판 두께의 범위가 넓다.
　　㉦ 모든 자세의 용접이 가능하다.

⑥ 불활성 가스
　㉠ 성질 : 화학적으로 안정하여 용접 부위의 산화를 방지하는 기능이 있다.
　㉡ 아르곤 가스 : 알루미늄 합금이나 마그네슘 합금의 용접에 사용되며 가격이 저렴하고 헬륨보다 더 무거워 좋은 보호막의 역할을 수행하여 널리 사용된다.
　㉢ 헬륨 가스 : 열전도율이 높은 무거운 금속의 용접에 사용된다.

(5) 압점
① 단접 : 용접부에 열을 가한 후 에어 해머 등으로 단조시켜 접합시키는 방법
② 전기 저항 용접
　㉠ 점 용접 : 두 전극 사이에 놓인 모재에 전극으로 압력을 가하면 접촉 저항에 의한 열이 발생하고 플라스틱 상태가 되면 압력을 가해 접합시키는 방법
　㉡ 시임 용접 : 회전 롤러에 전선을 연결하고 롤러를 회전시키면 롤러 사이에 놓인 모재가 연속적으로 접합이 되며 기밀을 유지할 필요가 있을 때 사용하는 접합법
　㉢ 버트 용접 : 두 전극 봉의 끝을 접촉시키면 접촉 저항열이 발생하고 충분히 달구어진 후 압력을 가해 접합시키는 방법
　㉣ 플래시 용접 : 두 전극 봉에 약간의 간격을 주면 아크가 발생하고 아크열에 달구어진 후 압력을 가해 접합시키는 방법
　㉤ 숏트 용접 : 고전압을 순간적으로 보내 짧은 시간 동안에 접합을 완료하는 방법

(6) 납땜
① 의미 : 모재는 용융되지 않고 용가제만 용융되어 금속을 접합시키는 것
② 연납땜 : 용융점이 450℃ 이하인 납땜으로 주석과 납의 합금이 이용된다.
③ 경납땜 : 용융점이 450℃ 이상인 납땜으로 황동납, 양은납, 은납 등의 종류가 있다.
④ 납땜 인두 : 열전도율이 높고 친화력이 있는 구리가 사용된다.
⑤ 용제 : 납땜을 할때 모재 표면에 산화막을 제거하여 깨끗이 하고 납땜 중에 생성된 금속 산화물을 용해시켜 액체 상태로 만들며 납의 흐름을 좋게 한다.
　㉠ 경압용 용제 : 붕사
　㉡ 압납용 용제 : 붕산

(7) 이음의 종류에 따른 용접의 종류
① 이음의 종류에 따른 용접의 종류
　㉠ 맞대기 용접(Butting Welding)
　㉡ 필릿 용접(Fillet Welding)
　㉢ 모서리 용접(Edge Welding)
　㉣ 플러그 용접(Plug Welding)
　㉤ 플랜지 용접(Flange Welding)

ⓑ T 용접(T-Welding)

② 용접을 진행하는 방법

㉠ 전진법(좌진법) : 용접 시간이 길며 용접봉의 소비가 많고 용입이 얕아 용접부가 깨끗하다.

㉡ 후진법(우진법) : 용입이 깊고 용접부의 기계적 성질이 우수하며 가스의 소비량이 적으나 비드의 표면은 좌진법과 같이 매끄럽지 않다.

③ 용접 자세의 종류 : 위보기 용접, 수평 용접, 수직 용접, 아래보기 용접

(8) 가스 절단법

① 가스 절단 원리 : 빨갛게 가열된 철사를 순수한 산소에 넣으면 불꽃을 내면서 연소한다. 따라서 절단 토치로 철판을 예열(약 800~1000℃)하고, 순도 높은 산소를 분출시키면 철판은 급격한 연소 작용을 일으킨다. 이때 철판은 산화철이 되면서 연소열을 발생하고 계속 분출되는 산소에 의해 산화철은 밀려나면서 연소되지 않은 철판에 열을 전달한다. 이러한 열의 전달에 의해 연소가 계속되면서 철판의 절단이 진행된다.

② 가스 절단의 조건

㉠ 모재의 연소 온도가 모재의 융점보다 낮아야 한다.

㉡ 생성된 산화물의 용융 온도는 모재의 융점보다 낮아야 한다.

㉢ 생성된 산화물은 유동성이 좋아 잘 밀려 나가야 한다.

㉣ 모재의 성분 중에는 연소되지 않는 물질이 없어야 한다.

③ 작업 최적 재료 : 연강, 주강(주철, 스테인레스강, 구리, 알루미늄 등은 위의 조건 중 한 가지 이상을 만족하지 않아 산화물 제거 용제를 사용하거나 아크절단을 해야 한다.)

4. 수리작업

가. 샌드위치 구조재 수리작업

(1) 샌드위치의 구성 : 외피, 코어, 접착제

① 외피, 코어의 재질 : 알루미늄 또는 강화 플라스틱(FRP)

② 접착제 : 에폭시 계통의 열경화성(페놀수지, 폴리우레탄, 에폭시) 수지

(2) 샌드위치 구조의 특성

① 장점 : 가볍고 무게에 대한 강도비가 크며 충격에 강하다

② 단점

㉠ 우그러지기 쉽고 접착부로 습기가 스며들어 부식이 생길 수 있다.

㉡ 스며든 수분이 응결하여 팽창하므로 외피가 부풀어 오르거나 모서리의 박리현상이 생길 수 있다.

(3) 손상의 검사
① 손상의 종류 : 우그러짐, 균열, 뚫림, 외피분리, 모서리의 박리
② 손상 검사 법법
  ㉠ 육안검사
  ㉡ 비파괴 검사 : X선 검사, 초음파 검사
  ㉢ 금속 조각으로 두드려 소리로 판단하는 방법(coin tab)

나. 세척과 부식처리
(1) 세척
① 외부세척 : 기체 외부의 금속 표면이나 도장한 부분 및 배기계통 등을 세척
  ㉠ 습식세척 : 윤활유나 그리스 등의 오물을 세척하는 것으로 알칼리나 에멀션 세척제를 분사하거나 물로 세척
  ㉡ 건식세척 : 매연이 피막, 먼지 및 오물과 흙 등의 축적물을 제거하는데 사용되며 특히 기관의 배기부분에 있는 탄소, 그리스 또는 오일의 심한 퇴적물을 제거하는데 적합
  ㉢ 광택작업 : 페인트칠이 되어 있지 않은 항공기 표면의 광택을 재생시키거나 산화 피막이나 부식을 제거하는 것
② 내부 세척 : 항공기의 내부를 중성세제나 알칼리성 세제를 사용하여 세척한다.
③ 세척제
  ㉠ 알칼리 세척제 : 위험성이 없으며 세척효과가 우수해 널리 쓰인다. 또한 독성이 없어 페인트를 칠한 부분이나 플라스틱 표면에 대해 부작용이 없다.
  ㉡ 솔벤트 세척제 : 추운 날씨나 오염이 심한 경우에 사용하며, 건식 세척용 솔벤트는 산소와 혼합하면 폭발의 위험이 있으므로 주의해야 한다.

(2) 부식처리
① 부식의 종류
  ㉠ 표면 부식(Surface corrosion) : 세척용 화학 약품, 공기 중의 산소 등의 화학 작용에 의해 생기며, 습기가 접촉하게 되면 금속 표면에 에칭(etching)이 심해져, 까칠까칠한 서리가 얼어붙은 것처럼 된다.
  ㉡ 점 부식(Pitting corrosion) : 주로 알루미늄 합금, 마그네슘 합금, 스테인레스 강의 표면에 발생. 초기에 백색이나 회색인 부식 생성물이 나타나서 홈(pit)내에 침전됨. 퇴적물 제거시 표면에 작은 홈이 보인다.
  ㉢ 입자간 부식(Intergranular corrosion) : 합금의 결정 입자 경계에서 발생. 초기 단계에서 탐지하기 어렵고 초음파 검사 및 와전류 탐상 방법, X-ray 탐상 방법 등으로 탐지. 부적당한 열처리를 했을 경우 생긴다.

ⓔ 응력 부식(Stress corrosion) : 금속에 일정한 응력이 걸린 상태에서 부식되기 쉬운 환경에 노출되면 그들의 합성 효과에 의해 발생. 냉간 가공시나 높은 온도에서 급냉시킬 때 또는 성형할 때와 같이 내부 구조가 변화될 때 발생한다.

ⓜ 이질금속간 부식(Galvanic corrosion) : 서로 다른 두 가지의 금속이 접촉되어 있는 상태에서 발생하는 부식으로 알루미늄 합금과 스테인레스 강과 같은 이질 금속이 접촉되는 부분에 전기 화학적 작용에 의해 발생한다.

ⓑ 미생물 부식(Microbial corrosion) : 케로신을 연료로 하는 항공기의 연료 탱크에 발생한다.

ⓢ 찰과 부식(Fretting corrosion) : 밀착된 2개의 금속판의 진동 등에 의해 서로 맞부딪혀 생긴다.

ⓞ 필리폼 부식(Filiform corrosion) : 페인트 도장을 한 알루미늄 합금 표면에 세균 형태로 발생하는 부식한다.

② 부식 방지처리

㉠ 알로다인 처리(Alodine) : 알루미늄을 크롬산 용액으로 처리한다.

㉡ 양극처리(Anodizing) : 알루미늄 합금, 마그네슘 합금을 양극으로 하여 황산, 크롬산 등의 전해액에 담가 양극에 발생하는 산소에 의해 산화피막 형성한다.

㉢ 다우처리(Dow treatment) : 마그네슘을 크롬산 용액으로 처리하는 방법이다.

㉣ 알칼리 착색법 : 철금속에 산화물의 피막 형성한다.

㉤ 파커라이징(Parkerizing) : 철금속에 인산염 피막 형성한다.

㉥ 밴더라이징(Banderizing) : 철강재료 표면에 구리를 석출한다.

㉦ 메탈라이징(Metallizing) : 알루미늄이나 아연 같은 금속을 특수 분무기에 넣어서 방식처리 해야 할 부품에 용해 분착시키는 방법이다.

㉧ 알클래드(Alclad) : 알루미늄 합금 표면에 순수 알루미늄 피막을 실제 두께의 5~10%로 압연한다.

㉨ 금속, 알루미늄 내부 방식처리 : 뜨거운 아마인유로 세척한다.

| Section 2 |
기초 정비 및 지상안전·지원

01 기초 항공기 정비

1. 조종 계통

가. 기본 구성

(1) **조종계통의 종류** : 1차 조종계통, 2차 조종계통, 보조 조종계통

(2) **로드 조종계통** : 조종 막대로 운동을 전달하는 방식

① 조종 로드 : 직선 운동을 전달

② 벨 크랭크 : 직선 운동의 방향을 변환시키고 직선운동과 회전운동을 상호 변환시킨다.

(3) **케이블 조종계통**

① 조종 케이블 : 조종력을 전달하며 반드시 복선으로 설치해야 한다.

㉠ 7×19 케이블 : 초가요성 케이블

㉡ 7×7 케이블 : 가요성 케이블

㉢ 1×19 케이블 : 비가요성 케이블

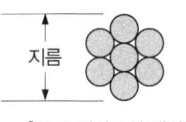
[1×7 비가요성 케이블]

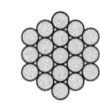
[1×19 비가요성 케이블]

② 케이블 안내 기구

㉠ 페어리드 : 케이블이 상호 얽히는 것을 방지하고 케이블의 방향을 3° 이내로 바꿀 때 사용 한다.

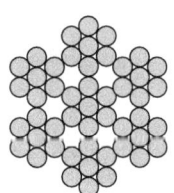
[7×7 가요성 케이블]

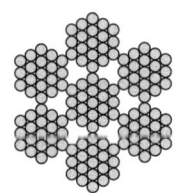
[7×19 초가요성 케이블]

㉡ 풀리 : 케이블이 방향을 변경시킬 때 사용

③ 케이블 장력 조절 장치

㉠ 턴 버클 : 케이블의 장력을 조절하는 장치

㉡ 텐션 레귤레이터 : 온도 변화에 관계없이 항상 일정한 케이블의 장력을 유지시켜 주는 장치

④ 케이블 장력 측정기 : 텐션미터(Tension Meter)

⑤ 케이블의 점검
　㉠ 점검사항
　　• 케이블이 끊어진 곳이 없는지 검사
　　• 케이블의 부식을 검사
　　• 케이블의 마모를 검사
　㉡ 점검시 준비사항 : 조종간을 움직여서 점검 케이블에 연결된 조종면을 한쪽으로 완전히 움직여서 케이블 안내 기구에 접촉된 부분이 보이게 한다.
　㉢ 조치사항
　　• 부식검사 : 장력을 느슨히 하고 반대 방향으로 비틀어 내부 부식을 검사한다. 내부 부식이 발견되면 케이블을 교환함, 내부 부식이 없으면 파이버 브러시나 거친 헝겊으로 외부 부식을 제거한다.
　　• 와이어의 마모 및 끊어짐 : 케이블의 마모와 끊어짐은 주로 풀리나 케이블 안내 기구와의 접촉된 부분에서 발생한다. 만약 마모나 끊어짐이 발견되면 케이블을 교환한다.
　　• 후처리 : 점검 후 재사용시 부식 방지용 컴파운드를 발라주어 부식방지 및 내부 윤활재의 역할을 수행하게 한다.

> **Note** | 케이블 세척 시 유의사항
> 케이블 세척시 금속재 울이나 솔벤트로 케이블을 닦게 되면 부식을 촉진하고 내부 윤활유를 제거하므로 더 심한 부식과 마모를 초래하므로 금한다.

나. 리그작업 (조절작업)

(1) 작업내용
① 조종면의 정확한 작동 조절
② 조종면 작동범위 및 평형상태 조절
③ 조종 케이블의 장력 조절
④ 항공기 조종계통의 리그작업은 항공기가 순항 속도로 비행시 조종간을 조작할 필요가 없도록 해야 한다.

(2) 확인방법
① 조종로드의 검사 구멍에 핀이 들어가지 않도록 장착한다.
② 턴버클 배럴 밖으로 나사산이 3개 이상 나와서는 안 된다.
③ 케이블 안내기구 변경 2인치 범위 이내에 케이블 연결기구가 위치해서는 안 된다.

(3) 사용 주요 장비
① 케이블 장력 측정기 : 텐션미터
② 케이블 장력 조절기 : 텐션 레귤레이터

③ 케이블의 장력 변화 : 텐션 레귤레이터가 케이블의 장력을 온도 변화에 따라 자동적으로 조절해준다.
　　㉠ 여름철 : 케이블의 장력 증가
　　㉡ 겨울철 : 케이블의 장력 감소
④ 리그 작업시 주의사항 : 리그 작업은 반드시 바람이 없는 상태에서 해야 하며 만약 바람이 불 때에는 꼬리가 바람 방향으로 향하도록 해야 한다.

2. 착륙장치 계통

가. 착륙장치 종류

(1) 사용 목적에 따른 분류
① 타이어 바퀴형(육상용)
② 플로트(float)형(수상용) & 비행정
③ 스키형(눈 위)

(2) 장착 방법에 따른 분류
① 접개들이형
② 고정형

[접개들이형]

[고정형]

(3) 착륙장치 장착 위치에 따른 분류
① 앞바퀴형(nose gear type)
　㉠ 주 바퀴 앞에 앞바퀴가 있다.
　㉡ 거의 대부분의 항공기에 사용한다.
　㉢ 무게중심(C.G)은 주 바퀴 앞에 있다.
② 뒷바퀴형(tail gear type)
　㉠ 동체 꼬리 부분에 뒷바퀴가 있다.
　㉡ 소형기에 일부 사용된다.
　㉢ 무게중심은 주 바퀴 뒤에 있다.

(4) 타이어 수에 따른 분류
① 단일식 : 타이어가 한 개인 방식으로 소형기에 사용한다.
② 이중식 : 타이어 2개가 1조가 된 형식으로 앞바퀴에 적용된다.
③ 보기식 : 타이어 4개가 1조가 된 형식을 주 바퀴에 적용된다.

(5) 완충장치 : 착륙시 항공기의 수직 속도 성분에 의한 운동에너지를 흡수함으로써 충격을 완화시켜 주기 위한 장치이다.
① 고무식 완충장치 : 고무의 탄성을 이용하여 충격을 흡수하며, 완충효율은 50% 정도이다.

② 평판 스프링식 완충장치 : 강철재의 판을 다리에 사용하여 그 평판의 탄성을 이용하여 충격을 흡수하는 형식으로 완충 효율이 50% 정도이다.
③ 공기 압축식 완충장치 : 공기의 압축성을 이용한 장치로 완충 효율이 47% 정도이다.
④ 올레오식(공유압식) 완충장치 : 현대 항공기에 가장 많이 사용형식으로 항공기가 착륙할 때 받는 충격을 유체의 운동에너지와 공기의 압축성으로 이용하여 충격을 흡수하는 장치로 완충효율이 70~80% 정도이다.

> **Note | 앞바퀴형의 장점**
> ① 이륙시 저항이 적다.
> ② 착륙 성능이 좋다.
> ③ 승객에게 안정감을 준다.
> ④ 조종사의 시야 확보가 양호하다.
> ⑤ 자세가 안정됨으로 지상 전복 위험이 적다.

나. 착륙장치 구조 및 항공기용 바퀴

(1) 착륙장치 구조

① 트러니언(trunnion) : 착륙장치를 동체 구조재에 연결시키는 부분으로 양끝은 베어링에 의해 지지되며 이를 회전축으로 하여 착륙장치가 펼쳐지거나 접어 들여진다.
② 토션 링크(torsion link, scissor link) : 2개의 A자 모양으로 윗부분은 완충 버팀대에 아래 부분은 오레오 피스톤과 축으로 연결되어 피스톤이 과도하게 빠지지 못하게 하고 스트러트의 축을 중심으로 안쪽 실린더가 회전하지 못하게 한다.
③ 트럭(truck) : 이·착륙할 때 항공기의 자세에 따라 힌지를 중심으로 앞과 뒤로 요동한다.
④ 센터링 실린더(centering cylinder) : 완충 스트러트가 항상 트럭에 대하여 수직이 되도록 하는 장치이다.
⑤ 이퀄라이저 로드(제동 평형 로드, equalizer rod) : 2개 또는 4개로 구성되며 바퀴가 전진함에 따라 항공기의 무게가 앞바퀴에 많이 걸리는 것을 뒷바퀴로 옮겨 앞뒤 바퀴가 같은 무게를 받도록 한다.
⑥ 스너버(snubber) : 센터링 실린더가 급격하게 작동되는 것을 방지하고 지상 활주시 진동을 감쇄시키기 위한 장치이다.
⑦ 항력 스트러트(drag strut, 항력 버팀대) : 착륙 장치의 앞뒤 방향의 힘을 지탱한다.
⑧ 옆 버팀대(side strut) : 착륙장치의 측면 방향의 힘을 지탱한다.
⑨ 로크 기구 : 다운 로크(down lock)와 업 로크(up lock)기구는 착륙장치를 내렸거나 올렸을 때 그 상태를 유지하도록 고정시키는 기구이다.
⑩ 바퀴 : 휠(wheel)과 타이어로 구성되며 휠은 바퀴축에 장착되는 부분이고 타이어는 튜브리스 타이어가 많이 사용된다.

⑪ 시미 댐퍼(shimmy damper) : 앞 착륙장치 및 뒷 착륙 장치에서 지상 활주중 지면과 타이어의 마찰에 의해 타이어 밑면의 가로축 방향의 변형과 바퀴의 선회축 둘레의 진동과의 합성된 진동이 좌우로 발생하는데 이러한 진동을 시미라 하며 시미현상을 감쇄, 방지하기 위한 장치가 시미댐퍼이다.

(2) 항공기용 바퀴

① 바퀴의 종류

　㉠ 스플릿형(split type, 분할형) 바퀴 : 대형기에 사용

　㉡ 드롭 센터 고정 플랜지형(drop center fixed flange type) 바퀴 : 소형기에 사용

　㉢ 플랜지형(flange type) 바퀴

② 바퀴 베어링에 그리스를 주입하는 방법

　㉠ 베어링에 그리스를 주입하는 방법 : 손으로 칠해주는 방법

　㉡ 사용 윤활유 : GA – MIL – G – 25760

　㉢ 작업 시간 간격 : 100시간 작업

　㉣ 주바퀴의 윤활유 종류 : GA 그리스

> **Note | 퓨즈 플러그(fuse plug)**
> 브레이크의 과열 등으로 타이어안의 공기 압력 및 온도가 과도하게 높아졌을 때 퓨즈 플러그가 녹아 공기의 압력이 빠져 나가 타이어가 터지는 것을 방지한다.

다. 타이어의 정비

(1) 타이어의 구조 : 고무와 철사 및 인견포를 적층하여 제작하며 일반적으로 튜브리스(tubeless) 타이어를 사용한다.

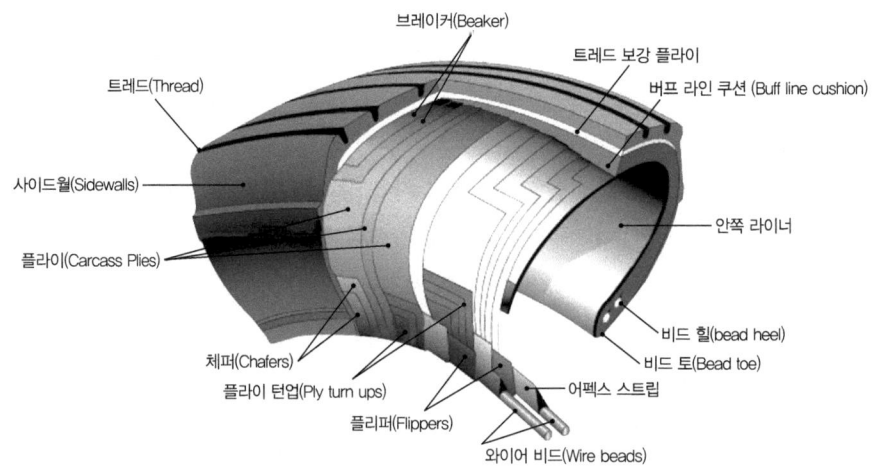

[타이어 구조]

(2) 타이어의 구성 요소

① 트레드와 사이드 월 : 마멸을 담당하는 부분

② 코어보디 : 나일론 섬유에 고무를 여러겹 적층

③ 와이어 비드 : 타이어의 골격으로 타이어 강도를 유지하고 타이어를 바퀴에 단단히 고정

④ 브레이커 : 코어보디와 트레드 사이에 있으며 외부 충격을 완화시키고 와이어 비드와 연결된 부분에 차퍼를 부착하여 제동장치로부터 오는 열을 차단한다.

(3) 타이어에 대한 일반사항

① 타이어는 착륙시의 심한 충격시에 가장 큰 충격을 받는 것이 아니라 항공기가 지상에서 장거리 활주 중에 타이어 안의 온도가 높아질 때 발생한다.

② 타이어의 손상을 방지하기 위해서는 활주 거리를 단축하고 활주 속도를 낮추고 브레이크 사용을 억제하고 알맞은 타이어를 운용하는 것이다.

③ 정기적으로 트레드 깊이를 게이지로 측정해 주어야 한다.

④ 타이어에 오일이나 가솔린이 묻어서는 안 된다. 그 이유는 타이어의 수명을 단축시키고 손상을 입히기 때문이다.

⑤ 타이어 압력은 최소한 일주일에 한번 이상은 정확히 게이지로 검사하여야 한다. 압력 측정은 날씨가 더워 날씨가 차가운 날에 행하는 것이 좋다. 비행 후 최소2시간 이후에 압력을 체크한다. 튜브리스 타이어의 24시간 동안의 최대 허용 누설량은 5%를 초과해서는 안 된다.

⑥ 항공기가 3일 이상 비행하지 않을 경우에는 48시간 마다 움직여 주거나 타이어에 하중이 가해지지 않도록 받침대로 들어준다.

(4) 경항공기 타이어의 공기압

① 주바퀴 : 24~30psi

② 앞바퀴 : 21~45psi

③ 뒷바퀴 : 35~65psi

(5) 타이어의 종류

① type Ⅰ : 비접개식 항공기용

② type Ⅱ : 고압력 접개식 항공기용

③ type Ⅲ : 저압력 항공기용

④ type Ⅳ : 초저압력 항공기용

⑤ type Ⅴ : 유선형 타이어

(6) 타이어의 규격 표시

① 저압 타이어 : 타이어 나비(inch)×타이어 안지름(inch) − 코어보디의 층수

(6.00×6 = 폭 − 안지름)

② 고압 타이어 : 타이어 바깥 지름(inch)×타이어의 나비(inch) - 림의 직경(inch)

(49×19-20-32-R2 - 외경×폭 - 휠 직경 - 32Ply - 2회 재생)

(7) 타이어의 색표지

① 슬립 페이지 마크 : 휠로부터 타어어까지의 색표지로 타이어가 휠부터 얼마나 미끄러졌는지를 확인하기 위한 색 표지

② 평형 마크 : 타이어의 가장 가벼운 위치를 붉은 색의 원으로 표시하여 타이어의 장착시 공기 밸브와 위치를 일치시킴으로 해서 진동을 최소화하기 위해 표시

라. 완충 버팀대 점검

(1) **점검방법** : 완충 버팀대의 팽창 도표를 이용하여 버팀대의 압력과 팽창 길이(노출된 부분의 길이)를 비교하여 점검한다.

(2) **완충 버팀대 블리딩 작업**(Bleeding Shock Struts)

① 의미 : 완충 버팀대 안의 공기를 제거하고 알맞은 작동유의 보급과 알맞은 공기압을 조절하는 작업

② 불량현상

㉠ 완충 버팀대의 높이가 너무 낮을 때 : 공기압이 불충분할 때 발생

㉡ 공기가 완충 버팀대 안에 많이 차 있을 경우

㉢ 착륙 접지시 지나치게 많이 수축하는 경우 : 공기압은 적당하나 작동유가 부족하다.

마. 브레이크 계통

(1) **기능에 따른 분류**

① 정상 브레이크 : 평상시에 사용

② 파킹 브레이크 : 공항 등에서 장시간 비행기를 계류시킬 때 사용

③ 비상 및 보조 브레이크 : 정상 브레이크가 고장 났을 때 사용하며 정상 브레이크와 별도로 장착되어 있다.

(2) **작동과 구조 형식에 따른 분류**

① 팽창 튜브식 브레이크 : 소형 항공기에 사용

② 싱글 디스크식(단원판식) 브레이크 : 소형 항공기에 사용

③ 멀티 디스크식(다원판식) 브레이크 : 대형 항공기에 사용

④ 세그먼트 로터식 브레이브 : 대용량인 대형 항공기에 사용

(3) 제동장치 고장의 종류

① 드래깅 현상 : 제동장치에 공기가 차있어 제동 페달을 밟은 후 발을 떼더라도 페달이 원위치로 돌아오지 않는 것
② 페이딩 현상 : 제동장치가 가열되어 제동 라이닝이 소실되어 제동 효과가 감소하는 현상
③ 그래빙 현상 : 제동판이나 라이닝에 기름이나 오물이 묻어 제동 상태가 거칠어지는 현상

> **Note** | 무리한 착륙을 한 후 점검해야 하는 곳
> 착륙장치를 동체에 취부하는 언저리, 즉 착륙장치와 동체를 연결한 부분

(4) 브레이크 조립시 유의사항

① 항공기를 바람의 영향을 받지 않는 위치에 계류시켜야 한다.
② 항공기를 날개 잭으로 받쳐야 한다.
③ 항공기 주위에 작업 표시판을 설치하여 작업자 이외의 사람이 접근하지 못하도록 해야 한다.
④ 제동 작업을 할 때 브레이크 페달을 사용하여야 한다.
⑤ 제동 작업을 할 때 착륙장치 주위에 기름이 흐르지 않도록 주의해야 한다.
⑥ 공구와 장비는 지정된 것을 사용해야 한다.
⑦ 작업을 할 때 항공기가 움직이지 않도록 촉으로 안전하게 끼워 놓아야 한다.
⑧ 잭이 괴어져 있을 때 항공기 안에 탑승하거나 흔들어서는 안 된다.
⑨ 바퀴를 떼었다 붙일때 무리한 작업을 해서는 안 된다.
⑩ 타이어에 공기를 넣을 때에는 규정된 압력이 되도록 넣어야 한다.

(5) 브레이크의 간극 조절

① 라이닝 두께 : 브레이크 라이닝이 브레이크 하우징 밖으로 드릴 넘버 40번과 같은 두께 (0.098 인치)보다 크게 나와야 한다.
② 라이닝 교환시기 : 라이닝이 0.1인치 가량 마모가 되었을 때 실시한다.
③ 라이닝 교환방법 : 라이닝의 매끄러운 표면이 브레이크 원판 쪽으로 오도록 장착하며 장착된 상태에서 바퀴가 부드럽게 회전될 정도의 간극을 유지한다.
④ 브레이크 라이닝의 간극조절 : 최소 0.002~0.015인치를 유지해야 한다.

(6) 제동 압력관 내의 공기빼기 작업(Air Bleeding)

① 개요 : 공기빼기 작업을 에어블리딩이라 하며 이는 브레이크 유압계통에 공기가 차게 되면 스펀지 현상 즉, 브레이크 페달을 밟을 때 물렁물렁한 감촉이 느껴지면 효과적인 제동이 불가능하게 된다. 따라서 이 때에는 공기를 제거하는 작업을 하게 되는데 작업 방법에는 두 가지가 있다.

㉠ 중력식 브레이크 공기 제거
- 블리이딩 호스의 한쪽 끝을 블리드 밸브에 부착하고 다른 쪽은 작동유가 충분히 담긴 용기에 담근다.
- 브레이크를 작동시켜 마스터 실린더를 작동시킨다.
- 마스터 실린더에 의해서 브레이크 유압계통에 작동유가 공급된다.
- 공기가 섞인 작동유가 호스 끝으로 배출된다.
- 페달을 놓으면 마스터 실린더가 후퇴(릴리이즈)되는데 이때 반드시 호스를 꺾어 밖으로 배출된 작동유가 역류되는 것을 막아야 한다.
- 이 작업을 공기가 작동유에 섞여 나오지 않을 때까지 반복한다.

㉡ 압력 브레이크 공기 제거하기
- 블리드 탱크를 브레이크의 블리드 밸브에 연결시킨다.
- 블리드 탱크의 공기 압력을 이용하여 작동유를 유압계통에 밀어 넣는다.
- 공기가 섞인 작동유는 따로 마련된 저유기로 배출된다.
- 공기가 섞인 작동유가 배출되지 않을 때까지 블리드 탱크의 작동유를 공급한다.
- 공기가 더 이상 배출되지 않으면 블리드 밸브를 잠그고 블리드 탱크를 떼어낸다.

② 에어 블리딩시 주의사항
㉠ 사용되는 블리딩 장비가 완전히 깨끗하며 알맞은 형식의 작동유가 채워져 있는지를 확인한다.
㉡ 완전히 작동되는 동안 공급 유체의 압력을 유지해야 한다. 압력이 낮으면 오히려 계통 내로 공기가 유입된다.
㉢ 블리딩은 공기가 더 이상 나오지 않을 때까지 계속한다.
㉣ 완전히 블리딩 작업을 끝낸 뒤 저유기의 유면의 높이를 확인한다.
㉤ 브레이크 계통에 압력을 가하고 누설 부위를 체크한다.

> **Note** | 제동 라인에 에어가 차는 이유
> 브레이크를 작동하게 되면 높은 열이 발생하고 이 열이 제동라인에 전달되어 작동유가 기화하기 때문이다.

바. 착륙장치의 UP & DOWN 작동

(1) 착륙장치를 올리는 순서
① 착륙장치 조절 레버를 UP 위치에 놓는다.
② DOWN 래치가 풀린다.
③ 착륙장치 작동 실린더가 착륙장치를 들어 올려 접는다.

④ 완전히 접힌 후 UP 래치가 잠긴다.

⑤ 착륙장치 도어가 닫힌다.

(2) 착륙장치를 내리는 순서

① 착륙장치 조절 레버를 DOWN 위치에 놓는다.

② 착륙장치 도어가 열린다.

③ UP 래치가 풀린다.

④ 착륙장치가 펼쳐진다.

⑤ 완전히 펴진 후 DOWN 위치에 놓는다.(착륙장치가 내려오는 동안에는 붉은색 등이 조종실에 점등되고 다운 래치가 걸려야만 초록색 등이 점등된다.)

⑥ 착륙장치 도어가 잠기는 경우도 있다.

(3) 기타 사항

① 착륙장치가 접힌 후 도어가 닫히는 순서를 정해주는 장치 : 시퀀스 밸브가 작동하여 장치의 순서를 결정하여 차례대로 작동되도록 한다.

② 토크 링크의 역할 : 완충장치가 위, 아래로 운동하는 것은 허용하지만 회전하는 것은 방지한다.

3. 헬리콥터의 정비

가. 세척

(1) 세척의 종류 : 내부세척, 외부세척

(2) 축전지 오염 시 중화방법

① 황산으로 오염 시 : 20% 희석된 중탄산나트륨 용액으로 중화시킨 후 세척

② 수산화칼륨으로 오염 시 : 3% 희석된 붕산으로 중화시킨 후 세척

(3) 세척방법 : 아래에서 위로 세척

나. 진동 특성

(1) 저주파수 진동

① 2/3회 진동 : 회전날개의 감쇄 장치가 원활하게 작동되지 않을 때 발생하는 진동

② 1회 진동 : 주회전 날개의 헤드나 회전 날개 깃이 불평형상태가 되었을 때 발생하는 진동으로 궤도가 벗어났을 때 발생

③ 가로방향의 횡전 진동 : 회전날개의 회전수가 너무 낮아 회전날개 자체의 하중을 지탱할 정도의 양력이 발생하지 못하는 경우에 회전날개깃이 궤도를 벗어남으로써 발생

④ 꼬리 진동 : 회전날개에 의해 교란된 공기 흐름이 헬리콥터의 꼬리 회전날개에 영향을 끼칠 때 발생

(2) 중간 주파수 진동
① 주회전 날개가 1회전시 주회전 날개의 깃수 만큼 진동이 발생하는 것
② 회전날개 깃의 공기 역학적인 하중 분포가 다를 때 발생하며 특히 전진 비행시 진동 효과가 커진다.

(3) 고주파수 진동 : 기관이나 동력 구동장치 등에 의해 발생된다.

다. 회전날개의 궤도 점검(저주파수 진동의 원인 제거 방법)

(1) 궤도 점검용 깃발 사용법
① 회전날개 깃 선단에 수성 펜으로 각기 다른 색을 칠한다.
② 회전날개 깃을 회전시켜 점검용 깃발을 스치게 한다.
③ 깃발에 찍힌 색깔을 확인하여 해당 회전날개 깃의 궤도를 수정한다.

(2) 스트로보스코프 이용법
① 자기 발생장치에서 나오는 자력선을 차단 장치가 차단할 때 전자 파동 신호가 발생된다.
② 이 파동 신호에 의해 스트로보의 섬광이 반사 표적에 반사되어 회전날개깃 영상이 스트로보스코프에 나타난다.
③ 궤도 이탈된 날개깃의 궤도를 조절한다.

(3) 궤도 조절 방법
① 완속 상태에서의 궤도 조정 : 피치 조종 로드의 길이를 조절하여 궤도를 수정
② 고속 상태에서의 궤도 조정 : 회전날개 깃의 조종탭을 조절하여 궤도를 수정

라. 평형 점검

(1) 시행 착오법
① 평형이 맞지 않는다고 판단되는 선회깃 선단에 약 5cm 폭의 테이프를 부착 후 비행하여 진동 측정
② 진동의 세기가 감소하면 테이프를 더 붙여 진동이 사라질 때까지 한 후 테이프의 무게와 같은 추를 선단에 부착한다. 단, 진동이 증가할 경우 반대쪽 선단에 테이프를 부착한다.

(2) 전자 평형 장비 이용법
① 스트로보스코프에서 얻은 전자 파동 신호와 가속도계에 의하여 감지된 진동 특성 신호를 전자 평형 기기에 입력시켜 계산함으로써 평형 점검 자료를 산출
② 자료로부터 도표를 이용하여 평형추의 위치, 무게를 구한다.

마. 동력 구동장치 계통의 정비

(1) 변속기와 기어박스 : 변속기와 기어박스의 점검은 주로 윤활유와 연관된 것이다.

① 점검사항
  ㉠ 윤활유의 누설 점검
  ㉡ 윤활유의 오염 상태 점검
  ㉢ 기어박스의 사용 점검

② 변속기의 고장 탐구 : 변속기의 고장은 주로 윤활유와 관계가 있다.
  ㉠ 변속기 윤활유 압력 계기의 지시값이 흔들리는 경우 : 전기적 접속 상태가 헐겁거나 계기 및 변환기에 결함이 있음을 의미한다.
  ㉡ 윤활유 압력이 낮게 지시되는 경우 : 윤활유 섬프의 윤활유 수준이 낮거나 윤활유 펌프가 고장일 수 있으며 그리고 방열기가 막혔을 수도 있다.

③ 기어박스의 고장 탐구
  ㉠ 현상 : 기어박스에 고장이 생기면 고주파수 진동이 발생한다.
  ㉡ 원인 : 장착 볼트의 헐거움, 기어박스 베어링의 결함, 기어의 손상 및 기어의 불확실한 정렬 상태 등이 있다.

(2) 동력 구동축

① 점검사항 : 기계적인 손상과 변형 및 부식상태에 대한 육안점검을 하며 필요에 따라 비파괴 검사를 통하여 균열상태를 점검

② 동력 구동축의 고장탐구
  ㉠ 현상 : 기어박스에 고장이 생기면 고주파수 진동이 발생한다.
  ㉡ 원인 : 구동축의 부착 프랜지의 너트와 볼트의 헐거움, 구동축의 장착 상태의 불량, 구동축 및 구동축 커플링의 손상, 구동축의 불량한 평형 상태 및 지지 베어링의 결함

바. 기타 사항

(1) 자동 회전 비행수 점검

① 회전수 증가법 : 동시 피치 조종 로드의 길이를 증가
② 회전수 감소법 : 동시 피치 조종 로드의 길이를 감소

(2) 꼬리 회전날개의 작동 점검 및 조절

① 궤도 점검 : 궤도점검 후 궤도가 벗어난 경우 꼬리 회전날개를 통째로 교환하며, 평형 점검 전에 수행하는 것이 바람직하다.
② 평형점검 : 아버 지시계로 확인

02 지상안전 및 지원

1. 항공기의 지상안전

가. 지상안전의 책임과 사고 방지

(1) **지상안전의 책임** : 모든 작업자에게 그 책임이 있다.

① 작업 감독자의 책임
  ㉠ 작업자에게 작업 절차와 작업규칙 및 장비와 기기의 취급에 대한 교육을 실시한다.
  ㉡ 각종 재해에 대한 예방조치를 하여야 한다.
  ㉢ 필요한 안전시설 및 작업자의 작업상태 등을 항상 점검한다.
  ㉣ 위험하거나 사고의 우려가 있는 상태에 대한 수정 조치를 철저하게 취해야 한다.

② 작업자의 책임
  ㉠ 작업시에 반드시 규정과 절차를 준수하여 작업
  ㉡ 보호장구 착용이 필요한 작업시에는 반드시 보호장구 착용(단, 회전장비(절삭 공구) 사용 시에는 장갑 착용을 금함)
  ㉢ 작업장의 상태를 항상 철결히 유지
  ㉣ 정리 정돈하여 사고의 잠재 요인을 제거

(2) **사고방지**

① 사고의 원인과 결과
  ㉠ 사람의 불안정한 행위 : 88%
  ㉡ 불안정한 조건 : 10%
  ㉢ 불가항력 : 2%

② 불안정한 행위의 요인 : 작업자의 능력부족, 규칙, 질서 및 규정의 무시, 주의력 집중의 산만, 불안정한 습관, 신체적 및 정신적 부적합, 작업지시에 대한 결함
  ㉠ 심리적 원인 : 무지, 과실, 숙련도의 부족, 난폭, 흥분, 소홀 및 고의적 행위
  ㉡ 생리적 원인 : 체력의 부적응, 신체의 결함, 질병, 음주, 수면, 피로

③ 사고의 분석
  ㉠ 하루 중 재해가 가장 많이 발생하는 시간 : 오후 2시~3시경
  ㉡ 근무 기간으로 사고가 가장 많이 발생하는 기간 : 근무 후 3~6개월 정도
  ㉢ 재해가 가장 많이 발생하는 계절 : 여름철(8월)

④ 사고방지의 원리
  ㉠ 안전에 대한 깊은 인식

ⓒ 규칙 이행

ⓒ 반복적인 교육과 훈련에 의해 해당 업무의 숙달

⑤ 일반적인 안전수칙

ⓒ 바른 복장을 한다.
- 모자를 바로 쓴다.(안전모 착용)
- 작업복의 단추를 모두 채운다.
- 상의의 옷자락은 허리에 단단히 조여 맨다.
- 하의는 걷어 올리지 않는 것이 좋다.
- 구두는 작업하기 수월하고 안전한 것이 좋다.
- 작업에 따라 안전화를 신는다.

ⓒ 보호구를 착용한다.(보호복, 보호장갑, 보호장화, 안전화, 신발커버, 안전모, 방진두건, 방독마스크, 귀마개, 보호안경 등)

ⓒ 정리정돈을 잘한다.

ⓒ 통행 및 통로를 제대로 시행, 설치한다.
- 일반적으로 통로는 1.8m 이상 잡으며 바닥에 백색선을 그려야 한다.
- 기계와 기계간의 간격은 80cm 이상 잡는다.
- 통로를 깨끗이 청소한다.

ⓒ 운반시 안전에 유의한다.(등이나 허리가 다치지 않도록 조심)

ⓒ 채광과 조명을 충분히 한다.(태양광선을 충분히 받아 조명)

ⓒ 환기 통풍을 충분히 한다.(공기 흐름의 속도는 1m/s 정도)

ⓒ 온도와 습도를 알맞게 유지한다.(온도 : 20℃, 습도 : 55%)

ⓒ 안전표지를 설치한다.

ⓒ 안전색채를 규정에 맞게 칠한다.

(3) 안전 및 구급조치

① 화상 치료제

② 화상 습포제 : 냉수, 붕산수

③ 치료제 : 참기름, 간유

④ 각성제 : 암모니아수

⑤ 인사불성 및 허약자의 흥분제 : 포도주(알콜)

⑥ 삼각건 밑변의 길이 : 1.5m

⑦ 방사선의 영향 : 방사선의 거리의 제곱에 반비례하여 감소하기 때문에 방사선 발원지에서 멀리 떨어져야 한다.

나. 상황별 지상안전

(1) 기관 작동시의 안전

① 감시요원과 소화기 비치

② 주변 청결

③ 통행 제한

④ 귀마개 착용(제트엔진 시동시)

> **Note | 제트엔진 조작 시 안전수칙**
> 공기 흡입구 흡입 부분은 팬형 엔진일 경우 25피트 주위는 위험지역으로 power run up 시 항공기 전방 200ft, 후방 500ft 이내에는 이유없이 접근하지 말 것

(2) 항공기 급유 및 배유시 안전

① 3점 접지 : 항공기, 연료차, 지면

② 지정된 위치에 소화기와 감시요원 배치(15m 이내 흡연금지)

③ 연료 차량은 항공기와 충분한 거리 유지(최소 3m 유지)

④ 번개치는 날 급·배유 작업 금지

⑤ 15m 이내에 고주파 장비 작동 금지

⑥ 급유 후 15분 이내에 전원 장비 작동 금지

(3) 항공기 주기 시의 안전

① 주위를 깨끗이 할 것

② 겨울에는 눈이나 얼음을 제거

③ 비행 조종계통은 중립상태에 고정

④ 기관 흡입구나 배기부 및 피토관 등에 덮개를 씌울 것

⑤ 휠 촉을 괸다.

⑥ 항공기를 접지시킨다.

> **Note | 글리콜(glycol, 부동액)**
> 얼음이 어는 것을 방지해 주는 부동액으로 주성분은 에틸렌, 프로필렌, 적색 또는 오렌지색 색소가 첨가되어 있으며 글리콜 사용시 서리 또는 눈이 쌓이는 것을 방지하도록 상태를 유지할 수 있는 시간은 10~12 시간 정도이나 매우 추운 날씨에는 1~1시간 30분 정도 그 기능을 유지한다.

(4) 가스 등 위험물질 취급시의 안전

① 산소 취급시 안전

㉠ 반드시 유자격자가 취급

㉡ 소화기를 비치하고 취급(15m 이내에서 담배를 피우거나 인화성 물질 취급금지)

ⓒ 산소 취급 장비, 공구 및 취급자의 의류 등에 유류가 묻지 않도록 해야 하고 산소 보급 및 취급시 환기

ⓔ 액체 산소 취급시 인체에 노출되지 않도록 장갑, 앞치마, 고무장화 등을 착용하고 취급 시 그리스나 오일 등에 혼합되면 폭발하므로 주의

② 히드라진 취급시 안전

ⓐ 유자격자가 취급

ⓑ 피부에 묻으면 물로 씻고 의사의 진찰을 받도록 할 것

ⓒ 환기 철저

ⓔ 누설시 구간을 폐쇄하고 제독 요원의 제독 요청

③ 독극물 취급시 안전사항

ⓐ 유자격자가 취급

ⓑ 뚜껑이 있는 견고한 용기에 보관하고 용기 표면에는 독극물 표시를 할 것

ⓒ 관계자외의 접근을 금할 것

(5) 소음에 대한 안전

① 기관계통 업무에 종사하는 사람은 2년에 한 번씩 청력검사를 해야 한다.

② 귀마개의 종류

ⓐ 제1종 귀마개 : 저음부터 고음까지 차단

ⓑ 제2종 귀마개 : 고음만 차단

다. 화재 및 예방

(1) 화재의 분류 및 진화방법

구분	A급 화재	B급 화재	C급 화재	D급 화재
명칭	보통화재	유류, 가스화재	전기화재	금속화재 (Al분, Mg분)
주 소화효과	냉각	질식	냉각, 질식	질식
적응 소화재	물 소화기 강화액 소화기	포말 소화기 CO_2 소화기 분말 소화기 증발성 액체 소화기	유기성 소화액 CO_2 소화기 분말 소화기	건조사 팽창 질석 팽창 진주암
구분 색	백색	황색	청색	-

① A급 화재(보통화재)

ⓐ 나무, 종이, 직물, 각종 가연성 물질에 의해 발생되는 화재

ⓑ 진화방법 : 냉각법(물 소화기, 강화액 소화기)

② B급 화재(유류, 가스화재)

ⓐ 윤활유, 휘발유, 그리스 등에 의한 화재(유류, 가스화재)

ⓒ 진화방법 : 질식법(CO_2 소화기, 브로모클로로메탄 소화기, 포말 소화기 등을 사용)

ⓒ B급 화재에는 물을 절대로 사용할 수 없음

③ C급 화재(전기화재)

　㉠ 전기기기, 전기계통 등에 의한 화재

　ⓒ 진화방법 : 냉각법, 질식법(유기성 소화액, CO_2 소화기, 분말 소화기)

④ D급 화재(금속화재)

　㉠ 마그네슘, 알루미늄, 티타늄, 두랄루민과 같은 금속 가루에 발생하는 화재

　ⓒ 진화방법 : 건조사, 팽창질석, 팽창진주암

⑤ E급 화재

　㉠ LPG, LNG 가스로 인한 화재

　ⓒ 진화방법 : 차단법(AFFF, FFFP, 분말 소화기, CO_2 소화기, 할론 소화기)

(2) 소화기의 종류

① 물펌프 소화기 : A급 화재를 진화하며 유류, 전기 화재에 사용불가

② 이산화탄소(CO_2) 소화기 : 1~3m의 단거리의 B, C급 화재 소화에 사용

　㉠ 20LB 이산화탄소 소화기 : 3~6ft에서 사용

　ⓒ 35~50LB 이산화탄소 소화기 : 7~9ft에서 사용

③ 포말 소화기 : B, C급 화재 소화에 사용(2~3회 흔들어 사용)

④ 브로모클로로메탄 소화기

　㉠ 성능이 이산화탄소 소화기의 3배 이상으로 B, C급 화재 소화에 사용

　ⓒ 산소를 흡수하므로 질식에 주의할 것

⑤ 분말 소화기

　㉠ 중탄산칼륨, 나트륨, 인산염 등 화학적으로 분말 형태로 된 것을 실린더 속에 넣어 가압하여 사용

　ⓒ B, C급 화재에 사용

라. 안전·보건표지 및 안전색채 표시

(1) 안전·보건표지의 색채, 색도기준 및 용도

색채	색도기준	용도	사용례
빨간색	7.5R 4/14	금지	정지신호, 소화설비 및 그 장소, 유해행위의 금지
		경고	화학물질 취급장소에서의 유해·위험 경고
노란색	5Y 8.5/12	경고	화학물질 취급장소에서의 유해·위험 경고 이외의 위험 경고, 주의표지 또는 기계방호물
파란색	2.5PB 4/10	지시	특정 행위의 지시 및 사실의 고지

색채	색도기준	용도	사용례
녹색	2.5G 4/10	안내	비상구 및 피난소 사람 또는 차량의 통행 표시
흰색	N9.5	-	파란색 또는 녹색에 대한 보조색
검은색	N0.5	-	문자 및 빨간색 또는 노란색에 대한 보조색

(2) 항공 관련 안전색채 표시

① 붉은색 안전색채 : 고압선, 폭발물, 인화성 물질, 위험한 기계류 등의 비상 정지 스위치, 소화기, 화재 경보 장치 및 소화전 등에 표시

② 노란색 안전색채 : 충돌, 추돌, 전복 및 이에 유사한 사고의 위험이 있는 장비 및 시설물에 표시

③ 녹색 안전색채 : 안전에 직접 관련된 설비 및 구급용 치료 설비 등에 사용

④ 파란색 안전색채 : 장비 및 기기 수리, 조절 및 검사 중일 때 이들 장비의 작동을 방지하기 위해 사용

⑤ 오렌지색 안전색채 : 기계 또는 전기 설비의 위험 위치를 식별하도록 사용

2. 항공기의 지상 정비지원

가. 항공기의 지상 취급

(1) 지상유도

① 항공기 자체동력을 사용하여 지상에서 운행시 안전을 위해 유도하는 작업을 말한다.

② 조종사가 잘 보이는 위치에 유도수가 위치한 후 두 팔을 높이 올리고 조종사와 눈이 마주친 후부터 유도를 시작한다.

(2) 견인작업

항공기 기관은 정지한 상태에서 외부의 힘으로 지상에서 이동시키는 작업으로 견인차, 견인봉으로 작업

① 유자격자가 작업한다.

② 견인시 3~7명이 필요하며 작업 조건이 좋을 때는 3명이서도 견인이 가능하다.

③ 견인 속도는 8km/h(5mph) 이내로 한다.

④ 견인 요원은 날개끝, 꼬리 부분 등에 배치한다.

⑤ 견인차에는 1명만 탑승한다.

⑥ 조종석에 탑승한 자는 위급한 상황이 아니면 브레이크를 조절해서는 안 된다.

⑦ 주변의 장애물은 사전에 제거한다.

(3) 계류작업

① 지상에 주기시켜 놓은 항공기를 강풍으로부터 보호하기 위해 지상에 고정시키는 작업을 말한다.

② 계류작업시 항공기의 기수는 바람이 부는 방향으로 향한다.

(4) 호이스트 및 잭 작업

① 호이스트 작업 : 항공기를 공중에 매다는 작업으로 소형기에만 적용 가능

② 잭 작업 : 잭을 사용하여 항공기를 위로 들어 올리는 작업으로 잭 작업시에는 가장 먼저 응력 판넬의 위치를 확인하여야 한다.

㉠ 표면이 단단하고 평평한 장소에서 수행한다.

㉡ 풍속이 24 km/h 이내인 경우에만 작업한다.

㉢ 작업장 주변을 완전히 정리한 후 작업한다.

㉣ 수평으로 서서히 들어 올린다.

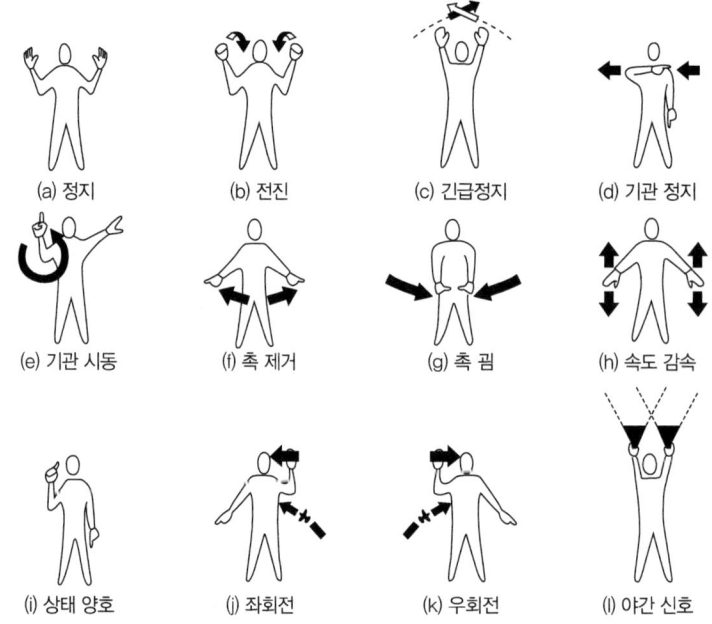

[항공기의 표준유도 신호]

나. 지상보급

(1) 연료의 보급

① 항상 소화기를 비치한다.

② 15m 이내에 인화성 물질이나 흡연금지

③ 모든 동력장치의 작동을 중지

④ 항공기와 연료차, 지면을 3점 접지시킨다.
⑤ 연료 보급 후 15분 이내에 지상 장비 가동 금지
⑥ 연료차와 항공기는 가급적 많이 띄우며 최소한 3m 이상의 거리를 유지한다.
⑦ 번개치는 날 급배유 작업을 금한다.
⑧ 15m 이내에서 고주파 장비의 작동을 금한다.

(2) 윤활유의 보급
정확한 양을 검사하기 위해 기관을 정지시킨 후 충분한 시간 경과 후 확인하여 정확한 양을 보급할 것

(3) 작동유의 보급
① 종류
  ㉠ 광물성 작동유 : 빨간색
  ㉡ 합성유 : 자주색
② 주의사항
  ㉠ 깨끗이 취급할 것
  ㉡ 다른 종류를 서로 혼합시키지 말 것
  ㉢ 한번 사용한 작동유는 다시 사용 금지
  ㉣ 작동유 계통 세척시에는 솔벤트를 사용

(4) 산소의 보급
① 15m 이내에 화기나 흡연을 금지한다.
② 통풍이 잘되는 장소에서 보급한다.
③ 동상에 대비하여 보호구를 착용한다.
④ 기체 산소가 그리스나 오일에 접촉하면 폭발의 위험이 있으므로 주의를 요한다.

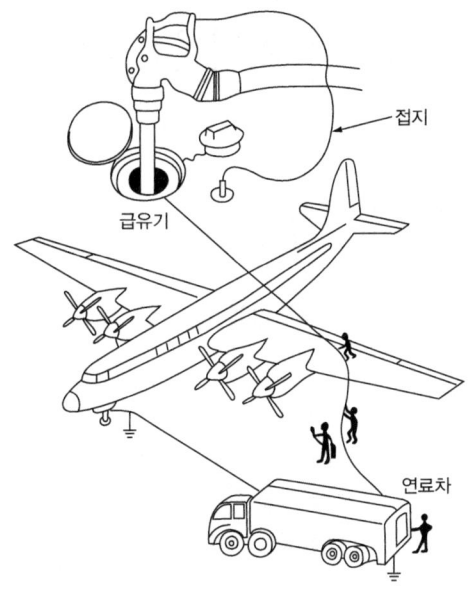

[항공기 연료의 급유]

제2장 항공기정비 적중예상문제

01 정비와 정비작업

01 정비의 개념에 대한 설명으로 가장 적합한 것은?

① 연료를 보급하는 일
② 항공기를 수리하는 행위
③ 항공기를 깨끗하게 하는 일
④ 감항성을 유지하는 행위

해설 정비란 감항성을 유지하기 위한 행위로서, 고장의 발생요인을 미리 발견하여 제거함으로써 항상 지속적으로 완전한 기능을 유지할 수 있도록 항공기를 검사, 점검, 보급, 세척, 수리하는 행위를 정비라 한다.

02 다음 중 항공기 운송의 목적이 아닌 것은?

① 감항성   ② 정밀성
③ 쾌적성   ④ 경제성

해설 정비의 목적(항공기 운송의 목적)은 감항성, 정시성, 쾌적성, 경제성이다.

03 다음 중 감항성에 영향을 끼치는 대수리 작업으로 관계기관의 확인을 받아야 하는 정비작업이 아닌 것은?

① 기본 구조부분의 강도와 관계되는 정비작업
② 예비품 검사대상 부품의 오버홀
③ 특수한 시설과 장비를 필요로 하는 정비작업
④ 항공기 중량 및 중심한계가 변경되는 정비작업

해설 중량 및 중심한계의 변경은 개조 작업이다.

04 다음 설명 중 잘못된 것은?

① 항공기 정비는 감항성, 정시성, 쾌적성을 유지시키는 데 있다.
② 항공기 정비는 부속품 유용, 수리, 제작의 3가지로 분류할 수 있다.
③ 사용가능 부품에 사용되는 표찰의 색깔은 노란색이다.
④ 운항으로 소비되는 기체 및 액체류를 보충하는 용어는 보급이다.

해설 항공기 정비는 보수, 수리, 개조로 분류한다.

05 다음 중 운항정비가 아닌 것은?

① 비행 전 점검
② 비행 후 점검
③ 기체의 성시점검
④ 기체의 정기점검

해설 운항정비란 운항의 정시성을 확보하기 위해 구성품의 장탈 및 장착을 위주로 수행하는 정비로서, 비행 전·후 점검, 기체의 정시점검이 있다.

06 항공기 정비시 많은 정비시설과 시간이 요구되는 경우, 항공기의 장비 및 부품을 장탈하여 전문공장에서 수행하는 정비는 무엇인가?

① 운항정비   ② 공장정비

정답 [01. 정비와 정비작업] 01 ④ 02 ② 03 ④ 04 ② 05 ④ 06 ②

③ 벤치체크 ④ 오버홀

해설 공장정비는 기체 공장정비, 기관 공장정비, 장비 공장정비가 있다.

07 성능한계 마멸한계, 부식한계 등을 가지는 장비나 부품의 정비에 사용되는 정비방식은?

① 계획정비 ② 시한성 정비
③ 상태정비 ④ 신뢰성 정비

해설 상태정비는 정기적인 육안검사, 측정, 기능시험 등의 수단에 의해 감항성의 유지를 확인하는 정비 방식이다.

08 정기적 검사나 수리를 하지 않고 고장의 발생 또는 징후가 나타날 때 까지 사용할 수 있는 일반 부품이나 장비에 적용되는 정비방식은?

① 시한성정비 ② 상태정비
③ 신뢰성정비 ④ 예방정비

해설 고장을 일으키더라도 안전성에 직접 문제가 없는 일반적 부품이나 구성품에 적용되는 정비방식은 신뢰성 정비이다.

09 정비기술 도서의 체계를 구성하는데 사용되는 규격은 무엇인가?

① 국제 민간항공기구(ICAO)
② 미국 항공운송협회(ATA)
③ 국제 항공운송협회(IATA)
④ 대한민국 교통부(KCAB)

해설 정비기술 도서는 미국 항공운송협회(ATA)규격에 따라 체계가 구성되어 있다.

10 다음 정비기술 도서 중 정비기술 정보를 수록하고 있는 도서는?

① 검사지침서 ② 비행교범
③ 작동교범 ④ 도해부품목록

해설 정비기술 정보에는 정비교범, 기체수리 교범, 오버홀 교범, 전기 배선도, 검사 지침서 등이 있다.

11 정비규정에 포함되지 않는 기술적인 사항으로서, 취항하고 있는 항공기에서 발견된 결함 개선대책을 지시하는 것이 아닌 것은?

① 감항성 개선명령(AD)
② 정비지원 기술정보(SB)
③ 시한성 기술지시(TCTO)
④ 작업시트(WS)

해설 작업카드(WC)와 작업시트(WS)는 검사 지침서를 기준으로 작성하여 정비에 직접 활용되는 것이다.

12 감항성에 관계없는 정비작업이 정시성에 영향을 줄 때 안전성을 보장할 수 있는 한계 내에서 다음 기지로 정비를 이월할 수 있는 것을 무엇이라 하는가?

① 최소 구비장비 목록(MEL)
② 부족 허용부품목록(MPL)
③ 도해부품 목록(IPC)
④ 정비 이월부품 목록

해설 최소 구비장비 목록은 비행조종 계통, 기관 착륙장치 등 감항성에 치명적인 영향을 끼치는 부분은 제외 된다.

13 운항에 따른 일차적 지원정비 사항이 아닌 것은?

① 정시점검 ② 지상 취급
③ 보급 ④ 세척 및 부식처리

정답 07 ③ 08 ③ 09 ② 10 ① 11 ④ 12 ② 13 ①

해설 운항에 따른 일차적인 지원정비를 지상정비 지원이라 하며 지상취급, 보급, 세척 및 부식처리, 비행가능 상태의 확인작업 등이 있다.

14 다음 중 비행가능 상태의 확인 작업이 아닌 것은?

① 비행 전 점검
② 비행 후 점검
③ 외부점검
④ 항공일지 서명

해설 비행가능 상태 확인을 위해서는 비행 전 점검, 중간 기착지의 중간점검(상태점검, 작동점검), 외부점검 후 항공일지에 서명해야 비행을 개시할 수 있다.

15 다음 중 기체의 정시점검이 아닌 것은?

① A점검   ② C점검
③ ISI   ④ HSI

해설 기체의 정시점검 : A점검, B점검, C점검, D점검, 내부구조 검사(ISI)

16 정시점검의 주기, 시한성 교환 품목의 교환 주기 등 항공기 정비 계획을 수립할 때 기준이 되는 시간은 무엇인가?

① 비행시간
② 운항시간
③ 실제시간
④ 사용시간

해설 · 비행시간 : 항공기가 비행을 목적으로 자력으로 움직이기 시작한 시간부터 정지할 때의 시간
· 사용시간 : 작동시간이라고도 하며, 항공기가 이륙하여 착륙할 때까지의 시간으로 정비분야에서 사용하는 시간

17 항공기용 Bolt Grip의 길이는 어떻게 결정되는가?

① 체결해야 할 부재의 두께와 일치
② Bolt의 직경과 나사산의 수
③ Bolt의 직경과 일치
④ Bolt 전체길이에서 나사부분의 길이

18 볼트머리에 X로 표시된 기호의 볼트는?

① 합금강 볼트
② 알루미늄 합금 볼트
③ 정밀 볼트
④ 특수 볼트

19 Bolt의 부품번호 AN 3 DD H 5에서 3은 무엇인가?

① Bolt의 길이가 3/16″이다.
② Bolt의 지름이 3/16″이다.
③ Bolt의 지름이 3/8″이다.
④ Bolt의 길이가 3/8″이다.

해설 AN 3 DD H 5 A
· AN : 규격(AN 표준기호)
· 3 : 볼트 지름이 3/16인치
· DD : 볼트 재질로 2024 알루미늄 합금을 나타낸다.(C : 내식강), H : 머리에 구멍 유무(H : 구멍 유, 무표시 : 구멍 무)
· 5 : 볼트 길이가 5/8인치
· A : 나사 끝에 구멍 유무(A : 구멍 무, 무표시 : 구멍 유)

20 일반 볼트보다 정밀하게 가공되어 심한 반복운동이나 진동이 작용하는 곳에 사용하는 볼트의 종류는 무엇인가?

① 표준 육각 볼트
② 정밀 공차 볼트
③ 인터널 렌칭 볼트
④ 드릴 헤드 볼트

정답 14 ② 15 ④ 16 ④ 17 ① 18 ① 19 ② 20 ②

해설 정밀 공차 볼트 : 일반 볼트보다 정밀하게 가공된 볼트로서 심한 반복운동과 진동 받는 부분에 사용하며 볼트를 제자리에 넣기 위해서는 타격을 가해야만 한다.

21 Internal Wrenching Bolt를 사용하는 곳은?

① 1차 구조부에 사용한다.
② 2차 구조부에 사용한다.
③ 전단하중이 작용하는 부분에 사용한다.
④ 인장, 전단하중이 작용하는 부분에 사용한다.

22 항공용 볼트의 식별 부호 중 알루미늄 합금 볼트의 머리 표시는?

①  ②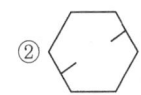
③  ④

해설 볼트의 머리 기호에 의한 식별
• AL 합금 볼트 : 쌍대시 (– –)
• 내식강 : 대시(–)
• 특수 볼트 : SPEC 또는 S
• 정밀 공차 볼트 : △
• 정밀 공차 볼트 : △, ○ (고강도 볼트로 허용강도가 160000~180000PSI)
• 정밀 공차 볼트 : △, × (합금강 볼트로 허용강도가 125000~145000PSI)
• 합금강 볼트 : +, *
• 열처리 볼트 : R
• 황동 볼트 : =

23 카드뮴이 도금된 너트를 사용하는 경우 사용해서는 안 되는 너트는?

① 알루미늄 너트   ② 니켈강 너트
③ 카드뮴 너트   ④ 탄소강 너트

해설 카드뮴 도금 너트에 알루미늄 너트 사용 시 이질 금속간의 부식이 발생할 수 있다.

24 파이버 계통의 자동 고정너트를 사용하였다. 몇 회까지 재 사용할 수 있는가?

① 15회   ② 25회
③ 200회   ④ 250회

해설 • 자동 고정너트 : 온도외 사용횟수 제한
• 파이버 계통 : 15회
• 나이론 계통 : 200회

25 AN 310 D – 5 너트에서 5의 식별은?

① 사용 볼트의 지름 5/32″
② 재료 식별 기호이다.
③ 평 너트를 의미하는 번호
④ 사용 볼트의 지름 5/16″

해설 AN 310 D – 5R
• AN : AN 표준기호
• 310 : 너트 종류(캐슬 너트)
• D : 재질(2017 T), (F : 강, B : 황동, D : 2017 T (알루미늄), DD : 2024 TC : 스테인리스강)
• 5 : 사용 볼트의 지름(5/16인치)
• R : 오른나사

26 비자동 고정 너트의 설명이 틀린 것은?

① 나비 너트는 자주 장탈 및 장착하는 곳에는 사용하지 않는다.
② 평 너트는 인장하중을 받는 곳에 사용한다.
③ 캐슬 너트는 코터핀을 사용한다.
④ 평 너트 사용 시 Lock Washer를 사용한다.

27 Self Locking Nut는 어떤 곳에 주로 사용하는가?

① 진동이 심한 곳
② 엔진 흡입구
③ 수시로 장탈착하는 점검창
④ 비행의 안전성에 영향을 주는 곳

정답 21 ④ 22 ② 23 ① 24 ① 25 ④ 26 ① 27 ①

해설 자동 고정 너트(Self Locking Nut) : 안전을 위한 보조방법이 필요 없고 구조 전체적으로 고정역할을 하며 과도한 진동 하에서 쉽게 풀리지 않는 긴 도를 요하는 연결부에 사용. 회전하는 부분에는 사용할 수 없다.

28 손으로 돌려도 돌아갈 정도의 Free Fit Hardware의 나사 등급은?

① 1등급 ② 2등급
③ 3등급 ④ 4등급

해설 나사의 등급
- 1등급(Class 1) : Loose Fit로 강도를 필요로 하지 않는 곳에 사용한다.
- 2등급(Class 2) : Free Fit로 강도를 필요로 하지 않는 곳에 사용하며 항공기용 스크루 제작에 사용한다.
- 3등급(Class 3) : Medium Fit로 강도를 필요로 하는 곳에 사용하며 항공기용 볼트는 거의 3등급으로 제작된다.
- 4등급(Class 4) : Close Fit로 너트를 볼트에 끼우기 위해서는 렌치를 사용해야 한다.

29 스크루의 분류에 속하지 않는 것은?

① 고정 스크루 ② 구조용 스크루
③ 기계용 스크루 ④ 자동 탭핑 스크루

해설 Screw의 분류 : 구조용 스크루, 기계용 스크루, 자동 탭핑 스크루

30 항공기용 스크루(screw)에 대한 설명이 틀린 것은?

① 재질의 강도가 낮고, 비교적 헐겁다.
② 스스로 나사를 만들면서 고정하는 스크루는 자동태핑 스크루이다.
③ 모든 스크루는 강도가 낮으며 그립이 없는 것이 특징이다.
④ 그 용도와 모양이 가장 다양한 스크루는 기계용 스크루이다.

해설 스크루의 종류 : 구조용 스크루(명확한 그립을 가짐), 기계용 스크루, 자동 태핑 스크루

31 볼트와 스크루의 차이 중 틀린 것은?

① 스크루의 강도가 더 크다.
② 스크루의 머리에는 스크루 드라이버를 쓸 수 있는 홈이 있다.
③ 볼트는 나사산의 구분이 확실하다.
④ 볼트에 그립이 있다.

해설 볼트와 스크루의 차이점 : 스크루의 재질의 강도가 낮다. 스크루는 드라이버를 쓸 수 있도록 머리에 홈이 파져있고 나사가 비교적 헐겁다. 명확한 그립의 길이를 갖고 있지 않다.

32 Shake Proof Lock Washer는 어떤 곳에 사용하는가?

① 회전을 방지하기 위하여 고정 와셔가 필요한 곳에 사용한다.
② 고열에 잘 견딜 수 있고 또한 심한 진동에도 안전하게 사용할 수 있으므로 Control System 및 Engine 계통에 사용한다.
③ 기체구조 접합물에 많이 사용된다.
④ 기체외피와 구조물의 접착에 일반적으로 사용한다.

해설 Shake Proof Lock Washer : 고열에 잘 견딜 수 있고 또한 심한진동에도 안전하게 사용할 수 있으므로 Control System 및 Engine 계통에 사용한다.

33 와셔(Washer)의 용도가 아닌 것은?

① 볼트와 너트의 작용력을 분산
② 빈번하게 장탈, 장착하는 곳의 부재를 보호하기 위해
③ 자동 고정 너트의 고정용으로 사용
④ 볼트 그립의 길이를 조절하기 위해

정답 28 ② 29 ① 30 ③ 31 ① 32 ② 33 ③

34 Rivet Head 모양을 보고 알 수 있는 것은?

① 재료 종류
② 리벳 지름
③ 리벳의 강도
④ Making Head 모양

해설 리벳 머리에는 리벳의 재질을 나타내는 기호가 표시되어 있다.
- 1100 : 무표시
- 2117 : 리벳 머리 중심에 오목한 점
- 2017 : 리벳 머리 중심에 볼록한 점
- 2024 : 리벳 머리에 돌출된 두 개의 대시(Dash)
- 5056 : 리벳 머리 중심에 돌출된 + 표시

35 리벳의 종류 중 2017, 2024를 ice box에 보관하는 이유로 적당한 것은?

① 입자간 부식방지   ② 시효경화 촉진
③ 시효경화 지연   ④ 내부응력 제거

해설 알루미늄 합금의 시효경화 : 상온에 그대로 방치하는 상온시효와 상온보다 높은 100~200℃ 정도에서 처리하는 인공시효가 있다. 2017과 2024는 시효경화성이 있기 때문에 사용 전에 열처리하여 ice box에 보관하며 이는 시효경과를 지연시킨다.

36 길이를 짧게 하기 위해 판재를 주름잡는 가공은?

① 수축 가공   ② 프랜징
③ 범핑 가공   ④ 크림핑 가공

해설 크림핑(Crimping) 가공 : 길이를 짧게 하기 위해 판재를 주름잡는 가공

37 0.032in 두께의 알루미늄 두 판을 접합시키는 데 필요한 Universal Rivet은?

① AN 430 AD-4-3
② AN 470 AD-4-4
③ AN 426 AD-3-5
④ AN 430 AD-4-4

해설 머리모양에 따른 리벳의 분류
- Round Rivet : AN 430
- Flat Rivet : AN 440
- Brazier Rivet : AN 450
- Universal Rivet : AN 470

38 열처리가 요구되지 않는 곳에 사용하는 리벳은?

① 2017-T
② 2024-T
③ 2117-T
④ 2024-T(3/16 이상)

39 리벳의 지름은 어떻게 정하는가?

① 리벳 간의 거리
② 판재의 모양에 따라
③ 성크(Sunk)의 길이
④ 판재의 두께에 따라

40 같은 열에 있는 리벳 중심과 리벳 중심 간의 거리를 무엇이라 하는가?

① 연거리   ② 리벳 피치
③ 열간 간격   ④ 가공거리

41 리벳 작업시 벅 테일 머리 크기로 적당한 것은?

① 폭은 지름의 1.5배, 높이는 지름의 0.5배
② 폭은 지름의 2.5배, 높이는 지름의 0.3배
③ 폭은 지름의 2.0배, 높이는 지름의 1.0배
④ 폭은 지름의 3.0배, 높이는 지름의 1.5배

해설 벅 테일 머리 크기 : 벅 테일의 높이는 0.5D이고 두께는 1.5D이다.

정답 34 ④ 35 ③ 36 ④ 37 ② 38 ③ 39 ④ 40 ② 41 ①

42 버킹바(Bucking Bar)를 가까이 댈 수 없는 좁은 장소에 사용할 수 있는 Rivet은?

① Countersink Rivet
② Universal Rivet
③ Blind Rivet
④ Brazier Head Rivet

[해설] 블라인드 리벳(Blind Rivet) : 버킹바를 가까이 댈 수 없는 좁은 장소 또는 어떤 방향에서도 손을 넣을 수 없는 박스 구조에서는 한쪽에서의 작업만으로 리베팅을 할 수 있는 리벳

43 알루미늄 합금 리벳 표면의 색이 황색을 띠면 어떤 보호처리를 하였는가?

① 니켈보호 도장
② 양극 처리
③ 금속도료 도장
④ 크롬산아연 보호 도장

[해설] 리벳의 방식 처리법 : 리벳의 표면에 보호막을 사용하며 크롬산아연(황색), 메탈스프레이(은빛), 양극 처리(진주빛) 등이 있다.

44 다음 중 2장의 두께가 다른 알루미늄 판을 리베팅 시 리벳의 머리의 위치는?

① 두꺼운 판 쪽
② 어느 쪽이라도 상관없다.
③ 적당한 공구를 사용하면 어느 쪽이라도 상관없다.
④ 얇은 판 쪽

45 식별기호가 AN 430 AD-4 8 리벳에서 직경과 길이를 바르게 나타낸 것은?

① 4/32인치 직경×8/16인치 길이
② 4/16인치 직경×8/16인치 길이
③ 1/8인치 직경×1/2인치 길이
④ 4/16인치 직경×8/32인치 길이

[해설] AN 430 AD-4 8
- AN 430 : 리벳 머리 모양(둥근머리)
- AD : 재질
- 4 : 리벳 직경 4/32인치
- 8 : 리벳 길이 8/16인치

46 캠록 패스너(Cam Lock Fastener)의 설명이 아닌 것은?

① 머리 모양은 윙(Wing), 플러시(Flush), 오벌(Oval)
② 페어링(Fairing)을 장착하는 데 사용한다.
③ 카울링(Cowling)을 장착하는 데 사용한다.
④ 스터드(Stud), 그로밋(Grommet), 리셉터클(Receptacle)로 구성

47 Cowling에 자주 사용되는 주스 패스너(Dzus Fastener)의 Head에 표시되어 있는 것은?

① 제품의 제조업자 및 종류
② 몸체 지름, 머리 종류, 패스너의 길이
③ 제조업체
④ 몸체 종류, 머리 지름, 재료

[해설] 주스 패스너 : 스터드(Stud), 그로밋(Grommet), 리셉터클(Receptacle)로 구성되며 반시계방향으로 1/4 회전시키면 풀어지고 시계방향으로 회전시키면 고정된다.

48 사용 온도 범위가 넓고 모든 액체류에 많이 사용하는 호스는?

① 테프론(Teflon)   ② 네오프렌(Neoprene)
③ 부틸(Butyl)   ④ 부나 N(Buna-N)

[해설] 호스의 재질
- 부나 N : 석유류에 잘 견디는 성질을 가지고 있으며, 합성류에 사용해서는 안 된다.
- 네오프렌 : 아세틸렌 기를 가진 합성고무로 석유류에 잘 견디는 성질은 부나 N보다는 못하지만 내마멸성은 오히려 강하며, 합성류에 사용해서는 안 된다.

정답 42 ③ 43 ④ 44 ④ 45 ① 46 ① 47 ④ 48 ④

- 부틸 : 천연 석유제품으로 만들어지며 합성류에 사용할 수 있으나 석유류와 같이 사용해서는 안 된다.
- 테프론 : 사용 온도범위가 넓고 모든 액체 류에 사용할 수 있고, 고무보다 부피의 변형이 적고 수명도 반영구적이다.

49 호스장착 시의 주의사항이 아닌 것은?

① 교환하고자 하는 부분과 같은 형태, 크기, 길이의 호스를 사용한다.
② 호스의 직선 띠(linear stripe)를 바르게 장착한다.
③ 비틀린 호스에 압력이가해지면 결함이 발생하거나 너트가 풀린다.
④ 호스가 길 때는 90cm마다 클램프(clamp)하여 지지한다.

해설 호스장착시의 주의사항
- 교환하고자 하는 부분과 같은 형태, 크기, 길이의 호스를 사용한다.
- 호스의 직선 띠(linear stripe)를 바르게 장착한다.
- 비틀린 호스에 압력이가해지면 결함이 발생하거나 너트가 풀린다.
- 호스 길이의 5~8% 정도의 여유를 두고 장착하여야 한다.
- 호스가 길 때는 60cm마다 클램프(clamp)하여 지지한다.

50 고무호스의 외부 표시 내용이 아닌 것은?

① 제작공장
② 종류 식별
③ 저장시간
④ 제작년월일

해설 고무호스의 외부 표시
- 선과 문자로 이루어진 식별 표시는 호스에 인쇄되어 있다.
- 표시부호에는 호스 크기, 제조 년 월일과 압력 및 온도 한계 등이 표시되어 있다.
- 표시부호는 호스를 같은 규격으로 추천되는 대체 호스와 교환하는데 유용하다.

51 고압의 유압관 검사 및 수리에 대한 설명이 잘못된 것은?

① 관의 덴트(dent)의 허용값은 만곡 부분에서 처음 바깥지름의 75%보다 작아져서는 안 된다.
② 관의 덴트(dent)의 허용값은 만곡 부분 이외의 기타부분에서 처음 바깥지름의 20% 이하는 허용된다.
③ 관의 긁힘, 찍힘이 두께의 10% 넘으면 수공구로 갈아 수리할 수 있다.
④ 가요성 호스의 길이는 5~8%의 굴곡여유를 충분히 주어야 한다.

해설 금속 튜브의 검사 및 수리
- 튜브의 긁힘, 찍힘이 두께의 10%가 넘을 때 교환한다.
- 플레어 부분에 균열이나 변형이 발생하였을 때는 교환한다.
- dent가 튜브 지름의 20%보다 적고 휘어진 분이 아니라면 수리한다.
- 굽힘에 있어 미소한 평평해짐은 무시하나 만곡 부분에서 처음 바깥지름의 75%보다 작아져서는 안 된다.

52 유압 라인 피팅에 이용되는 더블 플레어에 대한 설명은?

① 모든 유압 배관은 더블 플레어를 필요로 한다.
② 모든 유압 배관은 타우너형 플레어를 필요로 한다.
③ 3/8in 외경 이하의 알루미늄 관에는 더블 플레어가 사용되고 그 외는 싱글 플레어가 이용된다.
④ 1/4in 외경 이하의 관에는 45°의 더블 플레어가 사용되고 그 외는 싱글 플레어가 이용된다.

정답 49 ④ 50 ③ 51 ③ 52 ③

해설 플레어 작업
- 더블 플레어 : 비교적 얇은 두께의 튜브에 사용되는 외경 3/8 in 이하의 주로 Al 합금 튜브에 사용된다. 항공기에서는 뉴메틱 센싱 라인 등에 이용
- 싱글 플레어 : 일반적으로 널리 이용

53 다음은 마이크로미터의 사용상 주의사항에 대한 설명이다. 옳지 않은 것은?

① 마이크로미터는 눈금이 작으므로 천천히 정확히 측정해야 한다.
② 동일한 장소에서 5회 이상 측정하여 평균치를 낸다.
③ 사용 전에 0점 확인을 한다.
④ 체온에 의한 오차를 줄이기 위해 스탠드 사용이 바람직하다.

해설 마이크로미터 사용상 주의
- 스핀들은 언제나 균일한 속도로 돌려야 한다.
- 동일한 장소에서 3회 이상 측정하여 평균치를 측정값을 낸다.
- 공작물에 마이크로미터를 댈 때에는 스핀들의 축선에 정확하게(직각 또는 평행 밀착) 댄다.
- 장시간 손에 들고 있으면 체온에 의한 오차가 생긴다.

54 M형 캘리퍼스는 본척 눈금이 1mm이며, 부척의 눈금은 본척의 19눈금을 20등분한 것인데 측정 가능한 최소치는?

① 1/5mm
② 1/10mm
③ 1/15mm
④ 1/20mm

해설 본척 눈금이 1mm이고, 부척이 20등분이라면 읽을 수 있는 최소치수는 1/20mm이다.

55 버니어 캘리퍼스 사용 시 주의사항으로 옳지 않은 것은?

① 측정 시 시차(parallex)를 없애기 위해 눈금과 직각 위치에서 읽는다.
② 정압 장치가 있으므로 무리한 힘을 주어서는 안 된다.
③ 깨끗한 헝겊으로 닦아서 슬라이딩이 좋게 한다.
④ 측정 전에 측정면 검사와 0점을 일치한다.

해설 버니어 캘리퍼스는 정압장치가 없다. 다만 측정 시 무리한 힘을 주지 않아야 한다.

56 하이트 게이지의 사용 목적 중 틀린 것은?

① 실제 높이를 측정할 수 있다.
② 금긋기를 할 수 있다.
③ 다이얼 게이지를 붙여 비교 측정할 수 있다.
④ 안지름을 측정할 수 있다.

해설 물체의 바깥지름, 안지름 등을 측정하는 기구는 마이크로미터이다.

57 하이트 게이지 사용상의 주의사항으로 틀린 것은?

① 사용 전에 0점을 맞출 필요가 없다.
② 스크라이버의 길이를 필요 이상 늘리지 않는다.
③ 시차에 주의한다.
④ 금긋기를 할 때에는 조임나사를 충분히 조여야 한다.

해설 사용 전에 0점을 맞추어 보아야 한다.

정답 53 ② 54 ④ 55 ② 56 ④ 57 ①

58 토크렌치(torque wrench)의 사용방법 중 틀린 것은?

① 사용 중이던 것을 계속 사용한다.
② 적정 토크의 토크렌치 사용한다.
③ 사용 중 다른 작업에 사용한다.
④ 정기적으로 교정되는 측정기이므로 사용 시 유효한 것인지 확인한다.

해설 토크렌치 사용 시 주의사항
• 토크렌치는 정기적으로 교정되는 측정기이므로 사용할 때는 유효 기간 이내의 것인가를 확인해야 한다.
• 토크값에 적합한 범위의 토크렌치를 선택한다.
• 토크렌치를 용도 이외에 사용해서는 안 된다.
• 떨어뜨리거나 충격을 주지 말아야 한다.
• 토크렌치를 사용하기 시작했다면 다른 토크렌치와 교환해서 사용해서는 안 된다.

59 다음 중 토크렌치 사용 시 주의사항에 대한 설명으로 틀린 것은?

① 토크값을 측정할 때에는 자세를 바르게 하고 부드럽게 죄어야 한다.
② 토크렌치를 사용할 때에는 볼트의 나사산에 윤활유를 사용한다.
③ 토크렌치를 사용할 때에는 너트를 죄어야 한다.
④ 규정된 토크로 죄어진 너트에 고정핀을 끼우기 위해서 너트를 더 죄어서는 안 된다.

해설 토크렌치를 사용할 때에는 특별한 지시가 없으면 볼트의 나사산에 윤활유를 사용해서는 안 된다.

60 고정 토크렌치로 규정된 죔값을 미리 설정한 후 그 값에 도달하면 "클릭"하는 소리를 내어 죔값을 알려주는 것은?

① 프리셋 토크 드라이버
② 디플렉팅 빔 토크렌치
③ 오디블 인디케이팅 토크렌치
④ 리짓 프레임 토크렌치

해설 고정식 토크렌치에는 프리셋 토크 드라이버와 오디블 인디케이팅 토크렌치가 있으며, 소리를 내서 죔값을 알려주는 것은 오디블 인디케이팅 토크렌치이다.

61 볼트와 너트 체결시 1,500lbs로 조이려 한다. 토크렌치의 길이가 16″, 연장공구의 길이가 4″이다. reading 토크값은?

① 1,000lbs
② 1,200lbs
③ 1,500lbs
④ 1,700lbs

해설 토크렌치의 지시값(T_W) = $\dfrac{L}{L \pm A} \times T_A$(실제값)
= $\dfrac{16}{16+4} \times 1,500$

62 드릴로 뚫은 구멍에 암나사를 내는 데 쓰이는 공구는?

① 나사다이
② 탭
③ 리머
④ 다이스

해설 탭은 암나사를 가공할 때, 다이스는 수나사를 가공할 때 사용하는 공구이다.

63 탭 작업 시 주의사항으로 옳지 않은 것은?

① 공작물을 수평으로 단단히 고정한다.
② 구멍의 중심과 탭의 중심을 일치시킨다.
③ 기름을 충분히 넣는다.
④ 탭은 한쪽방향으로만 계속 돌린다.

해설 탭 작업시 주의 사항
• 공작물의 수평을 유지할 것
• 탭 구멍은 나사의 골지름보다 조금 크게 뚫을 것
• 2/3 회전 시 마다 반대로 조금 돌릴 것
• 절삭유를 충분히 사용할 것

정답 58 ③ 59 ② 60 ③ 61 ② 62 ② 63 ④

64 다음 중 드릴로 뚫어놓은 구멍을 정확한 치수의 지름으로 넓히거나 또는 구멍의 내면을 깨끗하게 다듬질하는 데 사용하는 공구는?

① 리머 ② 서피스게이지
③ 스크레이퍼 ④ 다이스

해설
- 서피스게이지 : 정반 위에서 금긋기, 중심내기 등에 이용하는 금긋기 공구로 측정기능이 없음
- 스크레이퍼(scraper) : 기계가공이나 줄작업 후 다듬는 공구
- 다이스(dies) : 수나사를 가공할 때 사용하는 공구

65 다음은 복선식 안전결선 작업에 대한 설명이다. 틀린 것은?

① 일반적으로 부품의 수는 3개로 제한
② 불가피한 경우 결선의 길이는 24인치 이내까지 가능
③ 전기 계통, 비상계통에 적합
④ 안전결선을 반복 사용하는 것은 불가능

해설 체결용 부품 중 안전결선이 불필요한 경우
- 자동고정 너트나 고정너트 사용 시
- 고정와셔 사용 시
- 단선식 안전 결선법이 사용되는 경우로는 비상용 장치 비상구, 산소 조정기, 소화제 발사 장치 등이 있다.

66 다음 중 안전결선 작업에 대한 사항 중 틀린 것은?

① 안전결선은 감기는 방향이 부품을 죄는 반대 방향이 되도록 한다.
② 안전결선은 한번 사용한 것은 다시 사용하지 못한다.
③ 복선식 안전결선에서 부품 구멍 지름이 0.045인치 이상일 때는 0.032인치 이상의 안전결선을 사용한다.
④ 복선식 안전결선에서 부품 구멍이 0.045인치 이하일 때는 0.020인치인 안전결선을 사용한다.

해설 안전결선은 감기는 방향이 부품을 죄는 방향이 되도록 한다.

67 와이어 크기의 선택에 대한 설명이 틀린 것은?

① 안전 지선의 크기(지름)에 따라 최저 조건을 만족시켜야 한다.
② 보통 3/8in 볼트에는 지름이 최저 0.032in인 와이어를 사용한다.
③ 스크루와 볼트가 좁게 배열되어 있을 때는 0.020in인 와이어를 사용한다.
④ 비상용 장치에는 특별한 지시가 없는 한 0.032in인 와이어를 사용한다.

68 Safety Wire 시 유의사항이 잘못된 것은?

① Wire의 지름이 0.020인 경우 1당 6~8회 꼰다.
② Wire 끝부분은 Pig Tail로 1/4~1/2in 당 3~5회 꼰다.
③ Safety Wire의 당기는 방향은 부품의 죄는 반대방향으로 한다.
④ Wire를 자를 때는 수지으로 잘라 안전에 유의한다.

69 굽힘여유와 관계없는 것은?

① 굽힘 강도
② 굽힘 반지름
③ 굽힘 상수
④ 판재 두께

해설 굽힘여유 : 판재의 굽힘 작업시 구부러지는 여유 길이

70 폭이 20cm, 두께가 8mm인 알루미늄판을 그림과 같이 구부리고자 한다. 필요한 알루미늄 판의 set back은 얼마인가?

① 12mm ② 16mm
③ 18mm ④ 20mm

해설 S.B = K(R+T), (K : 굽힘 각의 tangent, R : 굽힘 반지름, T : 판의 두께)

71 두께가 0.25cm인 판재를 굽힘 반지름 30cm로 60° 굽히려고 할 때 굽힘 여유는?

① 30.53 ② 35.13
③ 31.54 ④ 33.15

해설 (R : 굽힘 반지름, T : 두께)

72 다음 판재의 가공 중 움푹 들어간 구형 면을 만드는 가공은?

① 신장 가공
② 범핑 가공
③ 수축 가공
④ 크림핑 가공

해설
- 크림핑 가공 : 길이를 짧게 하기 위해 판재를 주름잡는 가공
- 범핑 가공 : 가운데가 움푹 들어간 구형의 면을 가공하는 작업

73 두께 1mm인 판과 두께 2mm인 판을 리벳 작업하려고 한다. 리벳 직경 D는 어느 것이 적합한가?

① 2mm ② 3mm
③ 5mm ④ 6mm

해설 D = 3T = 3×2 (T : 두께운 판의 두께)

74 연강이나 알루미늄 합금 절삭 시 정상적인 드릴의 각도는?

① 59° ② 118°
③ 135° ④ 80°

해설 드릴 각도
- 목재, 가죽 등의 아주 연한 재질 절삭 시 : 90°
- 연강이나 알루미늄 합금 절삭 시 : 118°
- 열처리된 강 절삭 시 : 150°

75 연한 재료에 드릴 작업을 할 때 드릴의 각도는?

① 90° 각도로 고속회전
② 0° 각도로 저속회전
③ 118° 각도의 고압으로 고속회전
④ 118° 각도의 저압으로 저속회전

해설 재질에 따른 드릴 날의 각도
- 경질 재료 또는 얇은 판일 경우 : 118°, 저속, 고압 작업
- 연질 재료 또는 두꺼운 판일 경우 : 90°, 고속, 저압 작업
- 재질에 따른 드릴 날의 각도(일반 재질 : 118°, 알루미늄 : 90°, 스테인리스강 : 140°)

76 금속 불활성 가스 용접의 장점이 아닌 것은?

① 용접부위가 깨끗하다.
② 모든 자세의 용접이 가능하다.
③ 모든 금속의 용접이 가능하다.
④ 합금 성분이 구조강도에 유리하게 강해진다.

해설 금속 불활성 가스 아크용접의 장점
- 용접이 깨끗하다.
- 용착금속 상태가 좋다.
- 용접속도가 빠르고 변형이 적다.
- 용접이 가능한 판 두께의 범위가 넓다.

정답 70 ② 71 ③ 72 ② 73 ④ 74 ② 75 ① 76 ④

77 산소–아세틸렌 가스 용접시 아세틸렌 호스의 색은?

① 적색　　② 백색
③ 검정색　④ 녹색

해설
- 아세틸렌 호스 : 적색
- 산소 호스 : 검정색 또는 녹색

78 용접의 장점이 아닌 것은?

① 자재 절감
② 이음 효율의 향상
③ 기밀, 수밀, 유밀성이 우수
④ 유해광선, 폭발 위험

해설 용접의 단점
- 품질검사 곤란(비파괴검사)
- 응력집중에 대하여 민감(변형, 파괴의 원인)
- 용접모재의 재질이 변질되기 쉽다.(열에 의한 조직이나 함유량 변화)
- 용접사의 능력에 따라 이음부의 강도가 좌우
- 저온 취성 파괴가 발생될 우려
- 유해광선, 폭발 위험

79 다음 중 Galvanic Corrosion에 대한 설명으로 적절한 것은?

① 인장응력과 부식이 동시에 일어나서 생기는 부식
② 금속판이 진동에 의해 서로 부딪쳐 발생한 부식
③ 서로 다른 금속이 습기로 인하여 외부 회로가 생겨서 생기는 부식
④ 세척용 화학 약품의 화학 작용으로 생기는 부식

해설 Galvanic Corrosion(이질 금속 간 부식) : 상이한 두 금속이 접촉할 때 습기로 인하여, 외부 회로가 생겨서 일어나는 부식으로 금속 간의 전위차에 의해서 결정된다.

80 항공기 구조물에 프레팅 부식이 생기는 원인은?

① 이질금속간의 접촉
② 부적당한 열처리
③ 볼트로 결합된 부품 사이의 미세한 움직임
④ 산화 물질로 인한 표면 부식

81 양극 산화 처리(Anodizing)란 무엇인가?

① 표면에 하는 용융금속 분사방법이다.
② 산화물에 피막을 입히는 방법이다.
③ 수산화 피막을 인공적으로 입히는 방법이다.
④ 전기적인 도금방법이다.

해설 양극 산화 처리(Anodizing) : 마그네슘 합금과 알루미늄 합금을 양극으로 하여 크롬산 용액에 담그면 양극으로 된 부분에서 산소가 발생하여 산화피막이 형성된다.

82 인산염 피막을 철제 표면에 형성시켜 부식을 방식하는 방법은?

① Alclade　② Parkerizing
③ Anodizing　④ Alodine

해설 파커라이징(Parkerizing) : 부식 방지법 중의 하나로 검은 갈색의 인산염 피막을 철제 표면에 형성시켜 부식을 방식하는 방법

정답 77 ① 78 ④ 79 ③ 80 ③ 81 ③ 82 ②

02   기초 정비 및 지상안전 · 지원

01 다음 중 7×19의 모양과 주로 사용하는 곳은?

① 7개의 와이어로 된 19개의 Strand로 구성되며 전반적인 조종계통에 사용된다.
② 19개의 와이어로 된 7개의 Strand로 구성되며 전반적인 조종계통에 사용된다.
③ 7개의 와이어로 된 19개의 Strand로 구성되며 트림 탭 조종계통에 사용된다.
④ 19개의 와이어로 된 7개의 Strand로 구성되며 주조종계통에 주로 사용된다.

02 푸시 풀 로드 조종계통(Push Pull Rod Control System)의 특징으로 맞지 않는 것은?

① 양방향으로 힘을 전단
② 단선 방식
③ 케이블 계통에 비해 경량
④ 느슨함이 생길 수 있음

해설 푸시 풀 로드 조종계통
- 장점 : 케이블 조종계통에 비해 마찰이 적고 늘어나지 않으며, 온도변화에 의한 팽창 등의 영향을 받지 않는다.
- 단점 : 케이블 조종계통에 비해 무겁고, 관성력이 크며, 느슨함이 생길 수 있고, 값이 비싸다.

03 조종계통 케이블 정비에 대한 설명이 틀린 것은?

① 손상의 주원인은 풀리나 페어리드 및 케이블 드럼과 접촉에 의한 것이다.
② 케이블 가닥 손상 검사는 헝겊을 케이블에 감고 길이 방향으로 움직여 본다.
③ 부식된 케이블은 브러쉬로 부식을 제거한 후 솔벤트 등으로 깨끗이 세척한다.
④ 케이블 장력은 장력계수의 눈금에 장력환산표를 대조하여 산출한다.

해설 케이블의 세척방법
- 쉽게 닦아낼 수 있는 녹이나 먼지는 마른 헝겊으로 닦는다.
- 케이블 표면에 칠해져 있는 오래된 방부제나 오일로 인한 오물 등은 깨끗한 수건에 케로신을 묻혀서 닦아낸다. 이 경우 케로신이 너무 많으면 케이블 내부의 방부제가 스며 나와 와이어 마모나 부식의 원인이 되어 케이블 수명을 단축시킨다.
- 세척한 케이블은 마른 수건으로 닦은 후 방식 처리를 한다.

04 터미널 피팅에 케이블을 끼우고 공구나 장비로 압착하는 방법은?

① 5단 엮기 이음방법(5 Tick Woven Cable Splice)
② 납땜 이음방법(Wrap Solder Cable Splice)
③ 니코 프레스(Nico Press)
④ 스웨징 방법(Swaging Method)

해설 케이블을 터미널 피팅에 연결하는 방법
- 스웨이징 방법 : 터미널 피팅에 케이블을 끼우고 스웨이징 공구나 장비로 압착하는 방법으로 연결부분 케이블 강도는 케이블 강도의 100%를 유지하며 가장 일반적으로 많이 사용한다.
- 5단 엮기 이음방법 : 부싱이나 딤블을 사용하여 케이블 가닥을 풀어서 엮은 다음 그 위에 와이어를 감아 씌우는 방법으로 7×7, 7×19 케이블이나 지름이 3/32″ 이상케이블에 사용할 수 있다. 연결부분의 강도는 케이블 강도의 75%이다.
- 납땜 이음방법 : 케이블 부싱이나 딤블 위로 구부려 돌린 다음 와이어를 감아 스테아르산의 땜납 용액에 담아 땜납 용액이 케이블 사이에 스며들게 하는 방법으로 지름이 3/32 이하의 가요성 케이블이나 1×19 케이블에 적용되며 집합부분의 강도는 케이블 강도의 90%이고, 고온 부분에는 사용을 금한다.

정답 [02. 기초 정비 및 지상안전 · 지원] 01 ④   02 ④   03 ③   04 ④

05 케이블 스웨이지 후 검사 방법이 아닌 것은?

① 스웨이지된 피팅에 손상이 없는가 검사한다.
② 스웨이지가 규정 치수에 맞는가 검사한다.
③ 볼 형은 규정된 길이로 스웨이지하고 있는가 확인한다.
④ 치수는 Go-no-go Gage로 측정한다.

해설 스웨이지 후 검사 방법
- 스웨이지된 피팅에 손상이 없는가 검사한다.
- Go-Gage를 사용하여 스웨이지가 규정 치수에 맞는가 검사한다.
- 규정된 길이로 스웨이지하고 있는가 확인한다.(볼 형은 제외)
- 볼 형의 피팅은 앤드보다 케이블이 나와 있는 한계가 정해져 있고 1/16in 이상인 경우에는 그것 이하로 한다.
- 양 끝도 스웨이지가 종료되면 길이 검사를 한다.

06 케이블 검사 및 정비 방법이 아닌 것은?

① 케이블의 와이어 잘림, 마멸, 부식 등을 검사한다.
② 와이어의 잘림은 헝겊으로 케이블을 감싸서 손에 상처가 없도록 검사한다.
③ 케이블이 풀리와 페어리드에 닿는 부분을 검사한다.
④ 7×7 케이블은 25.4mm당 8가닥 이상 잘려 있으면 교환한다.

해설 케이블 교환
- 7×7 케이블 : 6개 이상 마모 시, 단선수가 3개에 이르기 전에 케이블을 교환
- 7×19 케이블 : 12개 이상 마모시, 단선수가 6개에 이르기 전에 케이블을 교환

07 케이블의 장력에 대하여 바르게 설명한 것은?

① 외기 온도가 낮아지면 조종 케이블의 장력은 증가한다.
② 외기 온도가 낮아지면 조종 케이블의 장력은 감소한다.
③ 날씨가 더울 때는 조종 케이블의 장력은 감소한다.
④ 온도에 관계없이 조종 케이블의 장력은 일정하다.

해설 케이블의 장력 : 항공기 케이블(탄소강, 내식강)과 기체(알루미늄 합금)의 재질이 다름으로 해서 열팽창계수가 달라 기체는 케이블의 2배 정도로 팽창 또는 수축하므로 여름에는 케이블의 장력이 증가하고, 겨울에는 케이블의 장력이 감소한다.

08 조종 케이블의 장력을 측정할 때 올바른 방법은 어느 것인가?

① 표준 대기상태에서 실시한다.
② 조종 케이블의 장력은 온도에 따라 변하므로 일정하게 20℃를 유지한다.
③ 장력계를 사용할 때는 조종 케이블 지름을 먼저 측정한다.
④ 측정 장소는 가능한 한 케이블피팅에 가까이서 한다.

해설 케이블 장력 측정
- 케이블 장력 측정기(Calbe Tension Meter)가 필요한데 장력 측정기를 사용하기 위해서는 먼저 케이블의 지름 및 외기 온도를 알아야 한다.
- 측정 장소는 턴버클이나 케이블 피팅으로부터 최소한 6″ 이상 떨어져서 측정한다.
- 측정 후에는 장력의 온도 변화의 보정에 적용되는 케이블 장력 도표에서 해당되는 온도의 장력 값을 확인한 후 규정 범위에 들지 않으면 턴버클을 돌려서 장력을 조절한다.

정답 05 ③ 06 ④ 07 ② 08 ①

09 온도변화에 따라 자동적으로 케이블의 장력을 조절하여 주는 부품은?

① 턴버클
② 케이블 텐션 미터
③ 케이블 텐션 레귤레이터
④ 케이블 드럼

해설 케이블 조종계통의 부품
• 턴버클 : 케이블의 장력을 조절하는 부품
• 케이블 텐션미터 : 케이블의 장력을 측정하는 기구
• 벨크랭크 : 로드와 케이블의 운동방향 전환
• 풀리 : 케이블 유도 및 방향전환
• 페어리드 : 케이블을 3° 이내의 범위에서 방향 유도 및 처짐과 진동 방지
• 쿼드란트 : 1/4 부채꼴 형태로 케이블 운동전달

10 조종계통 케이블 정비에 대한 설명이 틀린 것은?

① 손상의 주원인은 풀리나 페어리드 및 케이블 드럼과 접촉에 의한 것이다.
② 케이블 가닥 손상 검사는 헝겊을 케이블에 감고 길이 방향으로 움직여 본다.
③ 부식된 케이블은 브러시로 부식을 제거한 후 솔벤트 등으로 깨끗이 세척한다.
④ 케이블 장력은 장력계수의 눈금에 장력환산표를 대조하여 산출한다.

11 케이블 장력 조절기의 사용 목적은?

① 조종 케이블의 장력을 조절한다.
② 조종사가 케이블의 장력을 조절한다.
③ 주 조종면과 부 조종면에 의하여 조절한다.
④ 온도변화에 관계없이 자동적으로 항상 일정한 케이블 장력을 유지한다.

12 다음 중 케이블의 장력을 조절하는 부품은?

① 턴버클
② 케이블 텐션 미터
③ 케이블 스웨이징 공구
④ 케이블 터미널

해설 • 턴버클 : 케이블의 장력조절
• 케이블 텐션 미터 : 케이블의 장력측정
• 케이블 장력조절기 : 온도변화에 따른 케이블의 장력조절

13 턴버클 장착 및 검사 방법이 아닌 것은?

① 조종 케이블의 장력을 조절한다.
② 검사 구멍에 핀이 들어가게 한다.
③ 나사산이 3개 이상 보이면 안 된다.
④ 턴버클 양쪽 끝도 안전 결선을 한다.

해설 턴버클(Turn Buckle) 검사 : 나사산이 3개 이상 배럴 밖으로 나와 있으면 안 되며 배럴 검사구멍에 핀을 꽂아보아 핀이 들어가면 제대로 체결되지 않은 것이다. 턴버클 생크 주위로 와이어를 5~6회(최소 4회) 감는다.

14 조종계통 케이블의 방향을 바꾸어 주는 것은?

① 풀리(pulley)
② 턴 버클(turn buckle)
③ 페어 리드(fair lead)
④ 벨 크랭크(bell crank)

해설 케이블 조종계통의 부품
• 풀리 : 케이블을 유도하고 케이블의 방향을 바꾸는데 사용
• 턴 버클 : 케이블의 장력을 조절하기 위해 사용
• 페어 리드 : 조종 케이블의 작동 중 최소의 마찰력으로 케이블과 접촉하여 직선운동을 하며 케이블을 3° 이내에서 방향을 유도
• 벨 크랭크 : 로드와 케이블의 운동방향을 전환하고자 할 때 사용하며 회전축에 대하여 2개의 암을 가지고 있어 회전운동을 직선운동으로 변환

정답 09 ③ 10 ③ 11 ④ 12 ① 13 ② 14 ①

15 항공기의 지상 정비지원과 관계없는 것은?

① 소모성 액체, 기체의 보급
② 부품의 수리, 교환
③ 세척 및 부식관리
④ 시동 및 작동점검

해설 지상 정비지원 : 항공기 지상 취급, 소모성 액체 및 기체 보급, 세척, 부식관리, 시동 및 작동점검

16 지상에서 항공기를 취급하는 행위에 해당되지 않는 것은?

① 수리 및 개조
② 견인작업
③ 호이스트 및 잭 작업
④ 연료보급

해설 항공기 지상취급 : 지상유도, 견인작업, 계류작업, 호이스트 및 잭 작업

17 솔벤트 세척법과 관계되는 옳은 설명은?

① 독성과 인화성이 없다.
② 심하게 오염된 경우 사용할 수 있다.
③ 추운날씨에 사용이 불가능하다.
④ 페인트 표면, 무늬표면의 세척에 사용된다.

해설 세척의 종류 : 알칼리 세척, 솔벤트 세척

18 착륙장치가 펼쳐지지 않을 때 고장의 원인으로 부적당한 것은?

① 유압기구의 작동불능
② 착륙장치 고정기구의 고착
③ 착륙장치 작동레버의 조절 불량
④ 완충버팀대가 완전히 펼쳐짐

해설 완충버팀대가 완전히 펼쳐지면 조향작동이 되지 않는다.

19 실린더 냉각 핀의 균열 및 절단부분의 손상이 얼마 이상일 때 수리한계를 넘었으므로 실린더를 교환해야 하는가?

① 5% ② 10%
③ 15% ④ 20%

해설 냉각 핀 전체면적의 10% 이상일 때 실린더 자체를 교환해야 한다.

20 실린더에서 밸브와 피스톤 링에 의하여 연소실 내의 기밀이 정상적으로 유지되는지를 검사하는 것을 무엇이라 하는가?

① 압축시험 ② 압력시험
③ 기밀시험 ④ 밀폐시험

해설 실린더 압축시험은 준비단계와 시험단계로 나누어 실시하며, 공기 압축기와 압축시험기가 필요하다.

21 실린더 배럴의 마멸 허용한계값을 측정하는 계기는?

① 마이크로미터
② 실린더 보어 게이지
③ 버니어 캘리퍼스
④ 텔레스코핑 게이지

해설 • 마이크로미터, 버니어 캘리퍼스 : 측정공구
• 텔레스코핑 게이지 : 간접측정(눈금 없음)

22 크랭크 축의 균열검사는 주로 어떤 방법을 이용하는가?

① 초음파 검사 ② 와전류 검사
③ 자력검사 ④ 방사선 검사

해설 크랭크 축 균열검사는 주로 침투탐상검사, 자력검사를 이용한다.

정답 15 ② 16 ① 17 ④ 18 ④ 19 ② 20 ① 21 ② 22 ③

23 점화시기 조절시 기준이 되는 실린더는 어떤 실린더인가?

① 마스터 실린더
② 1번 실린더
③ 맨 아래쪽 실린더
④ 어떤 실린더든 상관없다.

해설 마스터 실린더는 주 커넥팅 로드가 들어 있는 실린더이다. 점화시기 조절의 기준이 되는 실린더는 1번 실린더이다.

24 성형기관에서 피스톤의 압축상사점을 맞추는데 사용되는 계기는?

① 타임 라이트
② 타이밍 라이트
③ 위치 검사기
④ 막대를 이용

해설 • 타임 라이트 : 피스톤을 점화진각에 위치시키는데 사용
• 타이밍 라이트 : E-GAP을 맞추는데 사용

25 왕복기관의 저장 중 14일 이내 기관을 저장하는 저장방법은?

① 단기저장
② 일시저장
③ 장기저장
④ 초기저장

해설 • 단기 저장 : 14일 이내
• 일시 저장 : 14~45일
• 장기 저장 : 45일 이상

26 왕복기관을 저장하는 철기용기에 습도지시계를 장착한다. 안전상태일 때의 색깔은 어떤 색인가?

① 흰색
② 붉은색
③ 청색
④ 자색

해설 • 안정 상태 : 청색
• 불안정한 상태 : 붉은색

27 프로펠러의 깃 끝 위치를 서로 비교하여 그 값이 정해진 기준에 맞는가를 검사하는 것을 무엇이라고 하는가?

① 평형 점검
② 궤도 점검
③ 진동 점검
④ 깃각 점검

해설 궤도 점검 : 트랙 점검

28 가스 터빈기관 중 민간 항공분야에 최초로 도입한 기관은?

① 터보제트 기관
② 터보팬 기관
③ 터보프롭 기관
④ 터보샤프트 기관

해설 민간 항공분야에 최초로 도입한 가스 터빈기관은 1948년 터보프롭 기관이었다.

29 F.O.D란 무슨 뜻인가?

① 외부물질에 의한 손상
② 내부물질에 의한 손상
③ 압축기 실속에 의한 손상
④ 열효율 감소현상

해설 F.O.D : Foreign Object Damage

30 터빈 깃의 균열에서 과열로 인한 변형은 어떤 모양으로 나타나는가?

① 머리카락 모양
② 구름 모양
③ 물결무늬 모양
④ 빗줄기 모양

해설 • 과열로 인한 변형 : 물결무늬 모양
• 열응력에 의한 변형 : 머리카락 모양

31 헬리콥터의 지상 정비 지원은 어디에 속하는가?

① 운항정비
② 시한성 정비
③ 공장정비
④ 벤치체크

정답 23 ② 24 ① 25 ① 26 ③ 27 ② 28 ③ 29 ① 30 ③ 31 ①

해설 지상정비 지원 : 지상취급, 보급, 세척, 작동점검

32 지상안전에 대한 책임 중 작업 감독자의 책임이 아닌 것은?

① 안전에 대한 교육 ② 안전시설의 설치
③ 작업상태의 점검 ④ 보호장구 착용

해설 지상안전의 궁극적인 책임은 작업자 본인에 있다.

33 사고방지의 원리에서 인적 결함의 제거와 작업장 환경을 개선함으로써 방지할 수 있는 사고는 얼마인가?

① 98%   ② 88%
③ 10%   ④ 2%

해설 사고는 사람의 불안전한 행위(인적 결함)에 의해 88%, 불안전조건(작업장 환경)에 의해 10%가 발생하므로 전체 사고의 98%는 방지할 수 있다.

34 항공기에 사용되는 부동액은?

① 알콜   ② 글리콜
③ 에틸렌   ④ 프로필렌

해설
- 글리콜 사용 시 서리방지 : 10시간~12시간
- 글리콜 사용 시 눈의 결빙 방지 : 1시간~1시간 30분

35 귀마개 중 고음과 저음을 모두 차단할 수 있는 것은?

① 제1종 귀마개   ② 제2종 귀마개
③ 제3종 귀마개   ④ 제4종 귀마개

해설
- 제1종 귀마개 : 저음에서 고음 모두 차단
- 제2종 귀마개 : 고음만 차단

36 자분 탐상검사에 대한 설명으로 옳지 못한 것은?

① 비철금속, 비금속 재료의 표면결함은 탐지할 수 있다.
② 검사물에 남아 있는 자분은 마모와 부식의 원인이 될 수 있다.
③ 검사 후에는 반드시 탈자를 해야 한다.
④ 자화 방법은 검사물의 형상이나 예상되는 결함에 의해 선택한다.

해설 자분 탐상검사는 철이나 강과 같은 강자성체의 표면결함이나 표면하의 결함을 탐지하는 비파괴검사이다.

37 침투 탐상검사에 대한 설명으로 옳지 못한 것은?

① 대부분의 재료의 표면결함을 탐지할 수 있다.
② 검사비가 저렴하다.
③ 표면결함만 탐지할 수 있다.
④ 검사물의 표면상태와 관계없다.

해설 검사물의 표면이 거친 것은 침투검사에 적합하지 않다.

38 다음의 비파괴검사 방법 중 검사 대상물과 검사방법이 잘못 연결된 것은?

① 침투 탐상검사 – 금속재료, 비금속재료
② 자분 탐상검사 – 강자성 재료
③ 초음파 탐상검사 – 금속재료, 비금속재료
④ 방사선 투과검사 – 전도성 재료

해설 방사선 투과검사는 금속 및 비금속재료의 결함을 탐지할 수 있고, 전도성 재료는 와전류 탐상검사로 결함을 탐지할 수 있다.

정답 32 ④ 33 ① 34 ② 35 ① 36 ① 37 ④ 38 ④

Chapter 03

Craftsman Aircraft Maintenance

항공장비

Section 1 | 항공전기 계통
Section 2 | 항공계기 계통
Section 3 | 항공기 공·유압 및 환경조절 계통
Section 4 | 항공기 방빙 및 비상 계통
Section 5 | 항공기 통신 및 항법 계통

| Section 1 |
항공전기 계통

01 전기회로

1. 직류와 교류

가. 전기의 종류
  (1) **직류(D.C)** : 12V, 24V, 단선방식
  (2) **교류(A.C)** : 115V, 400Hz, 3상 전기 및 200V, 400Hz, 3상 전기

나. 전원 발생장치의 종류
  (1) **축전지(Battery)**
  (2) **발전기(Generator)** : 직류 발전기, 교류 발전기

다. 전기 회로 일반
  (1) 도체의 저항에 관련된 4가지 요소
    ① 물질의 성질, 도체의 길이, 도체의 단면적, 온도
    ② 탄소 등과 같은 써미스터(thermister)라고 불리는 몇 가지 물질은 온도가 증가하면 저항이 감소하지만, 그 밖의 대부분의 물질들은 온도가 증가하면 저항도 증가한다.
    ③ 도체의 저항은 길이에 비례하고 단면적에 반비례하며, 도체의 재질에 따라 달라진다.
    ④ 비저항 : 도체의 저항을 그 도체의 고유 저항 또는 비저항(specific resistance)이라 하며, 단위는 ohm-cir mil/ft
  (2) **전력(Electric Power)** : 전기가 단위시간에 할 수 있는 일로 단위는 와트(Watt)
  (3) 키르히호프의 법칙
    ① 제 1법칙 : 도선의 접합 점으로 흘러들어온 전류의 합은 0이다.(전류의 법칙)
    ② 제 2법칙 : 어느 폐회로를 따라 특정한 방향으로 취한 전압 상승의 합은 0이다.

라. 교류

(1) 교류의 표시
① 자장 내에서 도선을 운동시키면 자력선과 상대 운동을 하게 되므로 유도 기전력이 발생
② $e = E_0 sin\theta(\omega t+\theta)$: 삼각함수 표시법, 교류를 그림으로 취급할 때 사용
③ $e = E_m \angle \theta$: 극좌표 표시법
④ $e = E_m e^{j\theta}$: 지수함수 표시법, 극좌표 표시법과 지수 함수 표시법은 2개 이상의 교류를 곱하거나 나누는 계산
⑤ $e = E_m(cos\theta + jsin\theta)$: 복소수 표시법, 더하고 빼는 계산에 사용

(2) 교류의 저항
① 총 교류 저항(Z)을 임피던스(impedance)라 하며, 저항 R과 리액턴스 X로 구성되며 단위는 Ω
② 교류 회로에 저항으로 작용하는 요소는 저항 R(resistance, Ω)

(3) 교류의 표시

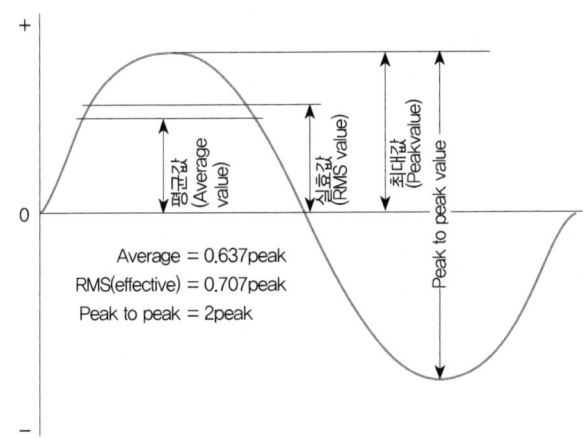

[교류의 표시]

① 순시값 : 교류의 시간에 따라 순간마다 파의 크기가 변하고 있으므로 전류파형 또는 전압파형에서 어떤 임의의 순간에서 전류 또는 전압의 크기
② 최대값 : 교류파형의 순시값 중에서 가장 큰 순시값
③ 평균값 : 교류의 방향이 바뀌지 않은 반주기 동안의 파형을 평균한 값으로 평균값은 최댓값의 $2/\pi$배, 즉 0.637배이다.
④ 실효값 : 전기가 하는 일량은 열량으로 환산 할 수 있어 일정한 시간동안 교류가 발생하는 열량과 직류가 발생하는 열량을 비교한 교류의 크기로 실효값은 최대값의 1/배, 즉 0.707 배이다.

2. 회로보호장치 및 제어장치

가. 회로 보호 장치(Circuit protective device)

규정 용량 이상의 전기가 계통에 흘러 각종 기기에 발생되는 손상을 방지하기 위한 장치

(1) **퓨즈(Fuse)** : 규정 이상으로 전류가 흐르면 녹아 끊어짐으로써 회로에 흐르는 전류를 차단시키는 장치

(2) **전류제한기(Current Limiter)** : 비교적 높은 전류를 짧은 시간 동안 허용할 수 있게 한 구리로 만든 퓨즈의 일종(퓨즈와 전류제한기는 한번 끊어지면 재사용이 불가능하다.)

(3) **회로차단기(Circuit Breaker)** : 회로 내에 규정 이상의 전류가 흐를 때 회로가 열리게 하여 전류의 흐름을 막는 장치(재사용이 가능하고 스위치 역할도 한다.)

(4) **열보호장치(Thermal Protector)** : 열스위치라고도 하고, 전동기 등과 같이 과부하로 인하여 기기가 과열되면 자동으로 공급전류가 끊어지도록 하는 스위치

나. 회로 제어 장치(Circuit control system)

필요로 하는 시간 동안만 일정한 조건에서 작동하게 된다.

(1) **스위치** : 회로의 개폐 및 방향전환(토글스위치, toggle switch) 푸시 버튼 스위치(push button switch), 마이크로 스위치(micro switch), 회전 선택 스위치(rotary selector switch)

(2) **계전기** : 스위치에 의하여 간접적으로 작동, 큰 전류가 흐르는 회로를 제어하기 위해 사용, 전선의 무게감소, 사용자의 위험성 제거

3. 직류 및 교류 측정장비

가. 다르송발 미터

직류를 측정하는 계기는 전류계, 전압계, 저항계 등이 있는 데 이것들은 다르송발 계기의 원리를 이용한 것으로 다르송발 계기는 영구자석의 자기장 내에 코일이 감긴 도체가 있고 전류가 흐르면 토크가 발생한다. 이 힘은 스프링의 힘과 평형을 이루어 전류의 크기를 나타낸다.

(1) 전류계

① 전류계는 부하에 직렬로 연결하여 전류를 측정한다.

② 전류계의 감도보다 큰 전류를 측정하려면 션트저항(분류기)을 전류계에 병렬로 연결하여 대부분의 전류를 션트저항으로 흐르게 하고, 전류계에는 감도보다 적은 전류가 흐르게 한다.

(2) 전압계

① 전압계는 부하에 병렬로 연결하여 전압을 측정한다.

② 전압계의 감도보다 큰 전압을 측정하려면 직렬저항(배율기)를 전압계에 직렬로 연결하여

대부분의 전압이 직렬저항에서 강하되고, 전압계에는 감도보다 작은 전압이 걸리게 한다.

(3) 저항계
① 회로에서 단선된 곳을 찾아내거나 저항값을 측정할 때 사용한다.
② 메가 저항계는 큰 저항값이나 절연저항 측정시 사용한다.

(4) 멀티미터(Multimeter)
① 전류, 전압 및 저항을 하나의 계기로 측정할 수 있는 다용도 측정계기
② 멀티미터 사용시 주의사항
  ㉠ 전류계는 직렬연결, 전압계는 병렬 연결한다.
  ㉡ 측정하고자 하는 전류 및 전압의 값을 모를 때는 큰 측정범위부터 낮추어간다.
  ㉢ 저항이 큰 부하의 전압을 측정할 때는 저항이 큰 전압계를 사용한다.
  ㉣ 전류계와 전압계는 전원이 공급된 상태에서 사용하지만 저항계는 전원이 차단된 상태에서 사용한다.

나. 교류측정계기 : 전류력계형 계기 사용

(1) 교류전류계
2개의 공심 전자석을 고정계자로 하고, 여기에 가동코일을 직렬, 저항코일을 병렬로 접속한 계기로 부하에 직렬연결하여 사용한다.

(2) 교류전압계
고정계자코일, 가동코일, 저항코일을 직렬로 접속한 계기로 부하에 병렬연결하여 사용한다.

(3) 전력계
2개의 고정계자코일(전류코일)을 직렬로, 가동코일(전압코일)과 저항코일은 병렬로 부하에 연결하여 사용한다.

(4) 주파수계기
진동편형계기를 항공기에서 가장 많이 사용한다.

02 직류 및 교류 전력

1. 축전지

가. 역할
(1) 발전기가 작동하지 않을 때 예비 전원으로 사용
(2) 발전기가 너무 늦은 속도로 작동하여 항공기 전원을 공급하기 힘들 때 전원을 공급하는 비상전원 공급 장치

나. 납산 축전지

(1) 구조

① 전극은 양극판(PbO_2), 음극판(Pb)으로 구성되고, 축전지 셀당 전압은 2V이다.

② 음극판의 수가 양극판보다 1개 더 많다.

③ 전해액은 묽은 황산($2H_2SO_4$)이고 충·방전 상태는 비중계로 전해액의 비중을 측정한다.(완전 충전시 전해액의 비중 : 1.275~1.300)

④ $PbO_2 + 2H_2SO_4 + Pb = PbSO_4 + 2H_2O + PbSO_4$
　　과산화납　묽은황산　해면상납　황산납　물　황산납

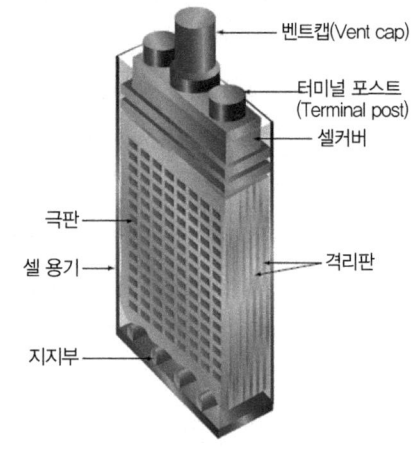

[납산축전지의 셀]

⑤ 납-산 축전지의 각 셀의 구조

　㉠ 극판 : 과산화납으로 된 양극판과 납으로 된 음극판으로 이루어져 있다.

　㉡ 격리판 : 양극판과 음극판이 서로 접촉되어 전기적으로 단락되는 것을 방지하기 위하여 극판 사이에 설치한다.

　㉢ 터미널 포스트 : 셀끼리 직렬로 연결할 때 사용한다.

　㉣ 캡 : 전해액의 비중의 측정과 증류수를 보충하고 충전할 때 발생하는 가스를 배출할 수 있도록 배출구가 마련되어 있다.

(2) 점검 사항

① 전해액의 양을 측정하여 부족하면 순수한 증류수로 보충한다.

② 표면의 오염 상태를 점검하여 오염 시 마른걸레로 닦아준다.

③ 침전물 축적 상태를 점검하여 침전물이 발견될 때에는 전해액을 빼고 증류수로 닦아준 다음 다시 전해액을 충전시켜서 충전 후 비중을 조절한다.

④ 극판의 색깔 및 접속 단자의 결함을 확인한다.

⑤ 증류수와 황산을 섞는 방법 : 증류수에 황산을 조금씩 넣으며 섞는다.

⑥ 축전지 장탈 : 먼저 (-)선(접지선)을 제거하고, (+)선을 나중에 분리

⑦ 세척액 : 20% 희석된 중탄산나트륨(소다)와 물로 먼저 중화 후 세척한다.

다. 니켈-카드뮴 축전지(알칼리 축전지)

(1) 구조

① 전극은 양극판($Ni(OH)_3$), 음극판(Cd), 축전지 셀 당 전압 1.25V

② 전해액은 30%의 KOH로 전해액의 비중은 1.240~1.300

③ 충·방전 상태 확인 방법은 전해액의 비중이 일정하므로 비중을 측정하여 충·방전 상태를 알 수 없고, 단지 전압계로만 측정 가능

④ $\underset{\text{수산화제2니켈}}{\overset{\text{양극판}}{Ni(OH)_3}} + \underset{\text{카드뮴}}{Cd} = \underset{\text{수산화제1니켈}}{\overset{\text{양극판}}{Ni(OH)_2}} + \underset{\text{수산화카드뮴}}{\overset{\text{음극판}}{Cd(OH)}}$

⑤ 증류수에 수산화칼륨을 조금씩 추가하며 혼합

⑥ 축전지가 완전 충전된 후 3~4시간 이후에 증류수 보충

(2) 알칼리 축전지의 장점

① 충·방전 시 화학 반응이 전해액의 비중에 변화를 주지 않는다.

② 수명이 길며, 처음의 용량을 거의 변함없이 유지한다.

③ 큰 전류의 부하에도 용량은 줄지 않는다.

④ 사용 중 가스 발생이 거의 없고, 증류수의 보충을 자주하지 않아도 된다.

⑤ 내구성이 좋고, 빙점이 낮다.

⑥ 용량의 90%까지 방전되어도 일정 전압을 유지한다.

(3) 사용시 주의사항

① 니켈카드뮴 축전지와 납산 축전지는 따로 보관 사용

② 취급용 도구도 함께 사용 금지

③ 수산화칼륨 용액은 부식성이 강하므로 반드시 보호 장구착용

④ 전해액이 피부에 묻었을 때에는 붕산염, 아세트산 및 물 등으로 세척

⑤ 축전지에 탄산칼륨의 결정체가 형성되었을 때에는 전압 조절기의 조절이 잘 못되어 축전지가 과충전 되었음을 의미함

⑥ 세척 시는 반드시 벤트 플러그를 막고 산성 용매나 화학 용액으로 세척금지

⑦ 충전 전에 각 셀을 단락시킨 뒤 완전 방전시켜 전위차를 없앤 후 충전

⑧ 알칼리 축전지 세척액 : 3%의 희석된 붕산으로 세척

⑨ 알칼리 축전지의 종류 : 니켈-카드뮴 축전지, 에디슨 축전지, 납-은 축전지, 수은 축전지 등

라. 축전지 충전법

(1) 정전류 충전법 : 전류를 일정하게 유지하면서 충전하는 방법

① 충전 시간이 길며, 과 충전의 위험이 있고, 수소와 산소의 발생이 많아 폭발의 위험

② 여러 개의 축전지를 동시에 충전하고자 할 때는 전압에 관계없이 용량을 구별하여 직렬로 연결

③ 충전 시작 전에 캡을 열어서 발생되는 가스를 배출, 또 주위에 불꽃, 스파크 및 발화의 원인 제거

(2) **정전압 충전법** : 전압을 일정하게 유지하면서 충전하는 방법(항공기에서 주로 사용)

① 짧은 시간에 충전할 수 있고, 과충전의 위험이 없음

② 전류에 관계없이 전압별로 병렬연결

(3) **용량의 검사**

① 축전지의 용량 : Ah(Ampere Hour)

② 일반적으로 5시간 방전율로 검사

마. 교류의 전력

(1) **유효 전력(Active power)** : 저항에서 흡수되어 실제로 소비한 전력, 와트(watt)로 표시

(2) **무효 전력(Reactive power)** : 리액턴스의 성질상 전기장 및 자기장의 변화에 의하여 흡수, 반환 현상을 되풀이, 단위는 바(var)

(3) **피상 전력(Apparent power)** : 교류의 총전력, 단위는 볼트-암페어(VA)로 표시

바. 3상 회로

(1) **회로의 식별** : A상(붉은색), B상(노란색), C상(파란색)

(2) **3상 교류 Y결선** : 전압을 증폭시키는 결선

① 선간전압 = $\sqrt{3}$ × 상전압

② 선간전류의 크기와 위상은 상전류와 같다.

③ 선간전압은 상전압의 $\sqrt{3}$ 배이고 위상이 30° 앞선다.

(3) **3상 교류 Δ 결선** : 전류를 증폭시키는 결선

① 선간 전압의 크기와 위상은 상전압과 같다.

② 선간전류 = $\sqrt{3}$ × 상전류

③ 선전류는 상전류의 $\sqrt{3}$ 배이고 위상이 30° 뒤진다.

2. 직류 및 교류 발전기

가. 직류 발전기

(1) **작동원리** : 플레밍의 오른손 법칙

(2) **출력 전압** : 14V, 28V

(3) **구성**

① 계자 : 자장을 만들어주는 장치

② 전기자 : 전압이 유기되는 코일

③ 정류자편 : 교류를 직류로 바꿔주는 장치로 브러쉬와 접촉

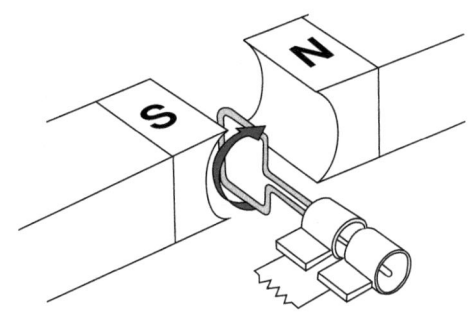

[직류발전기의 구조]

④ 브러쉬 : 정류자와 접촉되어 직류를 발생시키고, 고단위 탄소로 제작, 부드럽고 단단하여 오래 쓸 수 있어야하며, 브러쉬 홀더에 의해 지지
⑤ 전압 조절기 : 계자 코일의 전류를 조절해 전기자의 회전수와 부하의 변동에 관계없이 일정 출력 전압 유지(진동형, 카본 파일형)
⑥ 이퀄라이저 회로 : 2대 이상의 발전기를 병렬로 연결하여 작동시킬 때 어느 한쪽 발전기의 출력이 높아져 다른 발전기에 부하 발생 방지를 위해 각 발전기의 출력을 일정하게 조절해 주는 장치
⑦ 역전류 차단 장치 : 발전기 출력 전압이 낮을 때 축전지로부터 발전기로 역전류가 흐르는 것을 방지하는 장치

(4) 종류

① 직권형 직류발전기 : 전기자와 계자코일이 서로 직렬로 연결된 형식으로 부하도 이들과 직렬이 된다. 그러므로 부하의 변동에 따라 전압이 변하게 되므로 전압 조절이 어렵다. 그래서 부하와 회전수의 변화가 계속되는 항공기의 발전기에는 사용되지 않는다.
② 분권형 직류발전기 : 전기자와 계자코일이 서로 병렬로 연결된 형식으로 계자코일은 부하와 병렬관계에 있다. 그러므로 부하전류는 출력전압에 영향을 끼치지 않는다. 그러나 전기자와 부하는 직렬로 연결되어 있으므로 부하전류가 증가하면 출력전압이 떨어지므로 이와 같은 전압의 변동은 전압조절기를 사용하여 일정하게 할 수 있다.
③ 복권형 직류발전기 : 직권형과 분권형의 계자를 모두 가지고 있으면 부하전류가 증가할 때 출력전압이 감소하는 복권형 발전기는 분권형의 성질을 조합하는 정도에 따라 과복권(Over Compound), 평복권(Flat Compound), 부족복권(Under Compound)으로 분류한다.

(5) 발전기의 시험

① 전기자 시험 : 절연을 위해 칠해 놓은 절연체인 니스 상태를 검사
  ㉠ 고전위 시험 : 교류 시험 램프의 한쪽 선을 전기자축에 연결하고, 다른 한쪽 끝은 정류자 편에 교대로 연결하여 시험 램프에 불이 들어오면 전기자가 손상되어 단락된 것임
  ㉡ 그롤러 시험 : V자형 연철심편 위에 전기자를 올려놓고 110V 또는 220V의 교류를 접속
  ㉢ 단선 회로시험 : 위의 두 가지 시험에 이상이 없는 경우 실시하며, 그롤러 시험기 위에 올려놓고 교류를 접속하여 정류자편 사이에 쇠톱 날을 끼워서 강한 불꽃이 튀면 단락되지 않은 것임

② 계자 시험
  ㉠ 고전위 시험 : 교류 시험 램프의 한쪽 선을 발전기의 페인트칠이 되어 있지 않은 프레임에 연결하고, 다른 한쪽은 계자의 A, B, C 및 D의 단자에 연결하여 시험 램프에 불이 들어오면 회로에 접지된 부분이 있는 것이므로 계자 부분을 수리 또는 교환
  ㉡ 분권 계자 저항 시험 : 저항계의 한 단자를 계자의 C 단자에 연결하고 다른 한쪽은 A 단자에 연결해서 저항 값이 최소 규정값보다 낮을 때 분권계자 회로가 단락되었음을 의미

나. 교류 발전기

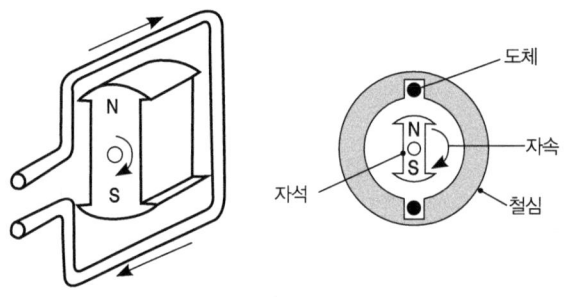

[교류발전기의 구조]

(1) 여자 방법에 따른 종류
① 교류 발전기 축에 직접 연결되어 있는 직류 발전기
② 교류 발전기의 출력 전압을 변압기로 전압을 낮춘 후 직류로 정류
③ 브러쉬가 없는 것으로서 영구 자석 발전기를 이용

(2) 출력 전압의 위상에 따른 종류
① 단상 발전기 : 전자유도에 의해 사인파의 교류 전기를 발전시키며 전기자는 고정되어 있고 계자가 회전한다.

② 3상 발전기의 장점

㉠ 브러쉬, 슬립 링 또는 정류자가 없어 마멸이 없고, 정비 유지비가 저렴하다.

㉡ 정류자와 브러쉬 간의 저항 및 전도율의 변화가 없다.

㉢ 브러쉬가 없어 고공비행 시 아크가 발생하지 않는다.

(3) 교류 전압 조절기

① 구동축의 회전수가 변하더라도 발전기 출력 전압은 항상 일정하게 유지하고, 여러 개의 발전기를 병렬 운전 시 각 발전기가 부담하는 전류를 같게 한다.

② 카본 파일형 전압 조절기, 자장 증폭형 전압 조절기, 트랜지스터형 전압 조절기

(4) 주파수 조정

① 주파수(Hz, cps) $f = \dfrac{PN}{120}$ (P : 계자 극수, N : 분당 회전수)

② 정속 구동 장치(C.S.D, Constant Speed Drive) : 기관의 회전수가 변하더라도 일정한 회전수를 발전기 축에 전달하여 항상 일정한 주파수를 얻을 수 있도록 만들어 주는 장치로 항공기 기관의 구동축과 발전기 사이에 위치하고 있다.

③ 병렬운전의 기본조건 : 전압, 주파수, 위상이 같아야 하고, 400±1Hz로 두 발전기의 주파수 차이가 2Hz를 넘어서는 안 된다.

3. 직류 및 교류 전동기

가. 직류 전동기

(1) **작동 원리** : 플레밍의 왼손 법칙

(2) **용도** : 기관의 시동, 조종면의 작동을 위한 서보모터, 다이너모터 및 인버터 구동

(3) **속도 특성** : 단자 전압, 계자 회로의 저항을 일정하게 유지하였을 때 부하 전류와 회전 속도 사이의 관계를 나타낸 것

(4) **토크 특성** : 부하에 따른 전기자 전류와 토크 사이의 관계를 나타낸 것

(5) **종류**

① 분권전동기 : 부하 변동에 관계없이 일정 회전 속도가 요구되는 곳에 사용

② 직권전동기 : 시동 토크가 커서 시동장치로 사용

③ 복권전동기 : 화동 복권전동기, 차동 복권전동기 등이 있으며, 역회전의 염려가 있어 시동기에 사용 금지

④ 가역전동기 : 스위치 조작에 의해 회전 방향을 임의로 바꿀 수 있는 전동기

나. 교류 전동기

(1) 전원 : 교류(AC115~208V 3Φ 400Hz)

(2) 장점 : 정류자나 브러쉬가 필요 없음, 가격이 저렴, 고장이 없음, 신뢰도가 높음

(3) 종류
① 유니버셜 전동기 : 직류와 교류의 병행 사용이 가능한 전동기로 항공기에는 사용 불가
② 유도 전동기 : 3상 이상의 다상에서도 사용이 가능하고, 부하의 담당 범위가 넓으며, 일정 회전수를 요구하지 않을 때 비교적 큰 부하를 담당
③ 동기 전동기 : 전동기의 회전을 정확하게 발전기의 회전과 동기시킬 수 있는 전동기

03 변압, 변류 및 정류기

1. 변압기의 원리 및 구조

가. 변압기의 원리

상호유도작용을 이용한 것으로 교류전압과 전류의 크기를 변성하는 것이다.

> **Note** | 상호(자기)유도작용
> 코일에 전류를 흘려 보내면 자속의 변화에 의하여 자기가 유도된다. 이 때 전류를 차단하면 자기가 사라지는 데 이것을 막기 위해 역기전력(역전류)이 유도된다.

나. 변압기의 구조

① 규소 강판을 성층하여 만든 철심에 2개의 권선을 감아 놓았다.
② 전원에 접속되어 있는 권선을 1차권선 N_1이라 하고, 부하에 접속되어 있는 권선을 2차권선 N_2이라 한다.

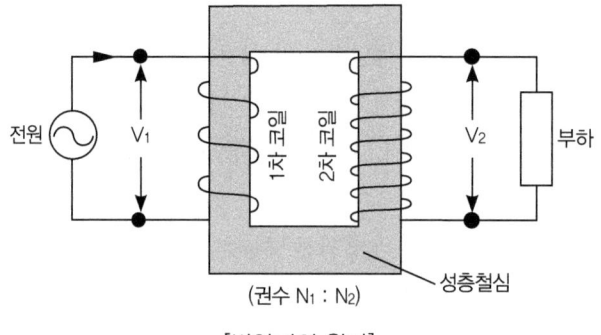

[변압기의 원리]

2. 변압비 (=권수비)

- 에너지 보존법칙에 의해 1차권선과 2차권선의 전기에너지, 즉 전력은 같다.

$$P_1 = P_2, \quad E_1 I_1 = E_2 I_2 \quad \therefore \frac{E_1}{E_2} = \frac{I_2}{I_1}$$

- 변압비 $= \dfrac{E_1}{E_2}$

  ※1차 권선과 2차 권선에 유도되는 기전력은 각 권선의 감은 횟수에 비례한다.

- 권수비 a는 변압비와 같다.

$$\therefore a = \frac{N_1}{N_2} = \frac{E_1}{E_2} = \frac{I_2}{I_1}$$

- 변류비 $= \dfrac{I_1}{I_2}$ ※즉 변류비는 변압비(권수비)의 역수가 된다.

Section 2

항공계기 계통

01 항공계기의 특성

1. 항공계기의 특징

- 무게 : 가벼워야 한다.
- 크기 : 소형화 되어야 한다.
- 내구성 : 정밀도를 오랫동안 유지할 수 있어야 한다.
- 정확도 : 오차가 적어야 한다.
- 외부 조건의 영향 : 외부 온도와 압력, 진동의 심한 변화에 영향이 적어야 한다.
- 누설 : 누설이 없어야 한다.
- 마찰 : 가능한 한 적어야 한다.
- 온도 보정 : -65~70℃의 온도 범위에 대하여 자동적으로 온도가 보정
- 진동 : 계기판에 방진 장치가 설치되어야 한다. (제트 항공기는 진동기 부착)
- 습도 : 방습 처리되어야 하며 전기계기는 완전 밀봉 후 불활성 가스 주입
- 염무 : 계기의 안쪽과 바깥쪽에 방염처리를 해야 한다.
- 곰팡이 : 중요 부분에 항균 도료 도장
- 기압 보정 : 계기 내부에 기압 공함을 설치하여 기압 변화에 따라 자동적으로 보정
- 댐핑 장치 : 미세한 변화는 제동시키고, 연속적으로 지시

2. 항공기 계기의 배열 및 계기판

가. 배열 방법 및 계기판

(1) 배열 방법

① 계기판에 T형 배열법으로 장착
② 고도계, 속도계, 자세계는 T형 위쪽에 우선 배열
③ 컴퍼스 계기는 자세 지시계 바로 밑에 배열
④ T형 중심은 조종사 앞 방향의 시선과 일치되게 배열

[항공기 계기의 배열]

(2) 계기판
① 주계기판 : 조종사 부분, 중앙부분, 부조종사 부분으로 나뉨. 자기 컴퍼스를 제외한 항법계기는 조종사 및 부조종사 부분에 1개씩 장착
② 상부 계기판 : 윈드실드 위쪽
③ 기관 계기판 : 주로 기관, 전기 및 윤활유와 연료, 온도계기 등
④ 계기 조명 : 백열등 또는 형광등으로 조명, 계기의 눈금과 바늘에 형광물질로 표시
⑤ 계기판의 구비조건
  ㉠ 자기 컴퍼스에 의한 자기적인 영향을 받지 않도록 비자성 금속을 사용해야 한다. (보통 알루미늄 합금을 사용)
  ㉡ 완충 마운트를 사용하여 진동으로부터 계기를 보호할 수 있어야 한다.
  ㉢ 유해한 반사광선으로 인하여 내용이 잘못 파악되지 않도록 해야 한다. (일반적으로 무광택 검은색 도장을 함)

나. 색표지와 케이스
(1) 항공계기의 색표지
① 붉은색 방사선 : 최소 및 최대 운전 또는 운용한계 표시
② 노란색 호선 : 경계 또는 경고 범위
③ 초록색 호선 : 상용 안전 운용 범위 또는 계속적인 운전범위
④ 푸른색 호선 : 기화기를 장비한 엔진에서 연료 공기 혼합비가 희박한 경우 상용 안전 운용 범위
⑤ 백색 호선 : 최대 착륙 하중 시의 실속속도에서 플랩을 내릴 수 있는 속도까지의 범위

(2) 항공계기의 케이스
① 자성재료케이스 : 전기적인 영향을 차단하기 위해서는 알루미늄합금과 같은 비자성 금속재료로써 차단할 수 있지만 자기적인 영향은 철제 케이스를 이용한다.
② 비자성 금속제 케이스 : 전기적인 차단효과가 있으므로 비자성 금속제 케이스의 재료로 가장

많이 사용한다.

③ 플라스틱 케이스 : 전기적 또는 자기적인 영향을 받지 않는 케이스로 가장 많이 사용한다.

02 항공기 계기의 종류

1. 피토정압계통의 계기

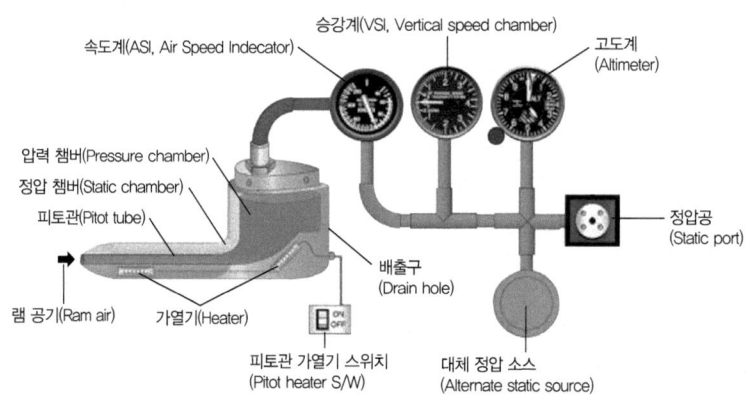

[피토-정압계기]

가. 고도계

고도계는 일종의 아네로이드 기압계인데 기압계 다이얼의 기압 눈금 대신 그 기압에 해당하는 고도의 눈금이 표시되어있다. 압력을 기계적 변위로 바꾸는 진공 공함을 이용하며 베릴-구리 합금이 쓰이고 있다.

(1) 고도의 종류

① 절대고도 : 항공기로부터 그 당시 지형까지의 거리

② 진고도 : 해면상으로부터 항공기까지의 거리

③ 기압고도 : 표준 대기압인 (29.92 in-Hg) 해면부터 항공기까지의 거리

[고도계]

(2) 고도계 세팅법

① QFE 방식 : 임의의 지정된 지형(일반적으로 활주로)의 기압을 기압의 눈금에 맞추어 그 지형으로부터 고도 측정(단거리 비행이나 계기 착륙 시 사용)

② QNH 방식 : 관제탑과 교신에 의해 그 당시 해면 기압의 눈금에 맞추어 해발고도(진고도)를 얻을 수 있는 방식

③ QNE 방식 : 해면상 표준 대기압인 29.92 in-Hg로 맞추어 기압고도를 얻을 수 있는 방식

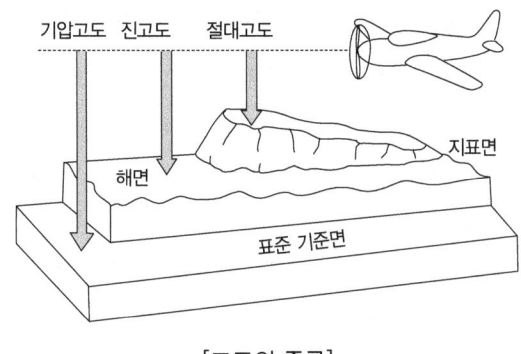

[고도의 종류]

(3) 고도계 오차

① 눈금오차 : 일정한 온도에서 진동을 가하여 얻어 낸 기계적오차는 계기 특유의 오차이다. 일반적으로 고도계의 오차는 눈금오차를 말하는 것이다.

② 온도오차 : 계기의 온도분포가 표준 대기와 다르기 때문에 생기는 오차이다.

③ 탄성오차 : 히스테리시스, 편위, 잔류효과 등과 같이 일정한 온도에서 재료의 특성 때문에 생기는 탄성체 고유의 오차이다.

④ 기계적인 오차 : 계기 각 부분의 마찰, 기구의 불평형, 가속도와 진동 등에 의하여 바늘이 일정하게 지시하지 못하여 생기는 오차이다. 이들은 압력 변화에 관계가 없으며 수정이 가능하다.

나. 승강계

(1) 기능 : 항공기의 수직 속도를 분당 피트(ft/min)로 측정 지시하는 계기

(2) 작동원리 : 다이어프램에 작은 구멍을 뚫어 놓아 양쪽 부분의 압력이 같아지는 시간을 측정하여 승강률을 지시

① 다이어프램의 구멍 크기가 작은 경우 : 민감하나 지시 속도가 느리게 지시한다.

② 다이어프램의 구멍 크기가 큰 경우 : 지시 속도는 빠르나 둔하다.

[승강계]

다. 속도계

(1) 기능 : 전압과 정압의 차인 동압을 측정하여 항공기의 대기에 대한 상대 속도, 즉, 대기 속도를 지시하는 계기

(2) 기본 방식 : 전압과 정압에 차에 의해 속도 즉 동압을 지시한다

(3) 작동 방식 : 일반적으로 사용되는 피토정압식속도계는 기체에 평행하게 흐르는 공기가 피토관에 작용하여 나타나는 전압과 정압을 수감하는 방식으로 속도계는 밀폐된 케이스 안에 다이어프램이 들어있어 공함 안쪽에는 피토압이 전달되고 바깥쪽에는 정압이 가해진다. 항공기의 속도에 따라 두 압력의 차압 즉, 동압에 의하여 다이어프램이 팽창하며 변위량은 확대장치에 의하여 확대되어 바늘에 전달된다.

[속도계]

(4) 대기속도의 종류

① 지시 대기속도(IAS, Indicated Air Speed) : 속도계의 공함에 동압이 가해지면 동압은 유속의 제곱에 비례하므로, 압력 눈금 대신에 환산된 속도 눈금으로 표시한 속도

② 수정 대기속도(CAS, Calibrated Air Speed) : 지시 대기속도에 피토정압관의 장착 위치와 계기 자체에 의한 오차를 수정한 속도

③ 등가 대기속도(EAS, Equivalent Air Speed) : 수정 대기속도에 공기의 압축성을 고려한 속도

④ 진대기속도(TAS, True Air Speed) : 등가 대기속도에 고도변화에 따른 밀도를 수정한 속도

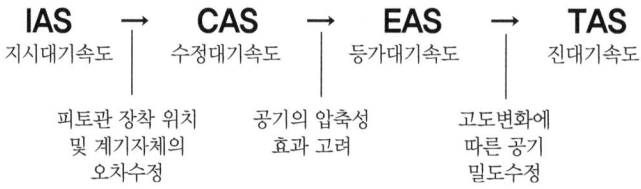

2. 자이로계기

가. 자이로의 특성

(1) 강직성(Rigidity) : 자이로에 외력이 가해지지 않는 한 회전자의 축방향은 우주공간에 대하여 계속 일정 방향으로 유지하려는 성질로 자이로 회전자의 질량이 클수록, 자이로 회전자의 회전이 빠를수록 강하다.

(2) 섭동성(Precession) : 자이로에 외력을 가했을 때 자이로축의 방향과 외력의 방향에 직각인 방향으로 회전하려는 성질을 말한다.

나. 자이로의 특성을 이용한 계기

(1) 강직성을 이용한 계기 : 방향 자이로 지시계(정침의)

(2) 섭동성을 이용한 계기 : 선회계

(3) 강직성과 섭동성을 이용한 계기 : 자이로 수평 지시계(인공 수평의)

다. 계기별 기능

(1) 방향 자이로 지시계

① 자이로의 강직성을 이용, 항공기의 기수 방위와 선회 비행 시의 정확한 선회각을 지시

② 자이로는 3축에 대하여 자유로이 회전할 수 있고, 자이로의 회전축은 항공기 기수 방향에 수평으로 놓여있으며, 강직성에 의한 공간에 대하여 일정 방향 유지

(2) 선회계

① 자이로의 섭동성만을 이용하여 선회 각속도 및 경사를 지시한다.

② 선회계의 종류

㉠ 2분계(2Min Turn) : 바늘이 1바늘 폭만큼 움직였을 때 180[°/min]의 선회 각속도를 의미하고, 2바늘 폭일 때에는 360[°/min]의 선회 각속도를 의미한다.

㉡ 4분계(4Min Turn) : 가스터빈 항공기에 사용되는 것으로, 1바늘 폭의 단위가 90[°/min]이고, 2바늘 폭이 180[°/min] 선회를 의미한다.

[선회계]

(3) 자이로 수평 지시계

① 3축 자이로로서 항공기 기수 방향에 수직인 축 이용, 강직성과 섭동성을 이용한 직립 장치에 의해 지표에 대한 자세, 즉 피치와 경사를 알 수 있게 하는 계기

② 장거리 항법 장치에는 로란, 도플러, 관성항법 장치, 오메가 항법 장치 등이 있으나 현대 항공기에서는 레이저 자이로를 사용하는 장거리 항법장치(IRS)가 널리 이용됨

3. 자기계기

가. 자기계기 일반

자기계기는 지구에 대한 항공기의 기수방위를 감지하는 계기이다. 자기계기는 지자기를 수감하여 지구의 자기자오선의 방향을 탐지한 후 이것을 기준으로 항공기의 기수방위를 나타내는 것으로서 자기컴파스라 한다.

(1) 복각 : 자석을 적도에서 북극까지 이동시키면 적도에서는 수평이지만 북극에 가까워질수록 기울어져 수직으로 되는데 이때 기울어지는 각도를 말한다.

(2) **편차** : 지축과 지자기축이 서로 일치하지 않기 때문에 지구 자오선 사이에는 오차각이 생기게 되는데 이것을 편차라 한다.

(3) **자차** : 자기계기 주위에 설치되어 있는 전기기기 그것에 연결된 전선 기체 구조재 중 자성체의 영향 그리고 자기 계기의 제작과 설치상의 잘못으로 인하여 지시오차가 발생하게 되는데 이것을 자차라고 한다.

나. 자기컴퍼스(Magnetic Compass)

항공기용 자기컴퍼스는 컴퍼스 카드에 2개의 막대자석을 붙인 것을 사용하며 지구자기장의 방향을 감지하고 기수방위가 자북으로부터 몇 도인가를 지시하는 것이다.

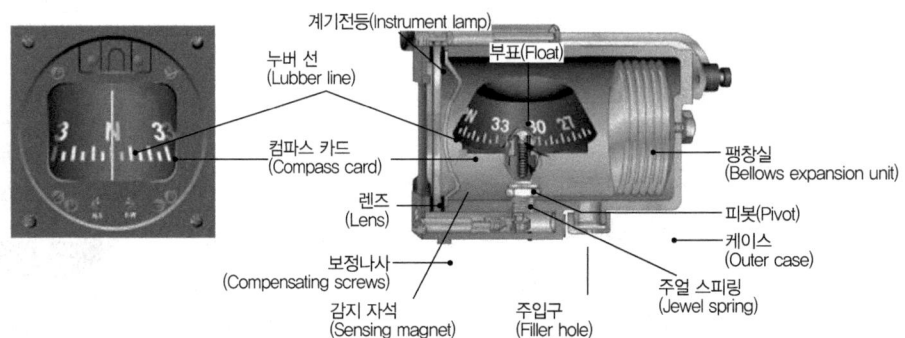

[자기컴퍼스]

(1) 자기컴퍼스 오차

① 정적오차
  ㉠ 반원차 : 항공기에 사용되고 있는 수평 철재 및 전류에 의해서 생기는 오차이다.
  ㉡ 사분원차 : 항공기에 사용되고 있는 수평 철재에 의해서 생기는 오차이다.
  ㉢ 불이차 : 모든 자방위에서 일정한 토크로 나타나는 오차이며 컴퍼스자체의 제작상 오차 또는 오장착에 의한 오차이다.

② 동적오차
  ㉠ 북선오차(선회오차) : 자기적도 이외의 위도에서는 지자기의 수직 성분으로 인해 선회시 올바른 자방위를 지시하지 못하고 이 오차는 북진하다가 동서로 선회할 때에 오차가 가장 크므로 북선오차라 한다.
  ㉡ 가속도 오차(동서오차) : 항공기를 감가속시 발생하며 동서로 향하고 있는 경우에는 가장 크게 나타나고 남북으로 향하고 있는 경우에는 거의 나타나지 않으므로 동서오차라고 부른다.

다. 원격지시컴퍼스

- **(1) 마그네신 컴퍼스** : 왕복기관을 장착한 중형항공기에 쓰이던 방식으로 지자기의 수감부는 항공기 내부에서 자기영향이 작은 날개끝이나 꼬리부분에 설치하고 지시부를 계기판에 설치한다.
- **(2) 자이로 컴퍼스** : 대형항공기에 많이 사용하고 있으며 원리는 자기탐지능력과 방향 지시자이로의 강직성이 합해진 것이고 자차가 거의 없고 동적오차도 없다
- **(3) 자이로 플럭스 게이트 컴퍼스** : 다른 표준자기컴퍼스에 비해서 거의 단점이 없다. 플럭스게이트, 송출기, 주방향지시계, 증폭기, 컴퍼스 반복기 등으로 구성되어 있다.

4. 회전계기

가. 개요

엔진축의 회전수를 지시하는 계기로 왕복 기관에서는 크랭크축의 회전을 분당 회전수(RPM)로 나타내고, 제트 엔진에서는 압축기의 회전수를 백분율(%)로 나타낸다.

나. 종류

- **(1) 발전기 전압계형 회전계** : 직류 발전기에서 발전된 전압을 직류 전압계로 측정하여 회전수를 다시 환산, 계기에 표시
- **(2) 전동기 발전기형 회전계(전기식)** : 기관의 회전으로 작동되는 3상 교류 유도 발전기로부터 유도된 전압과 주파수에 의한 전기적 에너지를 기계적 에너지로 변환시키는 동기 전동기로 구성(보통 대형 항공기에 많이 사용)
- **(3) 와전류식 회전계** : 와전류 효과를 이용한 회전계(소형기에 사용)
- **(4) 원심력식 회전계** : 기관에 연결된 구동축에 달려 연동되는 플라이 웨이트의 원심력 이용

[회전계]

5. 압력계기

가. 개요

액체 또는 기체의 압력을 기계적인 변위로 변환시킨 다음 압력 단위로 수정하여 압력 값을 읽을 수 있도록 한다.

- **(1) 게이지 압력(psi)** : 대기압보다 얼마나 높고 낮은가에 따라 정압과 부압으로 구분한다.
- **(2) 절대 압력(inHg)** : 대기압 + 게이지 압력
- **(3) 압력을 기계적으로 변환시키는 장치** : 버든 튜브, 벨로우즈, 아네로이드와 다이어프램 등

나. 압력계기의 종류

(1) **윤활유 압력계** : 윤활유의 압력과 대기 압력의 차인 게이지 압력을 나타냄

(2) **연료 압력계** : 기화기나 연료 조정 장치로 공급되는 연료의 게이지 압력과 흡입 공기 압력의 차를 이용, 다이어프램 또는 2개의 벨로우즈로 구성

(3) **흡입 압력계** : 매니폴드 압력계라고도 하며, 정속 프로펠러를 갖춘 항공기에 필요한 필수 계기로 실린더에 흡입되는 공기압을 아네로이드와 다이어프램에 의해 절대 압력으로 측정하고, 낮은 고도에서는 초과 과급을 경고하고 높은 고도를 비행할 때에는 기관의 출력손실을 알린다. 흡입압력계의 지시는 절대압력(대기압±게이지압력)으로서 inHg 단위로 표시된다. 지상에 정지해 있을 때에는 게이지압력이 0이므로 그 장소의 대기압을 지시한다.

(4) **EPR 계기** : 가스터빈기관의 흡입공기 압력과 배기가스 압력을 각각 해당 부분에서 수감하여 그 압력비를 지시하는 계기이고, 압력비는 항공기의 이륙 시와 비행 중의 기관 출력을 좌우하는 요소이고, 기관의 출력을 산출하는 데 사용한다.

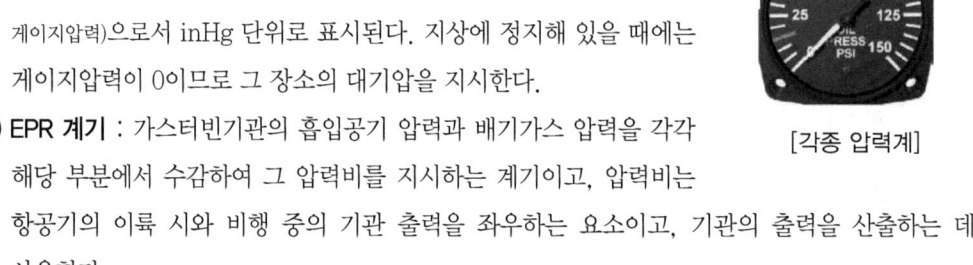

[각종 압력계]

(5) **작동유 압력계** : 버든 튜브를 이용하여 압력을 지시하는 계기로 지시범위는 0~1,000, 0~2,000, 0~4,000psi 정도이다.

(6) **제빙 압력계** : 항공기 날개에 제빙 장치가 설치된 항공기에 사용하는 것으로 버든 튜브 이용, 압력 단위는 psi 사용

6. 온도계기

가. 개요

(1) **주요 온도 측정 대상** : 외기온도, 배기가스온도, 오일온도, 실린더온도

(2) **온도의 측정범위** : -100~1200℃

나. 온도계기의 4가지 방식

(1) **바이메탈 온도계** : 열팽창 계수가 서로 다른 2개의 이질 금속(황동-철)을 서로 맞붙여 온도변화에 따라 그 휘는 정도로 온도를 측정하며, 경비행기에 많이 이용

(2) **증기압식 온도계** : 염화 메틸과 같이 증발성이 강한 액체를 밀폐구에 가득 채우고 버든 튜브 압력계와 모세관으로 연결시켜 일체가 되도록 한 일종의 압력 지시기

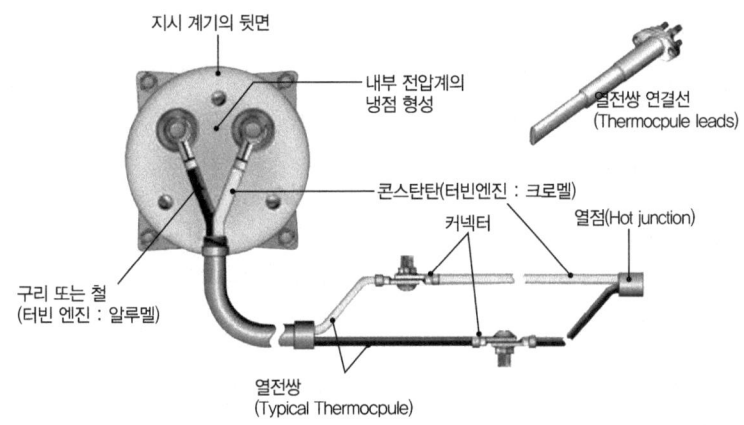

[열전쌍식 온도계]

(3) **전기 저항식 온도계** : 대향형 항공기에 많이 사용되며 금속선의 온도에 따른 전기 저항 변화로 인한 전류량의 변화량을 휘스톤 브리지를 사용하여 이에 상응하는 온도를 측정

(4) **열전쌍식 온도계** : 2개의 이질 금속선으로 양 끝을 서로 접합하여 회로를 구성한 다음 2개의 접점 (열점과 냉점)에 온도차를 주면 기전력이 발생하여 전류가 흐르는 것을 이용한 계기

① 철-콘스탄탄 : 왕복기관의 실린더 온도 측정에 사용(-200~250℃에 사용)

② 알루멜-크로멜 : 가스터빈 기관의 배기가스 온도 측정에 사용(70~1,000℃)

③ 구리-콘스탄탄 : -200~250℃에 사용

7. 액량 및 유량계기

가. 연료액량계

액량계기는 항공기에 탑재되는 연료, 윤활유, 작동유와 방빙액의 양을 부피나 무게로 측정하여 지시하는 계기로서 액량을 부피로 나타낼 때에는 갤론으로 표시하고 무게로 나타낼 때에는 파운드로 나타낸다.

(1) **소형 항공기용** : 직독식, Sight Glass Gauge, Deep stick, Float 식
(2) **대형 항공기용(원격 지시식)**

① 직류 셀신 연료량계 : 연료의 량을 갤론으로 표시, 액면의 높고 낮음에 따른 플로트의 기계적인 변위를 이에 상당하는 전기적인 신호로 변환하여 지시계에 전달

② 전기 용량식 연료량계 : 연료의 체적은 비행 고도와 온도에 따라 영향을 받으므로 이들 영향을 받지 않는 중량을 지시식으로 측정하는 계기로 대형 항공기, 고공 항공기에 적합

[연료액량계 및 유량계]

나. 연료유량계

기관이 1시간동안 소모하는 연료의 양, 즉 기관에 공급되는 연료파이프 내를 흐르는 유량률을 부피의 단위 또는 무게의 단위로 지시한다. 이 계기는 오토신 또는 마그네신의 원리를 이용하여 원격으로 지시한다. (차압식, 동압식 질량유량계)

(1) 차압식 : 액체가 통과하는 튜브의 중간에 오리피스를 설치하여 액체의 흐름이 있을 때에 오리피스의 앞부분과 뒷부분에 발생하는 압력차를 측정하여 유량을 알 수 있다.

(2) 베인식 : 입구를 통과하여 연료의 흐름이 있을 때에는 베인은 연료의 질량과 속도에 비례하는 동압을 받아 회전하게 되는데 이때 베인의 각 변위를 전달함으로써 유량을 지시한다.

(3) 동기전동기식 : 연료의 유량이 많은 제트기관에 사용되는 질량유량계로서 연료에 일정한 각속도를 준다. 이때의 각 운동량을 측정하여 연료의 유량을 무게의 단위로 지시할 수 있다.

8. 원격지시계기

가. 개요

수감부의 기계적인 각 변위 또는 직선 변위를 전기적인 신호로 바꾸어 멀리 떨어진 지시부에 같은 크기의 변위를 나타내는 계기이고, 각도나 회전력과 같은 정보의 전송을 목적으로 한다. 여기에 사용되는 동기기(Synchro)는 전원의 종류와 변위의 전달방식에 따라 나뉘는데 제작사에 따라 독자적인 명칭으로 불린다.

나. 종류 및 기능

(1) 오토신(Autosyn) : 벤딕스사에서 제작된 동기기 이름으로서 교류로 작동하는 원격지시계기의 한 종류이며, 도선의 길이에 의한 전기저항값은 계기의 측정값 지시에 영향을 주지 않으며 회전자는 각각 같은 모양과 치수의 교류전자석으로 되어 있다.

(2) 서보(Servo) : 명령을 내리면 명령에 해당하는 변위만큼 작동하는 동기기이다.

(3) 직류셀신(D.C Selsyn) : 120° 간격으로 분할하여 감겨진 정밀 저항 코일로 되어 있는 전달기와 3상 결선의 코일로 감겨진 원형의 연철로 된 코어 안에 영구 자석의 회전자가 들어 있는 지시계로 구성되어 있으며, 착륙장치나 플랩 등의 위치지시계로 또는 연료의 용량을 측정하는 액량지시계로 흔히 사용된다.

(4) 마그네신(Magnesyn) : 오토신과 다른 점은 회전자로 영구 자석을 사용하는 것이고, 오토신보다 작고 가볍기는 하지만 토크가 약하고 정밀도가 다소 떨어진다. 마그네신의 코일은 링 형태의 철심 주위에 코일을 감은 것으로 120°로 세 부분으로 나누어져 있고 26V, 400Hz의 교류전원이 공급된다.

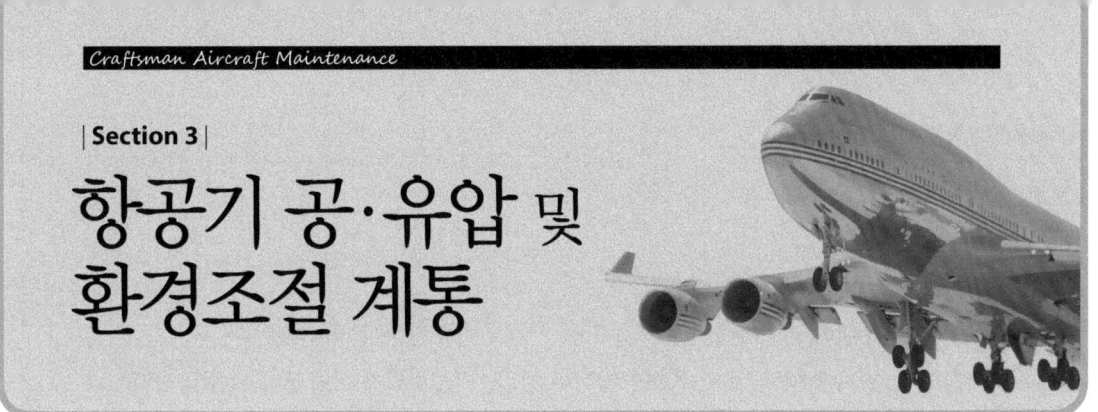

|Section 3|
항공기 공·유압 및 환경조절 계통

01 항공기 공·유압

1. 공기 및 유압계통

항공기의 각 계통을 작동시키기 위해서 기관의 동력을 간접적으로 전달할 수 있는 장치

가. 공기 및 유압 계통 일반

(1) **항공기의 동력 전달 방법** : 전기, 공기압, 작동유압

① 유압식 : 신뢰성, 경제성, 안전성, 확실성, 간결성 등으로 가장 많이 사용

② 전기 및 공기압 : 유압 계통의 고장에 대비하여 보조로 쓰임

(2) **작동유의 성질과 전달**

① 비압축성 유체

② 파스칼의 원리 : 밀폐 용기에 채워진 유체에 가해진 압력은 유체의 모든 방향과 용기의 벽에 동일하게 전달된다.

(3) **기계적 이득**

① 작은 힘으로 큰 힘을 얻기 위한 장치 : 지렛대, 잭, 도르래, 유압 등

② 작은 힘으로 많은 행정거리를 움직이게 하여 짧은 행정거리를 움직이는 큰 힘이 발생

(4) **운동 중의 작동유**

① 마찰 손실 : 유체가 관의 안쪽 표면과 마찰을 일으켜 압력 손실이 생김

② 오리피스(Orifice) : 관 안에 오리피스를 설치함으로서 오리피스의 전 후에 압력차 발생

(5) **공기압**

① 장점 : 가볍고, 화재의 위험이 없으며, 저장이 불필요

② 단점 : 압축성이므로 흐름량의 조절이 없고, 신뢰성이 떨어짐

③ 유압 계통과 복합적으로 되어 있고, 셔틀 밸브(Shuttle Valve)에 의해 유압 고장 시 비상 압력으로 사용

④ 플랩, 착륙장치 및 브레이크 계통에 사용

나. 작동유

(1) 작동유의 구비 조건
① 마찰 손실이 적어야 한다.
② 점성이 낮아야 한다.
③ 온도 변화에 따른 성질 변화가 적어야 한다.
④ 화학적 안정성이 높아야 한다.
⑤ 인화점이 높아야 한다.
⑥ 비등점이 높아야 한다.
⑦ 부식성이 낮아야 한다.

(2) 작동유의 기능
① 동력을 전달한다.
② 움직이는 기계요소를 윤활시킨다.
③ 필요한 요소 사이를 밀봉한다.
④ 열을 흡수한다.

(3) 작동유의 종류
① 식물성유 : 피마자기름과 알코올의 혼합물로 파란색, 부식성과 산화성이 있다. 식물성 작동유의 색깔은 파란색이며, 천연고무 실을 사용한다.
② 광물성유 : 원유로부터 제조되고, 붉은색이며, -54℃~71℃의 사용 온도 범위를 갖고 있고, 화재의 위험이 있다. 소형 항공기의 브레이크 계통에 사용되며 중.대형 항공기의 착륙장치의 완충기에 사용한다. 광물성 작동유의 색깔은 붉은색이며, 합성고무 실을 사용한다.
③ 합성유 : 인산염과 에스테르의 혼합물로 자주색이고, -54℃~115℃의 사용 온도 범위를 갖고 있으며, 독성이 있어 눈에 들어가면 실명의 위험도 있음. 화학적인 안정성이 크고, 현대 항공기의 유압계통에 사용, 색깔은 자주색이며, 부틸, 실리콘고무, 테프론 실을 사용한다.

2. 공압계통

가. 용도
(1) 소형 항공기 : 브레이크 장치, 플랩 작동 장치 등의 작동에 사용
(2) 대형 항공기 : 유압 계통 고장 시의 비상 및 보조적 기능, 착륙장치의 비상 작동장치와 비상 브레이크 장치, 화물실 도어의 작동장치

나. 공기압 계통의 장점 및 구성
(1) 공기압 계통의 장점
① 공압계통은 압력전달 매체로서 공기를 사용하므로 비압축성 작동유와 달리 어느 정도 계통의 누설을 허용하더라도 압력 전달에는 큰 영향을 주지 않는다.
② 공압계통은 무게가 가볍다.
③ 사용한 공기를 대기 중으로 배출시키므로 공기가 실린더로 되돌아오는 귀환관이 필요 없어 계통이 간단해질 수 있다.

(2) 구성

① 공기 압축기(compressor) : 공기압을 발생하는 장치로 기관 구동식 압축기가 사용된다.

② 공기 저장통(air bottle) : 발생된 공기압을 저장하는 실린더이며 stack pipe는 제거되지 않은 수분이나 윤활유가 계통으로 섞여 나가지 않도록 한다.

③ 지상 충전 밸브(ground charging valve) : 지상에서 항공기 기관이 작동하지 않고 있을 때 계통에 공기를 공급한다.

④ 수분 제거기(moisture seperator) : 가압된 공기중에 섞여 있는 수분이나 오일 등을 제거하는 장치

⑤ 화학 건조기(chemical drier) : 기계적으로 제거되지 않는 불순물이나 오일을 화학적 탈수제로 완전히 제거시키는 장치

⑥ 압력 조절 밸브(pressure regulating valve) : 공기 저장통의 공기압력을 규정 범위로 유지시키는 역할

⑦ 감압 밸브(reducing valve) : 높은 압력의 공기가 흡입 플런저에 뚫려 있는 작은 공기 통로를 통과함으로서 공기의 압력을 낮추어 낮은 압력의 공기를 저장 계통으로 공급하는 밸브

⑧ 셔틀 밸브(shuttle valve) : 유압과 공기압을 자동으로 선택하는 밸브

3. 유압계통

가. 유압 동력계통 및 장치

(1) 저장 탱크(Reservoir)

① 재질 : 알루미늄 합금 또는 마그네슘 합금

② 저장소 및 공기, 각종 불순물 제거

③ 탱크 용량 : 38℃(100℉)에서 축압기를 제외한 전 유압계통에 필요로 하는 용량의 150% 이상 또는 축압기를 포함한 모든 계통이 필요로 하는 용량의 120% 이상

④ 여압구 : 고공에서 작동유에 생기는 거품 방지 및 저장 탱크를 여압시키는 압축 공기 연결구

⑤ 사이트 게이지 : 저장 탱크 안의 작동유의 양을 확인할 수 있는 장치

⑥ 귀환관 : 저장 탱크의 전상 유면 아래에 위치하며 귀환 작동유는 원주의 접선 방향으로 들어와 거품을 방지

⑦ 배플(Baffle)과 핀(Pin) : 탱크 안의 거품 및 기포를 제거하여 펌프로 유입되는 것을 방지

⑧ 바이패스 밸브(By-Pass valve) : 필터가 막혔을 때 작동유가 정상 공급되게 해주는 장치

⑨ 스탠드 파이프(Stand Pipe) : 비상 시 사용할 작동유의 저장 및 탱크로부터의 이물질 혼입 방지

(2) 동력 펌프
① 구동 방법 : 기관, 공기 터빈, 전동기, 유압 모터
② 종류 : 기어형 펌프, 제로터형 펌프, 베인형 펌프, 피스톤 펌프

(3) 수동 펌프
① 용도 : 비상용, 유압계통 지상 점검 시 사용
② 종류 : 싱글 액팅식 수동 펌프, 더블 액팅식 수동 펌프

(4) 축압기(Accumulator)
① 기능
  ㉠ 가압된 작동유의 저장통으로 여러 유압기기가 동시에 사용될 때 동력펌프를 도와준다.
  ㉡ 동력펌프의 고장시 제한된 유압기기를 작동시킨다.
  ㉢ 동력펌프의 서지(surge) 현상을 방지한다.
  ㉣ 유압계통의 충격적인 압력을 흡수해 준다.
  ㉤ 압력 조절기의 개폐 빈도를 줄여 펌프가 압력 조절기의 마멸을 적게 한다.
② 종류
  ㉠ 다이어프램(Diaphragm)형 축압기는 계통의 압력이 1,500psi 이하인 항공기에 사용
  ㉡ 블래더(Bladder)형 축압기는 3,000psi 이상의 계통에 사용
  ㉢ 피스톤(Piston)형 축압기는 공간을 적게 차지하고 구조가 튼튼하기 때문에 현대 항공기에 많이 사용

(5) 여과기(filter)
① 작동유에는 선택 밸브가 펌프 등의 마멸에 의하여 금속 가루가 생기는데 이를 여과하여 작동불량이 생기지 않도록 한다. 여과의 능력은 미크론으로 나타낸다.
② 종류 : 쿠노형(cuno type), 미크론형(micron type)

나. 압력 조절, 제한 및 제이 장치

(1) 기능 : 유압계통의 압력이 한계치를 유지하도록 하며, 승압, 감압 및 기포 제거

(2) 압력 조절기
① 기능 : 작동유의 압력을 규정 범위로 조절 및 계통에 압력이 요구되지 않을 때 펌프에 부하가 걸리지 않게 함
② Kick-in : 계통 압력이 낮을 때 바이패스 밸브가 닫히고 체크 밸브 열림
③ Kick-out : 계통 압력이 높을 때 바이패스 밸브는 열리고 체크 밸브는 닫혀서 높은 압력의 유압은 저장 탱크로 귀환시킴

(3) 릴리프 밸브(Relief Valve)

① 시스템 릴리프 밸브 : 압력 조절기 및 계통 고장 등으로 계통 내의 압력이 규정값 이상이 되는 것을 방지

   ㉠ 크랭킹 압력(cranking pressure) : 계통내의 압력이 규정값 이상으로 상승하여, 볼이 시트로부터 벌어지기 시작하면서 작동유가 귀환관으로 흐르게 될 때 압력

   ㉡ 풀드로 압력(full draw pressure) : 볼이 완전히 시트에서 떨어져 릴리프 밸브에서 최대의 작동유량이 통과할 때 압력, 풀로드 압력은 스프링을 압축시켜야 하기 때문에 크랭킹 압력보다 10% 정도 높아야 한다.

   ㉢ 리시팅 압력(reseating pressure) : 시트로 되돌아와서 귀환되는 작동유의 흐름을 중단할 때 압력. 리시팅 압력은 크랭킹 압력보다 10% 낮아야 하는데 한번 흐르기 시작한 작동유의 흐름은 계속하려는 성질을 가지고 있어서 크랭킹 압력보다 10%가 낮을 때까지 스프링의 힘은 볼이 시트에 되돌아갈 수 없기 때문이다.

② 서멀 릴리프 밸브 : 온도 증가에 따른 유압계통의 압력 증가를 막는 역할을 한다. 작동유의 온도가 주변 온도의 영향으로 높아지면 작동유는 팽창하여 압력이 상승하기 때문에 계통에 손상을 초래하게 된다. 이것을 방지하기 위하여 온도 릴리프 밸브가 열려 증가된 압력을 낮추게 된다. 온도 릴리프 밸브는 계통 릴리프 밸브보다 높은 압력으로 작동하도록 되어 있다.

(4) 프라이오리티 밸브(priority valve)

계통의 압력이 정상보다 낮아졌거나 펌프의 고장일 때 축압기의 압력을 사용하여 가장 필요한 계통에만 우선 공급해야 하는 경우에 사용한다.

(5) 퍼지 밸브(Purge Valve)

항공기 비행 자세의 흔들림이나 온도의 상승으로 인하여 펌프의 공급관과 출구쪽에 거품이 생긴 작동유를 레저버로 배출되게 하여 공기를 제거하는 밸브이다.

(6) 감압 밸브(Pressure Reducing Valve)

계통의 압력보다 낮은 압력이 필요할 때 사용하며, 일부 계통의 압력을 요구하는 수준까지 낮추어 준다.

(7) 디부스터 밸브(De-booster Valve)

피스톤형 밸브로서 브레이크의 작동을 신속하게 하기 위한 것으로 브레이크를 작동할 때 일시적으로 작동유의 공급량을 증가시켜 신속한 제동을 도와준다.

다. 흐름 방향 및 유량 제어 장치

(1) 방향 제어 장치 : 선택 밸브, 체크 밸브, 시퀀스 밸브, 바이패스 밸브, 셔틀 밸브

① 선택 밸브(Selector Valve) : 유로를 선정해주는 밸브(회전형 선택 밸브, 포핏형 선택 밸브, 스풀형 선택 밸브, 피스톤형 및 플런저형 선택 밸브 등)

② 체크 밸브(Check Valve) : 작동유의 흐름 방향을 한쪽 방향으로만 흐르고 반대 방향은 흐르지 못하게 하는 밸브

③ 시퀀스 밸브(Sequence Valve) : 2개 이상의 작동기를 정해진 순서에 따라 작동되도록 유압을 공급하기 위한 밸브로 타이밍 밸브라고도 함(착륙 장치의 접개 들이 계통에 사용)

④ 셔틀 밸브(Shuttle Valve) : 정상 유압 동력계통에 고장이 발생했을 때 비상계통을 사용할 수 있도록 해주는 밸브

⑤ 수동 체크 밸브(Metering Check Valve) : 정상 시에는 체크 밸브 역할을 수행하지만 필요 시 수동으로 핸들을 조작하여 양쪽 방향으로 흐르도록 하는 밸브

(2) 유량 제어 장치

① 흐름 평형기(Flow Equalizer) : 선택 밸브로부터 공급된 작동유가 2개 이상의 작동기를 같은 속도로 움직이게 하기 위해 각 작동기에 공급되는 또는 작동기로부터 귀환되는 작동유의 유량을 같게 해주는 장치

② 흐름 조절기(Flow Regulator, 흐름 제어 밸브) : 계통 압력의 변화에 관계없이 작동유의 흐름을 일정하게 해주는 장치

③ 유압 퓨즈(Hydraulic Fuse) : 유압 계통의 파이프나 호스가 파손되거나 기기의 시일 손상이 생겼을 때 작동유의 누설을 방지

④ 오리피스(Orifice) : 흐름율을 제한하며 흐름 제한기(Flow Restrictor)라 한다.

⑤ 오리피스 체크 밸브(Orifice Check Valve) : 오리피스와 체크 밸브의 기능을 합한 것, 작동유가 오른쪽에서 왼쪽으로 흐를 때 정상 공급, 반대로 흐를 때는 흐름 제한

⑥ 미터링 체크 밸브 : 오리피스 체크 밸브와 같으나 흐름 조절 가능

⑦ 유압관 분리 밸브 : 유압 펌프나 브레이크와 같은 유압 기기를 장탈 할 때 작동유가 외부로 유출되는 것을 방지

라. 유압 작동기 및 작동계통

(1) 유압 작동기 : 동력계통에서 발생한 작동유의 압력을 받아 기계적 운동으로 바꿔주는 장치

① 직선 운동 작동기

㉠ 싱글 액팅 작동기(single acting actuator) : 한쪽 방향으로는 유압에 의해서 작동되고 반대쪽 방향으로는 스프링에 의해 귀환되는 형식으로 브레이크 계통에 쓰인다.

㉡ 더블 액팅 작동기(double acting actuator) : 피스톤의 양쪽에 모두 유압이 작동하여 네길 선택 밸브의 유로 선택에 따라 피스톤을 움직이는 형식

㉢ 래크-피니언 작동기 : 피스톤의 직선운동을 래크와 피니언에 의하여 제한적인 회전운동으로 바꾸어 주는 작동기로 윈드실드 와이퍼(windshield wiper)나 노즈 스티어링(nose steering) 계통에 사용된다.

② 회전 운동 작동기 : 작동유의 압력에 의해 회전(유압 모터)

4. 배관계통

가. 튜브(Tube)

(1) **종류** : Al 합금 튜브($140kg/cm^2$(2,000psi) 이하 사용), 강철(Steel)튜브($140kg/cm^2$(2,000psi) 이상 사용)

(2) **작업 요령** : 튜브의 굽힘 작업 시 작동유의 팽창이나 진동에 대비해 구부러진 곳이 적어도 한곳 이상 있어야 한다.

(3) **튜브의 검사와 수리** : 알루미늄 합금 튜브에서 긁힘이 튜브 두께의 10% 이내이면 사포 등으로 문질러 사용하고, 튜브 교환 시는 원래의 것과 동일한 것을 사용

(4) **튜브의 크기** : 외경(분수) × 두께(소수)

나. 호스(Hose)

(1) **용도** : 계통 압력이 $210kg/cm^2$(3,000psi) 까지 사용 가능

(2) **압력에 따른 종류** : 중압용 호스($125kg/cm^2$까지 사용), 고압용 호스($125~210kg/cm^2$까지 사용)

(3) **재질에 따른 종류** : 고무호스, 테프론호스

(4) **작업 방법**

① 호스 부착 시 뒤틀리지 않도록 흰색선이 난 부분이 일직선이 되도록 하며, 5~8% 가량 느슨하게 하여 요동이나 진동에 의한 파손 방지

② 호스 고정 시 60cm마다 크램프로 고정

③ 호스 보관 시는 어둡고, 서늘하며, 건조한 곳에 보관하고 4년 이상 보관된 호스는 그 사용 기한이 남았을 지라도 사용을 금한다.

④ 호스의 크기 : 외경에 관계없이 내경만으로 표시

나. 배관의 식별

계통	색깔	계통	색깔
연료 계통	붉은색	산소 계통	초록색
윤활 계통	노란색	공기 조화 계통	갈색-회색
유압 계통	푸른색-노란색	화재 방지 계통	붉은 갈색
계기공기 진공 계통	오렌지색	전선 도관	갈색-오렌지색
제빙 계통	회색	압축 공기 계통	오렌지색-푸른색
냉각 계통	푸른색		

02 환경조절 계통

1. 객실여압 및 환경조절

가. 객실 여압의 역할
대기의 조건이 지상과 다른 고공에서 비행하는 항공기의 탑승자에게 안락한 조건과 신체에 알맞은 상태를 유지시켜주기 위한 장치로 항공기 객실 여압은 압축공기를 객실 고도에 맞게 조절하여 공급하는 것이 아니라 압축된 공기를 계속해서 전량 계속해서 객실에 공급함으로써 조절된다.

나. 비행 고도와 객실 고도
(1) **비행 고도(Flight Altitude)** : 항공기가 실제로 비행하는 고도로 항공기는 연료의 절감과 난기류를 피하기 위해 약 9,000m 고도를 비행한다.

(2) **객실 고도(Cabin Altitude)** : 객실 내의 기압에 해당되는 고도로 무산소증의 유발 방지를 위해 객실 내를 3,000m 이내의 기압 고도로 유지

(3) **차압(Differential Pressure)** : 비행기의 구조 설계상 기체가 받을 수 있는 압력으로 차압 범위는 차압을 유지하기 위하여 객실 고도를 높여야 하는 범위를 말한다.

다. 객실 여압과 기체 구조
(1) **기밀** : 차압을 견디기 위하여 각종 이음새 부분이나 표피의 연결 부분 등을 충분히 밀폐하여야 하고 조종실, 객실, 화물실은 여압을 하여야 한다.

(2) **여압을 제한하는 요소** : 항공기 기체의 구조강도를 고려한다.

(3) **여압실의 단면** : 최근 항공기에는 여압실의 단면 형상으로 이중 거품형이 많이 사용되고 있는데, 이유는 동체의 높이를 증가시키지 않고 넓은 탑재 공간을 마련하기 위해서다.

(4) **여압실 도어(Pressurized Door)** : 여입실 도어에는 안으로 여는 것과 밖으로 여는 2개의 형식이 있고 안으로 여는 도어(Plug Type)는 닫았을 경우, 객실의 압력으로 자연스럽게 고정을 도울 수 있다.

(5) **윈드실드 패널(Windshield Panel)** : 조종실 앞 창문으로 내·외측은 유리, 중간층은 비닐층이고, 외측판과 비닐 사이에 금속 산화 피막을 붙여서 전기를 통해 이때 발생하는 열로 방빙과 서리를 제거한다. 외측판은 최대 여압실 압력의 7~10배, 내측판은 최대 여압실 압력의 3~4배에 견디며 충격강도는 무게 1.8kg의 새가 설계 순항 속도로 비행하고 있는 비행기의 윈드실드에 충돌해도 파괴되지 않아야 한다.

라. 객실 여압 장치의 작동

객실 압력은 아웃 플로우 밸브(Out Flow Valve)에 의해서 기체 밖으로 배출시킬 공기 양을 조절함으로서 압력을 조절한다.

(1) 여압 공기의 공급

① 기관 블리드식 공기 공급 : 압축기의 지정된 단에 공기 브리드 관을 설치하여 고압 공기를 브리드 밸브 작동으로 객실에 공급

② 공기 구동 압축기식 공기 공급 : 압축기의 고압 공기로 원심력식 터빈을 구동, 신선한 공기를 가압하여 객실에 공급

③ 기계적 구동 압축기식 공기 공급 : 왕복 기관을 가진 항공기에 사용되며 임펠러나 루츠 블로어에 의하여 압축된 공기 공급

(2) 공기 유량 조절 장치

① 공기압식 유량 조절 장치 : 대기로 배출해야 할 공기량을 조절

② 자동 유량 조절 장치 : 제트 기관의 압축기로부터 객실로 흐르는 공기의 흐름을 자동 조절

(3) 객실 압력 조절 장치

① 아웃 플로어 밸브 : 객실 내의 공기를 일정 기압이 되도록 동체의 옆이나 끝부분, 또는 날개의 필릿을 통하여 공기를 외부로 배출시키는 밸브

② 객실 압력 조절기 : 규정된 객실 고도의 기압이 되도록 아웃 플로어 밸브의 위치 지정

③ 객실 압력 안전밸브 : 압력 릴리프 밸브, 부압 릴리프 밸브, 덤프 밸브

　㉠ 압력 릴리프 밸브(cabin pressure relief valve) : 과도한 차압에 대해서 기체의 팽창에 의한 파손을 방지하기 위한 장치

　㉡ 부압 릴리프 밸브(negative pressure relief valve)또는 진공 밸브 : 대기압이 객실내의 기압보다 높은 경우에는 대개의 공기가 객실로 자유롭게 들어오도록 되어 있는 밸브

　㉢ 덤프 밸브(dump valve) : 조종석에서 작동하며 조종석의 스위치를 램 공기 위치에 놓으면 솔레노이드가 열려 객실 공기를 대기로 배출

(4) 공기 조화 계통 및 장치

① 기능 : 냉각 장치와 가열 장치를 이용하여 압축 공기의 온도를 인체에 가장 알맞은 상태로 조절하는 장치

② 환기 공기 : 항공기의 윗면이나 아랫면의 램 공기를 이용

③ 가열계통

　㉠ 소형 항공기 : 히터 머프 내를 통과시켜 주위를 지나가는 램 공기가 가열되도록 함

　㉡ 대형 항공기 : 연소 가열기를 이용하여 램 공기를 가열

④ 냉각 계통
  ㉠ 공기 순환 냉각 방식(air cycle cooling) : 가열 공기를 냉각시키는 공기 열교환기 및 여러 개의 밸브로 구성되어 있는 기계적 냉각 방식이다. 안전성이 높고 구조가 단순하며 고장이 적고 경제적이다.
    - 냉각 터빈(cooling turbine or expansion turbine)과 이것에 의해 구동되는 압축기로 구성되어 있는 공기 사이클 머신(ACM, air cycle machine), 가열 공기를 냉각시키는 공기열교환기(air to air heat exchanger) 및 공기 흐름량을 조절하는 여러개의 밸브로 구성되어 있는 기계적 냉각 방식. 공기를 매체로 하기 때문에 안정성이 높고 구조가 단순하며 고장이 적고 경제적이어서 최근의 대형 항공기에서 ACM을 이용한 공기 순환 냉각 방식을 이용하는 추세이다.
    - 기관 압축기에서 나온 가압, 가열된 블리드 공기는 객실온도 조절 밸브에 의하여 일부는 직접 객실로 가고, 나머지는 1차 열교환기를 지나게 된다. 블리드 공기가 1차 열교환기를 지나게 되면 외부의 찬공기에 열을 빼앗기게 되므로 온도가 외부 공기 중에서 일부는 객실로 가고, 나머지는 압축기와 터빈으로 구성되어 있는 공기 사이를 머신으로 간다. 이 냉각 공기는 원심력식 압축기에서 압축되어 온도가 약간 상승하지만 2차 열교환기를 지나면서 다시 냉각이 된다. 이 냉각된 공기는 터빈을 통과하면서 터빈의 임펠러를 돌리게 된다. 이 압축된 냉각 공기는 터빈을 회전시키는 일을 하게됨으로써 압력과 온도가 더욱 떨어지게 되어 객실에 공급된다.
  ㉡ 증기 순환 냉각방식(Vapor Cycle Cooling) : 냉각성이 강력하고, 기관이 작동하지 않더라도 냉각이 가능한 증기순환 냉각방식을 사용하며, 작동원리는 에어컨이나 냉장고와 비슷하며 적극적인 냉각방식이다.
    - 프레온 가스를 냉매로 하는 냉동기로 구성된다.
    - 액체가 기체로 바뀔 때(증발할 때)에는 열을 흡수한다. 기체가 액체로 응축될 때 방출하는 열의 양은 액체가 기체로 변할 때 흡수하는 열의 양과 같다. 기체가 압축될 때에는 온도는 증가하고, 기체의 압력이 감소하면 온도는 감소한다. 두 물체의 온도가 서로 다르고 열이 서로 자유로이 이동된다면, 두 물체의 온도는 서로 같아지려고 한다.

2. 산소계통

가. 산소의 필요성

(1) 산소계통의 필요성 : 항공기가 3300m(10,000ft) 이상의 고도를 비행하는 경우 산소계통을 갖춰야 하며, 여압 장치가 있을지라도 산소가 부족하면 무산소증(Anoxia)을 일으키므로 고공을 비행하는 항공기는 안전상 산소 공급 장치가 필요하다.

(2) **산소계통의 구성** : 산소통, 산소 공급관, 산소 조절기, 산소마스크, 압력 게이지 비상용 산소 유닛, 각종 밸브 등

(3) **산소계통 작업 시 주의사항**

① 오일이나 그리스를 산소와 접촉하지 말 것, 오일, 연료 등 인화물질로 폭발할 우려가 있다.
② 손이나 공구에 묻은 오일이나 그리스를 깨끗이 닦을 것
③ Shut Off Valve는 천천히 열 것
④ 산소계통 근처에서 어떤 것을 작동시키기 전에 Shut Off Valve를 닫을 것
⑤ 불꽃, 고온 물질을 멀리할 것
⑥ 모든 산소계통 부품을 교환 시는 관을 깨끗이 할 것

나. 산소 공급 장치

(1) **보충용 산소 장치(supplemental oxygen system)** : 객실 고도가 최고 객실 고도보다 높아질 때, 인체의 생명이나 기능을 유지하기 위하여 호흡용 공기에 산소를 보충하여 신체 내부에 일정한 산소 분압이 확보되도록 하기 위한 장치이다.

① 연속 유량형(continuous flow type) : 해면상의 산소 압력이 유지된다. 객실 고도 3,900m(13,000ft) 이상일 때 승객에게 자동적으로 산소 마스크가 나와서 산소가 공급된다.

② 요구 유량형(clemand diluter type) : 1,500m(5,000ft) 고도의 산소압력이 유지된다.

(2) **방호용 호흡장치(protective breathering)** : 객실에 연기나 화재가 발생하였을 때, 연기나 유해 가스로부터 인체를 보호하는 것을 목적으로 한다.

(3) **구급용 산소장치(first aid oxygen)** : 병약자나 신생아, 또는 비상시 압력이 떨어졌다가 다시 정상 여압으로 회복된 후에도 저산소증으로부터 회복이 늦는 경우에 구급, 의료용으로 쓰이기 위한 장치이다.

다. 저압 산소계통

(1) **재질** : 스테인리스강 또는 열처리된 저탄소강
(2) **색상** : 연한 노란색(표면에 "NON SHATTERABLE"이라고 명시)
(3) **산소통의 충전 압력** : 최대 압력 2,327cmHg(450psi), 정상 압력 2,068~2,197cmHg(400~425psi)
(4) **산소 공급관** : 튜브, 피팅, 밸브 등으로 구성, 알루미늄 합금에 표준 알루미늄 피팅 사용
(5) **산소 밸브** : 필러 밸브, 체크 밸브

라. 고압 산소계통

(1) **고압 산소통** : 저탄소강으로 연한 초록색(표면에 "AVIATOR'S BREATHING OXYGEN"이라고 명시)
(2) **산소통의 충전압력** : 최대 압력 10,340cmHg(2,000psi), 정상 압력 9,565cmHg(1,850psi)
(3) **안전검사** : 최소 5년에 한번 안전 검사 실시

(4) **산소 공급관** : 저압계통과 구성은 같으나 필러 밸브로부터 감압기에 이르는 도관은 고압에 견딜 수 있어야 하므로 구리 합금 사용

(5) **산소 밸브** : 필러 밸브는 연결부에 나사가 있는 피팅을 사용하며, 수동으로 흐름량 조절 가능, 1850psi를 400psi로 감압시켜서 사용

마. 액체 산소계통

(1) **개요** : 농축된 액체 상태이므로 탱크의 용량을 작게 할 수 있어 군용기에 사용하고 있으며, 액체 상태에서 기체로 변환하기 위한 산소 변환기(LOX Converter)가 필요함

(2) **산소 변환기** : 진공 저장 용기, 빌드 업 코일, 압력 폐쇄 밸브, 고압 및 저압 릴리프 밸브로 구성

바. 산소 흡입 장치

(1) **희석 흡입 산소장치** : 흡입 시 산소 조절기에 의해 감압되고, 외기 공기와 혼합된 60%의 산소를 조절 공급하며, 비상시는 100% 산소 또는 강제 공급되는 비상 산소의 공급

(2) **압력 흡입 산소장치** : 사용자 주위의 압력보다 조금 높은 압력의 산소를 공급하는 장치로 정상시는 희석 흡입 산소 조절기와 같지만 압력 조정 노브를 시계 방향으로 돌리면 공급 산소의 압력이 높아지게 됨

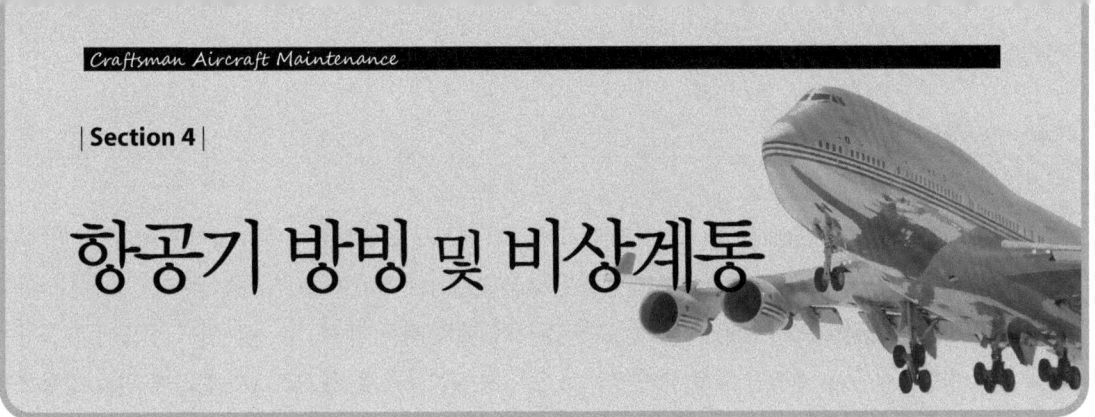

Section 4
항공기 방빙 및 비상계통

01 제빙, 제우 및 방빙계통

1. 제빙, 제우 및 방빙계통

가. 비행 중 결빙이 생길 수 있는 부분
주날개의 앞전, 조종면의 앞쪽부분, 윈드실드 및 기관의 공기 흡입구, 피토관 및 프로펠러 깃의 앞전, 아웃 플로우 밸브 및 네거티브 밸브, 그 외 각종 공기 흡입구 및 배출구 등

나. 제빙 계통
(1) **제빙 부츠** : 날개 앞전에 위치하여 큰 공기방과 작은 공기 방으로 구성되어 있고, 기관 배출 압력을 받아 압력 조절기와 공기-물 분리기 및 안전밸브를 통해 분배 밸브로 공급되어 부츠 팽창되며, 진공압 릴리프 밸브를 거쳐 분배 밸브로 공급되는 진공압에 의해 부츠 수축

(2) **알콜 분출식** : -40℃까지 결빙되지 않는 이소프로필 알콜을 공기 흡입구나 기화기에 분사함으로서 제빙

다. 방빙 계통
(1) **전열식** : 날개 앞전 내부에 스팬 방향으로 전열선을 설치하여 전기를 통함으로서 전기 저항에 의한 열로 어는 것을 방지

(2) **가열 공기식** : 제트 기관 또는 연소 가열기나 열교환기로부터 뜨거운 공기를 날개 앞전 내부에 덕트를 설치하여 분사함으로서 결빙 방지

(3) **방빙계통의 작동** : 처음 결빙이 나타날 때 혹은 결빙 상태가 예상될 때 작동시킨다. 날개의 리딩에지는 가열된 공기를 계속해서 따뜻하게 유지한다. 시스템이 리딩에이지의 제빙이 되도록 설계되면 상당히 뜨거운 공기가 날개의 안쪽으로 공급되기 때문에 과열을 방지하기 위하여 짧은 기간으로 제한한다.

라. 제우 계통
(1) **윈드실드 와이퍼** : 와이퍼 블레이드를 적당한 힘으로 누르면서 왕복 작동시켜 빗방울 제거(전기식, 유압식)

(2) 에어 커튼(Air Curtain) : 윈드실드의 앞쪽에 공기 분사구를 설치하여 기관 블리드 에어를 이용하여 표면에 공기막을 형성함으로서 빗방울을 날려 보내거나 건조 또는 부착을 방지

(3) 레인 리펠런트(Rain Repellent) : 표면 장력이 작은 화학 액체(Freon)를 윈드 실드에 분사하여 빗방울이 구형 형상인 채로 대기 중으로 떨어져 나가도록 한 장치로 1회 분사에 의해 일정량이 분사되며 와이퍼와 함께 사용하면 효과가 좋다.

2. 화재탐지 및 소화계통

가. 화재의 등급 및 화재탐지

(1) 화재의 등급

화재의 명칭	구분	설명
일반화재	A급	종이, 나무, 의류, 가구, 실내 장식품 등
기름화재	B급	연료, 그리스, 솔벤트, 페인트
전기화재	C급	전기가 원인이 되어 전기계통에서 발생되는 화재
금속화재	D급	마그네슘, 분말, 금속, 두랄루민 같은 금속물질에서 발생되는 화재

(2) 화재탐지

온도 상승률 탐지기, 복사 감지 탐지기, 연기 탐지기, 과열 탐지기, 일산화탄소 탐지기, 가연성 혼합가스 탐지기, 승무원 또는 승객에 의한 감시

나. 소화계통

(1) 다공관을 통해 분사시킬 수 있는 장치

① 소화제 용기 : 스테인리스강 – 구형, 고장력강 – 실린더형

② 열 릴리프 밸브(thermal relief valve) : 100℃ 이상이 되면 항공기 밖으로 가스가 방출된다. 정상 압력의 1.5배가 될 때도 가스를 방출한다.

③ 직색 니스그 : 온노와 압력이 올라갔을 때 가스가 외부로 방출되면 디스크가 떨어진다.

④ 황색 디스크 : 기관에 화재가 발생하여 정상적으로 소화제는 방출했을 때 디스크가 떨어진다.

(2) 소화제의 종류

① 물 : A급 화재에만 사용, B · C급 화재에는 사용이 금지된다.

② 이산화탄소 : B · C급 화재에 유효, D급 화재에는 효과가 없다. 밀폐된 장소에서의 사용은 위험하다.

③ 프레온 가스 : B급과 C급 화재에 유효하다. 오존층 파괴의 우려가 있다.

④ 분말 소화제(dry chemical) : B급과 C급, D급 화재에 유효하다.

⑤ 사염화탄소 : 사용하지 않는다.

⑥ 질소 : 성능은 이산화탄소에 비슷하다. 질소 액체를 저장하는 데에는 -160℃로 유지, 일부 군용기에 사용한다.

(3) 휴대용 소화기 : 휴대용 소화기는 조종실에 1개, 그 밖에 T류의 항공기 객실에는 승객 정원수에 따라 정해져 있다. (물소화기, 이산화탄소 소화기, 분말 소화기, 프레온 소화기)

다. 화재경고장치

(1) 열전쌍식 화재 경고 장치 : 온도의 급격한 상승에 의하여 화재를 탐지하는 장치이다. 서로 다른 종류의 특수한 금속을 서로 접합한 열전쌍(thermocouple)을 이용하여 필요한 만큼 직렬로 연결하고, 고감도 릴레이를 사용하여 경고 장치를 작동시킨다.

(2) 열 스위치식 화재 경고 장치 : 열 스위치(thermal switch)는 열팽창률이 낮은 니켈-철 합금인 금속 스트러트가 서로 휘어져 있어 평상시는 접촉점이 떨어져 있다. 그러나 열을 받으면 스테인리스강으로 된 케이스가 늘어나게 되므로, 금속 스트럿이 펴지면서 접촉점이 연결되어 회로를 형성시킨다.

(3) 저항 루프형 화재 경고 장치 : 전기 저항이 온도에 의해 변화하는 세라믹(ceramic)이나 일정 온도에 달하면 급격하게 전기 저항이 떨어지는 융점이 낮은 소금(eutectic salt)을 이용하여 온도 상승을 전기적으로 탐지하는 것이다.

(4) 광전지식 화재 경고 장치 : 광전지는 빛을 받으면 전압이 발생한다. 이것을 이용하여 화재가 발생할 경우에 나타나는 연기로 인한 반사광으로 화재를 탐지한다.

02 비상계통

항공기 비상사태 시 조종실 또는 객실 내의 화재, 지면 및 수면에 불시착, 동체의 착륙, 객실 내부의 압력 감소, 환자 및 부상자 등에 사고가 발생했을 때 승객과 승무원이 무사히 탈출하고 구출되는 것을 돕기 위한 장비품이다. 긴급 불시착시에 탈출을 돕는 Escape Slide, Rope, 도끼, 휴대용 확성기가 필요하다.

- 기능 : 돌발적인 사고에 따른 비상사태에 대비하기 위한 장비
- 안전벨트 : 자리에 앉은 사람을 안전하게 고정시켜 주는 장치
- 구명보트 : 해상에 비상 착수하였거나 비상 탈출한 경우에 인면을 구조할 수 있는 장비(1인용 구명보트, 멀티 플레이스 구명보트, 해상 구조용 구명보트)
- 구명조끼 : 2개의 커다란 고무로 되어있는 공기 주머니 속에 이산화탄소가 채워져 수면에서 가라앉지 않도록 보호해 주는 장치
- 비상 송신기 : 지정된 주파수로 구조 신호를 보낼 수 있도록 되어 있는 장치
- 긴급 탈출 장치 : 비상 시 90초 이내에 탈출할 수 있도록 비상 탈출 슬라이드와 로프로 구성
- 그 밖의 비상 장비 : 손도끼, 손전등, 구급약품, 노출 방지용 슈트 등

Section 5

항공기 통신 및 항법 계통

01 통신계통

1. 전파

가. 전파

전자파가 공중에 전달되어 퍼지는 성질이며 파장(파의 길이)는 빛의 속도를 주파수로 나눈 값이다.

$\lambda = \dfrac{C}{f}$, $C = 3 \times 10^8 m/s$

나. 주파수 범위

명칭	주파수 범위	명칭	주파수 범위
VLF초장파	3~30kHz	VHF초단파	30~300MHz
LF장파	30~300kHz	UHF극초단파	300~3,000MHz
MF중파	30~300MHz	SHF극극초단파	3~30GHz
HF단파	3~30MHz	EHF초극초단파	30~300GHz

다. 전파의 경로

(1) 지상파(Ground wave)

① 직접파(direct wave) : 자유 공간 전파특성을 가지고 항공기와 항공기, 인공위성과 지구국 사이의 직접통신에 활용한다. 대지면에 접촉되지 않고 송신 안테나로부터 직접 수신 안테나에 도달되는 전파

② 대지 반사파(reflected wave) : 대지에서 반사되어 도달되는 전파이고 대지면에 입사된 전파는 일부가 대지 속으로 들어가서 그 에너지가 열로 소모되고 남은 에너지는 대기 중으로 다시 돌아간다.

③ 지표파(surface wave) : 지표를 따라 전파되는 전파

④ 회절파(diffracted wave) : 산 또는 큰 건물 위에 회절해서 도달하는 전파

(2) 공간파(Sky wave)

대류권산란파(Tropospheric scattered wave), 전리층파(E층 반사파, F층, 반사파, 전리층 활행파, 전리층 산란파), VLF, LF, MF는 E층에서 HF는 F층에서 반사. VHF대와 그 이상은 전리층을 뚫고 나가 반사하지 않음

라. 전파에 관한 여러 가지 현상

(1) **페이딩(Fading)** : 수신 전기장의 세기가 둘 이상 경로를 달리하는 전파사이의 간섭 또는 전파 경로의 상태 변화 등에 의해서 시간적으로 변동하는 현상

(2) **에코현상(Echo)** : 송신안테나에서 발사된 전파가 수신 안테나에 도달할 때까지 여러 가지 통로로 각각의 성분이 도달하는 시간에 약간의 차이가 생겨 같은 신호가 여러 번 되풀이 되는 현상

(3) **다중신호(Multiple signal)** : 송신점에서 하나의 수신점에 도달하는 전파는 여러 개가 있는데 각 전파의 도래 시각이나 도래방향이 다른 것을 다중신호라 하고 적당한 주파수 선택, 지향성 안테나사용으로 피할 수 있다.

(4) **태양흑점의 영향** : 태양흑점이 증가되면 자외선이 많이 증가하고 전리층내의 전자밀도가 갑자기 증가하여 F층의 임계 주파수가 높아져 높은 주파수의 전파가 잘 반사

(5) **자기폭풍(Magnetic storm)** : 태양표면의 폭발이나 흑점활동이 심할 경우 지구 자기장이 갑자기 비정상적으로 변화

(6) **델린져 현상** : HF대역 통신불 가능, 20Mhz보다 낮은 주파수통신, 태양이 비치는 지구의 반면(낮)에 단파의 전파가 가끔 갑자기 10분에서 수십분 간에 걸쳐 불능이 되는 현상

2. 통신장치

가. 통신장치 구성품

(1) **구성** : 송신기-Tx(Transmitter), 수신기-Rx(Receiver), 또는 송수신기(transceiver), 컨트롤러, 안테나(Ant)

(2) **SELCAL(Selective Calling system)** : 선택호출장치로 지상 무선국에서 특정 항공기와 교신하고 싶을 때 각 항공기 마다 다른 4개의 저주파의 혼합 코드가 지정되어 HF, VHF통신장치를 이용 송신하면 수신한 항공기 중 지정코드와 일치하는 항공기에서 램프와 챠임을 동시에 울리게 하여 조종사에게 지상국에서 호출함을 알림

(3) **ELT(Emergency Locator Transmitter)** : 사고시 비행기 위치 송신, 121.15Mhz(민간), 243Mhz (군용) 송신

(4) **SSB(single side band)방식** : 한쪽 측파대만 사용, 복조시 헤테로다인 검파를 하여 변조신호 분리

나. 통신장치

(1) VHF(초단파)통신
① 중요 통신장치로, 2~3중으로 설치하며 가장 많이 사용
② 1차 통신, 국내선 및 공항주변의 단거리통신
③ AM(amplitude modulation) 변조방식 사용으로 소비전력 극소화, 효율 증가
④ DSB(Double side band)방식
⑤ 스켈치 회로(SQL, Squelch) : 신호입력이 없을 때 임펄스성 잡음발생을 제거
⑥ 싱글슈퍼헤테로다인 수신방식, PTT(Push-to-talk) 방식

(2) HF(단파)통신
① 가장 빨리 도입, 해상 원거리 통신
② AM 방식, SSB(single side band) 방식 사용 → DSB보다 대역폭 2배 증가
③ 2차 통신장비, 2~25MHz 범위에서 최고 144채널 수용
④ 더블 슈퍼헤테로다인(Double superheterodayne) 수신기 동작
⑤ 송수신시 국부 발진 신호 → 이중 주파수 변환
⑥ 1.75~3.5 MHz주파수를 국부 발진기 출력이용, 2~25MHz 주파수 얻음

(3) UHF(극초단파)통신장치
UHF는 가시거리내로 한정되어 근거리용으로 사용하고 군용항공기에 한정하여 사용
① 225.00~399.95 MHz 주파수 범위에서 SSB방식으로 통신
② 주파수 채널 수 : 3,500개
③ UHF는 가시거리내로 한정되어 근거리용으로 사용
④ A 전파용 송신기 및 수신기
⑤ 군용항공기에 한정하여 사용
⑥ 채널 절환 시간 : 4초 이하
⑦ 가드 수신기 내장 : 항상 243 MHz 수신
⑧ 수신기-수정 제어 더블 슈퍼 헤테로 다인방식(Double superheterodyne) 수신기

(4) 위성통신장치
① 장거리 광역통신에 적합(지형, 거리에 관계없이 전송품질우수)
② 대용량통신이 가능하고 신뢰성이 좋음

(5) 기내인터폰 및 방송장치
① Flight Interphone system(운항승무원 상호간 통화장치) : 조종실내에서 운항승무원상호간 통화 연락을 위해 각종 통신이나 음성신호를 각 운항 승무원에게 배분하는 통화 장치이며 서로 간섭받지 않고 각각 승무원석에서 자유롭게 선택하여 송신, 청취

② Service interphone system(승무원상호간 통화장치) : 비행중 조종실과 객실 승무원석 및 Galley간 통화 연락을 하는 장치, 지상 정비시 조종실과 정비사간의 점검상 필요한 기체 외부와의 통화 연락을 하기 위한 장치(Boeing747에선 정비용으로만 사용)

③ Cabin interphone system(캐빈 인터폰 장치) : 조종실과 객실승무원 간의 통화 연락을 하기 위한 전화장치, 기장의 지시를 위한 통화우선권

④ Passenger address system(기내방송장치) : 조종실 및 객실승무원석에서 승객에게 필요한 방송을 위한 기내 장치

⑤ Passenger entertainment system(오락프로그램 제공 장치) : 승객에게 영화, 오락프로그램 제공이나 비행기 위치 등을 표시, 좌석에 채널선택기로 선택한 프로그램을 이어폰으로 청취 (기내방송우선권)

(6) 항공기 안테나(antenna)

① 무지향성 안테나 : 모든 방향을 균일하게 전파를 송수신-통신용 수직안테나

② 지향성 안테나 : 특정방향으로만 송수신하는 안테나-ADF의 루프안테나

③ 스캐닝 안테나(Scannig antenna) : 예민한 지향성을 가진 안테나를 회전이나 왕복운동으로 넓은 범위 탐지

④ 플러시형(Flush type) 안테나 : 기체 내부에 안테나 내장

⑤ 와이어 안테나(Wire antenna) : 저속기에서 장파 중파 단파용으로 기체외부에 장착

⑥ 로드 안테나(Rod antena) : 경비행기에서 좋은 성능발위, 기계적 압력으로 고속기 부적당, 송수신시 전방향서비스를 위해 수직형태 설계

⑦ 수평비 안테나 : 토끼 귀모양으로 된 TV안테나와 유사. 완전하게 단일방향으로 만들 수 없는 결점. 저속항공기 적합

⑧ 블레이드 안테나(Blade antenna) : 수직축은 통신목적을 위한 수직 안테나, 유리섬유구조의 밀폐된 매질 ATC 트랜스폰더, DME, VHF 안테나

⑨ 접시형 안테나(Parabolic antenna) : 지향성이 높은 예리한 전자파 빔 생산 레이더, 기상레이더 사용

⑩ 슬롯안테나 : 접시형 안테나의 여진용, 항공기용 레이더 복사기로 사용, Glide Slope수신용 안테나

⑪ 나팔형 안테나 : 전파고도계사용

⑫ 원통형 안테나 : 마커비컨

⑬ 탐침형(Probe) : HF통신

⑭ 다이플 안테나 : VOR, LOC

※ 항공기 안테나(Aircraft Antenna)

번호	사용장치	안테나 형식
1	기상 레이더	송·수신용 접시형 안테나(radome 내)
2	로컬라이저(localizr)	수신용 다이폴 안테나(radome 내)
3	글라이드 슬로프(glide slope)	수신용 슬롯형(slot type)
4	마커 비컨(marker bacon)	수신용 원통형(cavity type)
5	ATC 트랜스폰더	송·수신용 블레이드형(blade type)
6	거리 측정 시설(DME)	송·수신용 블레이드형(blade type)
7	전파 고도계	송신용 나팔형(horn type)
8	전파 고도계	수신용 나팔형(horn type)
9	방향 탐지기	수신용 루프 안테나
10	방향 탐지기	블레이드형
11	VHF 통신	송·수신용 블레이드형(blade type)
12	HF 통신기	탐침형(probe type)
13	VOR	수신용 다이폴 안테나

02 항법계통

1. 항법장치

가. 항법(Navigation)

(1) **정의** : 항법장치는 시각과 청각으로 나타내는 각종 장치 등을 통하여 방위, 거리 등을 측정하고 비행기의 위치를 알아내어 목적지까지의 비행경로를 구하기 위하여 또는 진입, 선회 등의 경우에 비행기의 정확한 자세를 알아서 올바로 비행하기 위하여 사용되는 보조시설이다.

(2) **지문항법** : 조종사가 해안선이나 철도노선을 보며 비행하는 항법

(3) **추측항법** : 이미 알고 있는 지점에서 방위와 거리를 풍향과 풍속을 고려하여 계산한 후 목적지의 도달시점을 추측하는 항법

(4) **무선항법** : 전파의 직진성 및 전파의 전파속도가 일정한 것을 이용한 항법장치

(5) **자북과 진북** : 자북(자석의 방향)과 진북(지도의 방향)은 시계방향으로 6.2도 차이(자북 : INS외의 방향계기, 진북 : INS만 지시)

나. 항법장치의 종류

(1) **자동방향탐지기(ADF, automatic direction finder)**

① 190~1,750kHz대의 전파사용하여 무지향 표지시설(NDB : nondirectional beacon)으로부터 전파도래방향을 알아 항공방위를 표시함

② 안테나, 수신기, 방위지시기 및 전원장치로 구성되는 수신장치
③ 무지향 표지시설(NDB, nondirectional beacon) : 호밍비컨(homing beacon)이라고도 하며 장파대 또는 중파대의 전파대를 무지향(모든 방향)으로 전파를 발사하여 이 전파를 항공기의 ADF 에서 수신함. 유효거리는 주간 80~320km으로 야간 공간파의 영향이 증가하여 오차발생 주간보다 짧아짐
④ 루프안테나(Loop antenna) : 지름 1m 내외의 정사각형, 원형 등의 형태에 코일을 감아 이 코일 내를 관통하는 자속이변화할 때 유기되는 전력을 이용하고 루프안테나의 8자 특성 : 수직으로 세웠을 때 지향특성이 8자형이 됨
⑤ 고니오미터(Goniometer) : 안테나소자를 회전시키지 않고서도 루프안테나를 회전시키는 효과를 얻는 장치로 VHF대의 높은 주파수대에서는 용량성 고니오미터사용(코일의 분포용량제거)
⑥ 수신기 : 2 또는 3중 슈퍼헤테로 다인방식이고 안테나에서 수신신호를 증폭, 검파하여 방위에 따라 변하는 사인파를 방위 지시계에 보냄
⑦ 방위 지시기 : 안테나 내부의 2상 교류발전기에 의한 $\sin\theta$, $\cos\theta$ 신호와 수신기에 의한 방위신호를 위상계에 가하여 방위를 지시함

(2) 초단파 전방향 표지시설(VOR, VHF omni-directional radio range beacon)
① 자북으로 나타내는 전파와 자북으로부터 시계방향으로 회전하는 전파 2개를 수신하여 서로의 수신시간차를 측정하여 방향을 측정
② 방위 지시기(RMI, rotarty magnetic indicator)와 수평 위치 지시기(HSI, horizontal situation indicator) 에 표지국의 방위와 가까워지는지, 멀어지는지, 코스이탈을 총괄적으로 표시
③ 자동 조종장치와 연결되어 항공기를 VOR방사형에 따라 비행하거나 ILS에 따라 자동 착륙시키는데 이용
④ VOR : 항공로 주요지점에 VOR지상국을 설치 정확한 항로를 표시
⑤ TVOR (terminal VOR) : 공항 전방향 표지시설, 공항이나 공항부근에 설치하여 항공기의 진입 및 강하유도에 사용.
⑥ VOR 수신기 : 수신기는 VOR/LOC가 같은 주파수이므로 안테나를 사용하여 겸용 수신기를 사용하며 더블 슈퍼헤테로다인방식이다.
⑦ 코스지시기 : VOR/LOC 및 Glide slope의 편위 바늘에 항법정보를 가하여 조종사에게 지시하고 TO-FROM 표시한다.(TO : 항공기쪽에서 VOR국의 방위, FROM : VOR국으로부터의 방위)

(3) 전술항행장치(TACAN, Tactical Air Navigation System)
① 항공기에서 지상국의 채널을 선택하면 지상국에 대한 방위와 거리가 동시에 기상 지시기에 표시
② TACAN 시스템은 DME시스템과 동일하며 채널수도 252개로 같다.
③ TACAN 기상장치 : 항공기로부터 지상국까지의 거리와 방위를 측정 기상의 지시계기에

표시하는 항행지원장치로 공대공 모드를 갖추면 TACAN의 기상장치에 의해 항공기 상호간의 직접거리가 지시한다. 사용 주파수는 UHF대의 962~1,213MHz, 기상제어기에 의해 채널 선택한다.

(4) 거리측정시설(DME, Distance Measuring Equipment)
① 항공기의 기상장치(질문기)와 지상에 설치된 기상장치(응답기)로 구성된 2차 레이더의 한 형식
② 속도가 일정한 전파를 항공기에서 질문전파를 지상무선국에 발사하여 지상무선국에서 다시 응답전파를 발사하여 항공기에서 수신한 후 소요되는 시간을 측정하여 거리정보를 제공

(5) 쌍곡선 항법장치(Hyperbolic navigation)
① 미리 위치를 알고 있는 두 송신국으로부터 전파를 수신하고, 그 도달시간차 또는 위상차를 측정하여 위치를 결정하는 방식
② 로런(LORAN : long range navigation) : 송신국으로부터 원거리에 위치한 선박이나 항공기에 항행위치를 제공하는 무선항법 원조시설로 현재는 사용하지 않고 오메가 항법으로 전환
③ 오메가항법(Omega navigation) : 10~14kHz대의 초장파 VLF를 사용한 쌍곡선항법이며 2개의 송신국으로부터 발사되는 전파의 위상차를 측정하여 위치를 결정한다. 10,000km에 1국씩 설치하면 지구상에 8개의 송신국만 설치할 수 있고 초장파는 해면 밑 15m까지 전파하여 잠수함에서 위치측정에도 사용

(6) 전파고도계(Radio altimeter)
① 항공기에서 지표로 향해 전파를 발사하여 그 반사파가 돌아올 때까지의 시간을 측정
② 펄스(Pulse)식 전파고도계(고고도용), FM식 전파고도계(0~750m까지의 낮은 고도를 측정하는데 이용, 주로 활주로 접근, 착륙시 이용)

(7) 기상레이더(Weather radar)
① 악천후 영역을 탐지하여 비행함으로써 안전운행과 악천후 영역을 피해 비행함으로 비행시간의 단축과 연료절감, 지형의 상태(해안선, 하천, 산) 등을 지도와 비슷한 형태로 표시한다.
② 폭우나 구름을 관측하는 경우 감쇠가 적은 C밴드(파장 5.6cm)를 사용하며 X 밴드(파장 3.2cm)는 강우가 없는 경우나 적은 경우에 관측에 사용한다.

[전파고도계]

(8) 도플러 레이더(doppler radar)
① 이동체의 속도에 비례하여 수신 주파수가 변화하는 원리를 사용한다.
② 현재는 관성항법장치 INS(Inertial Navigation System)으로 대체
③ 도플러 레이더에서 발사한 전파를 발사, 수신하여 이 시간차를 측정하여 대지속도가 연속적으로 얻어지고 속도를 적분함으로써 거리를 구하는 방법

(9) 관성항법장치(INS, Inertial Navigation System)

① 물체가 이동할 때의 가속도를 적분하여 속도를 구하고 또 한 번 적분하여 이동거리를 측정하는 가속도(관성)을 이용한 항법장치

② 항공기 방향에 대하여 항상 평형상태를 유지하는 자이로(gyro)를 사용한 수평플랫폼을 설정하여 고감도 가속계를 두어 가속도를 검출하여 내장컴퓨터로 보낸 후 계산하여 위치, 속도, 진행방향을 구하여 비행

③ 자동조종장치에 연결하여 목적지를 컴퓨터에 입력시켜 지상항법원조 없이 자동으로 원하는 비행코스를 따라 자동으로 비행

④ 가속도계, 적분기, 플랫폼(Platform), 짐벌(gimbal)기구로 구성

다. 위성항법장치

(1) **개요** : 인공위성에서 지구로부터의 전파를 수신하여 다시 전파를 발사하는 송수신기를 장착하여 거리 및 거리변화율이 측정과 함께 위치를 결정한다.

(2) **GPS(global positioning system)** : 인공위성을 이용한 3차원의 위치 및 항법에 필요한 위치및 속도와 시간을 제공, 송신은 1575.42MHz, 1227.6Mhz의 2개의 주파수를 사용, 사용법이 간단하고 NDB, VOR보다 정확한 위치 및 시간을 제공한다.

(3) **INMARST** : 해상항법을 위해서 개발된 시스템, 국제협력에 의해서 소유 및 운용되는 이동위성통신 서비스를 전 세계에 제공하고 송신주파수 1626.5~1660.5MHz, 수신주파수 1530.0~1559.0MHz를 사용하고 시스템은 우주부분(Space segment), 항공기지구국(AES, aircraft earth station), 지상기구국(GES, ground earth station), 통신망관리지구국(NCS, network coordination system)으로 구성된다.

라. 지시계기

(1) **자세 지시계(ADI, attitude director indicator)** : 현재의 비행 자세, 미리 설정된 모드로 비행하기 위한 명령장치(FD, Flight Director) 컴퓨터의 출력을 지시하는 계기로서 현재의 비행 자세는 Roll 자세, Pitch 자세, Yaw 자세 변화율, 그리고 Slip의 4개 요소로 표시한다. 수평의, 비행지시 바, 오토스로틀 지침, 로컬라이저 지침, 그라이드 슬로프 지침, 선회계 지침, 전파고도계 지침 등으로 구성

(2) **수평위치 지시계(HSI, horzontal situation indicator)** : 항공기와 INS, VOR, ADF 방위각의 관계, 자기방향, 원하는 항로와 헤딩 활공경사각, 코스이탈정보, 목표지점으로부터의 거리 등을 표시

(3) **무선지시계(RMI, radio Magnetic indicator)** : 자북국 방향에서 VOR, ADF 신호방향과의 각도 및 항공기 방위각을 나타내주는 계기, 두 개의 지침을 사용하여 하나는 VOR의 방향을, 또 하나는 ADF의 방향을 표시

(4) **PFD(primary flight display)** : 속도계, 기압고도계, 전파고도계, 승강계, 기수방위 지시계, 자동조종 작동모드 등을 한 곳으로 집약하여 표시

- **(5) ND(navigation display)** : EHSI의 기능 향상, 현재위치, 기수방위, 비행방향, 설정코스 이탈여부, 비행예정코스, 도중통과지점까지의 거리 및 방위, 소요시간지시, 풍향, 풍속, 대지속도, 구름 등이 표시
- **(6) EICAS(engine indication and crew alerting system)** : 기관의 각성능이나 상태를 지시하거나 항공기 각 계통을 감시하고 기능이상을 경고해주는 장치

2. 자동조종장치

자동조종장치(AFCS, Auto Flight Control System)는 yaw, pitch, roll을 자동으로 수행하도록 지원하며 항공기의 신뢰성과 안정성 향상, 장거리 비행에서 오는 조종사 업무 경감, 경제성(연료) 향상을 목적으로 한다.

가. 조종 장치

F.D(Flight Director), A/P(Auto Pilot), A/T(Auto Throttle), AS/TU(Auto Stabilizer Trim Unit)로 구성

- **(1) F.D** : AFCS와 같은 센서부에서 신호를 받아 ADI에 표시(비행상태의 지시/명령)
    ① A/P시 ADI지시에 의해 감시하고 비행명령 접수
    ② PFD(Primary Flight Display)는 ADI가 발전한 형태로 현용 항공기(B-747.400)에 사용
- **(2) A/P** : 조종사의 피로 경감을 위해 사용

나. 기능

- **(1) 조종(control) 기능** : aileron에 의해 경사각, 기수방위 제어, elevator에 의해 상승·하강을 제어하며 rudder는 yaw damper로만 사용
- **(2) 안정(stability) 기능**
    ① Tuck under : 속도가 빠른 항공기는 풍압중심이 뒤로 이동하여 기수내림모멘트가 증가하여 기수하향(Nose down)하는 현상으로 Mach trimmer compensator(elevator에 의해 triming)로 방지한다.
    ② Dutch roll : 큰 후퇴각으로 세로방향과 가로방향의 안정성이 부족하여 가로진동과 방향진동이 동시에 나타나는 가로방향 불안정현상으로 Yaw damper(rudder에 의해 triming)로 방지한다.
    ③ Yawing Damper System : 더치롤(Dutch Roll)방지와 균형선회(Turn Coordination)를 위해서 방향타(Rudder)를 제어하는 자동조종장치를 말한다. 감지기는 레이트 자이로(Rate Gyro)가 사용되며 편요 가속도(Yaw Rate)의 전기적 출력을 증폭하여 서보모터를 동작시켜 기계적인 움직임으로 변환시킨다.

다. 자동 조종장치의 구성

(1) **센서부** : 기체의 동요를 억제하기 위한 제동신호
(2) **컴퓨터부** : 각 센서로부터의 신호를 모아 조타신호 산출
(3) **서보부** : 컴퓨터로부터의 조타신호를 기계출력으로 변환하는 부분
(4) **제어부** : 가동조종장치의 연결, 분리, 제어 및 기능선택과 소요자료 설정
(5) **표시기** : 자동조종장치의 분리경고, 기능의 자동전환 표시

라. 동작원리

(1) **안정 증대장치** : 빗놀이 축 계통도 대략 키놀이 축구성과 같으나 가로방향 가속도는 측방향 가속도를 감지하여 정상선회의 목적에 사용된다.
(2) **자세 및 방위유지** : 수직 자이로와 방위 자이로에서 항공기의 옆놀이 자세와 키놀이 자세를 검출하여 조종기에서 조종사가 설정한 자세와 비교하여 그 차에 해당하는 오차신호를 얻어 증폭 연산한 다음, 서보를 구동하여 도움 날개, 방향타, 승강타를 제어하여 조종사가 원하는 자세를 유지한다.
(3) **대기속도제어** : 오차신호를 발생하여 이 신호를 증폭한 다음 서보를 구동하여 스로틀을 개폐조작 해서 일정한 속도 또는 조종사가 설정한 속도를 유지하게 한다.
(4) **진로제어** : 오차신호를 증폭한 다음 서보를 구동하여 승강타를 상승 또는 하강시킨다.
(5) **고도유지** : 조종사가 원하는 절대고도를 설정하고 전파 고도계로 측정한 값과 이것을 비교하여 일정하게 유지하는 것이다.

3. 기록장치 및 경고장치

가. 기록장치

(1) **디지털 비행자료 기록장치(DFDR, Digital Flight data recorder)** : 항공기의 각종비행자료를 가록하여 사고시 사고해독용으로 이용, 항공기 기체뒷부분에 CVR과 함께 장착되어 비행자료를 디지털로 기록, 주황색으로 도장
(2) **비행자료 직접 기록장치(AIDS, air inteagrated data system)** : 항공기가 비행 중 얻는 자료를 항상 해독하여 항공기의 운항 상태를 수시로 개선하기 위한 종합 시스템
(3) **비행 자료 수집 장치(FDM)** : EGT, 연료유량, 진동 등을 기록하고 이것의 수치변동경향으로 기관부품의 변형을 밝히는 자료 제공
(4) **조종실 음성기록 장치(CVR, cockpit voice recorder)** : 사고시 원인규명, 녹음시간은 30분이며 30 분전의 녹음기록을 삭제하며 녹음(정지시 30분 분량의 녹음기록)

나. 경고장치

(1) **고도경보장치(Altitude Alert System)** : 지정된 비행고도를 충실이 유지하기 위해 개발된 장치로 관제탑에서 비행고도가 지정될 때마다 수동으로 고도경보컴퓨터에 고도를 설정하고 그 고도에 접근했을 때 또는 그 고도에서 이탈했을 때 경보등과 경고음을 작동시켜 조종사에게 주의를 촉구하는 장치

(2) **대지 접근 경고 장치(GPWS, ground proximity warning system)** : 항공기가 지상의 지형에 대해 위험한 상태에 직면하는가 또는 그 가능성이 있는가를 자동적으로 검출하여 감시하는 장치

(3) **전단풍(windshear) 경고장치** : 항공기 이·착륙 때의 전단풍에 의한 사고를 방지하기 위하여 전단풍을 만난 경우 조종사에게 회피 지시를 하는 항공기 탑재 시스템이다(경고기능, 회피 지시기능, 키놀이 제한 표시기능)

(4) **항공기 충돌 방지 시스템(ACAS, airborne collision avoidance system)** : 항공기의 전근을 탐지하고 조종사에게 그 항공기의 위치정보나 충돌회피 정보를 제공

(5) **실속 경고 장치(Stall Warning System)**
① 소형 항공기에서는 날개의 전면에 베인을 설치하여 공기흐름 방향에 따라 스위치가 개폐되도록 함으로써 실속이 도달되기 전에 붉은색 등과 경고등이 울리도록 한다.
② 대형 항공기에서는 동체 옆에 변환 베인을 장착하여, 공기 흐름 방향에 따라 움직이게 함으로써 실속 전에 미리 경고 회로가 작동되도록 한다.

4. 착륙 유도 장치 및 관제장치

가. 계기 착륙 장치(ILS : instrument Landing System)

(1) **개요** : 활주로에서 지향성 전파를 발사시켜 착륙을 위해 접근중인 항공기에 정확한 활주로 진입정보 제공

(2) **Localizer** : 정밀한 수평방향의 활주로 유도신호 제공, 108.1~111.95MHz를 간격으로 구분하여 0.1MHz 단위의 홀수 채널 사용

(3) **Glide slope** : 하강 비행각을 표시해주어 활주로에 대해 수직방향의 유도를 위함

(4) **Marker beacon** : 최종 접근 중인 진입로 상에 설치되어 지향성 전파를 수직으로 활주로까지의 거리를 지시

나. 레이더 관제

(1) 공항감시레이더(ASR, airport surveillance radar) : 공항 주변 공역의 항공기 진입, 출항관제를 위한 1차 레이더

(2) 정밀 진입 레이더(PAR, precision approach radar) : 최종 진입 상태에 있는 항공기의 코시 및 강하로 이탈, 접지점으로 부터의 거리를 측정

(3) 2차 감시 레이더 (SSR, secondary surveillance radar) : 트랜스폰더에서 부호를 받아 신속, 정확하게 목표 항공기를 식별, 거리, 방위, 고도, 비상신호 등을 레이더에 표시

(4) 항공교통관제 트랜스폰더(ATC transponder, air traffic control transponder) : SSR에서 질문신호를 발사하면 질문신호에 대한 응답신호를 발사하는 장치

(5) 공중감시장치(ATC, Air Traffic Control) : ATC는 항공관제계통의 항공기 탑재부분의 장치로서 지상 Station의 Radar Antenna로부터 질문주파수 1030[MHz]의 신호를 받아 이를 자동적으로 응답주파수 1090[MHz]로 부호화된 신호를 응답해 주어 지상의 Radar Scope상에 구별된 목표물로 나타나게 해줌으로써 지상 관제사가 쉽게 식별할 수 있게 하는 장비이다. 항공기 기압고도의 정보를 송신할 수 있어 관제사가 항공기 고도를 동시에 알 수 있게 하고 기종, 편명, 위치, 진행방향, 속도까지 식별된다.

(6) 마이크로파 착륙 유도 장치(MLS, microwave landing system) : 악천후에도 안전하게 항공기를 착륙 유도하는 장치

(7) ILS와 MLS의 비교

ILS	MLS
• 진입로 1개 • VHF, UHF대역을 이용하여 평평한 용지필요(건물이나 지형 등의 반사의 영향) • 운용 주파수 채널 40개	• 진입영역이 넓고 곡선진입가능 • 마이크로파를 사용 반사 또는 지형의 영향을 덜 받는다 • 운용주파수 채널 200개 • 풍향, 풍속 등 진입 착륙을 위한 기상상황이나 각종정보를 제공할 수 있는 자료링크 기능을 가진다.

제3장 항공장비 적중예상문제

01 항공전기 계통

01 도체의 저항에 대한 설명 중 맞는 것은?

① 도체의 저항은 도체의 길이에 비례하고, 단면적에 비례한다.
② 도체의 저항은 도체의 길이에 반비례하고, 단면적에 비례한다.
③ 도체의 저항은 도체의 길이에 비례하고, 단면적에 반비례한다.
④ 도체의 저항은 도체의 길이에 반비례하고, 단면적에 반비례한다.

02 전기저항이 3Ω인 지름이 일정한 도선의 길이를 일정하게 3배로 늘렸다면 그 때 저항은 어떻게 되겠는가?

① 25Ω   ② 26Ω
③ 27Ω   ④ 28Ω

[해설] $R = \rho \dfrac{l}{S}$ (ρ : 고유저항, l : 도선의 길이, S : 도선의 단면적)
$R' = \rho \dfrac{3l}{\frac{1}{3}S} = 9\left(\rho \dfrac{l}{S}\right) = 9R$
원래의 저항에서 9배 증가하므로 27Ω

03 고유 저항 또는 비저항 단위의 표시법으로 맞는 것은?

① Ω · mil/inch
② Ω · cirmil/inch
③ Ω · mil/ft
④ Ω · cirmil/ft

[해설] 비저항(고유저항 ρ) : 단위길이(1ft), 단위면적(1cir mil)을 가지는 도체의 저항

04 교류를 더하거나 빼는데 편리한 교류 표시 방법은?

① 삼각함수 표시법   ② 극좌표 표시법
③ 지수함수 표시법   ④ 복소수 표시법

[해설]
• 삼각함수표시법($e = E_m \sin\theta \, \omega t$) : 기본표시법, 교류를 그림으로 취급할 때
• 극좌표 표시법($e = E_m \angle \theta$), 지수함수 표시법($e = E_m \cdot e^{j\theta}$) : 2개 이상의 교류를 곱하거나 나눌 때
• 복소수 표시법($e = E_m (\cos\theta + j\sin\theta)$) : 교류를 더하거나 빼는 계산에 활용

05 전압이 24V이고, 직렬로 연결된 저항값이 2Ω, 4Ω, 6Ω일 때 전류의 값은?

① 2A   ② 4A
③ 8A   ④ 12A

[해설] 직렬로 연결된 저항의 합성저항 :
$R = R_1 + R_2 + R_3 + \cdots$ 이므로
$R = 2 + 4 + 6 = 12Ω$이고,
$E = IR$이므로 $I = \dfrac{E}{R} = \dfrac{24}{12} = 2A$

06 다음 중 키르히호프 제1법칙을 맞게 설명한 것은?

① 임의의 폐회로를 따라 한 방향으로 일주하면서 취한 전압상승의 대수적 합은 0이다.
② 도선의 임의의 접합점에 유입하는 전류와 나가는 전류의 대수적 합은 0이다.
③ 임의의 폐회로를 따라 한 방향으로 일주하면서 취한 전압상승의 대수적 합은 1이다.
④ 도선의 임의의 접합점에 유입하는 전류와

정답 [01. 항공전기 계통] 01 ③ 02 ③ 03 ④ 04 ④ 05 ① 06 ②

나가는 전류의 대수적 합은 1이다.

해설 키르히호프의 법칙
- 키르히호프 제1법칙(KCL, 키르히호프의 전류법칙) : 회로망의 임의의 접속점에서 볼 때, 접속점에 흘러 들어오는 전류의 합은 흘러나가는 전류의 합과 같다는 법칙
- 키르히호프 제2법칙(KVL, 키르히호프의 전압법칙) : 회로망 중의 임의의 폐회로 내에서 그 폐회로를 따라 한 방향으로 일주함으로써 생기는 전압강하의 합은 그 폐회로 내에 포함되어 있는 기전력의 합과 같다는 법칙

07 다음 그림의 회로에서 전류 I_2는 얼마인가?

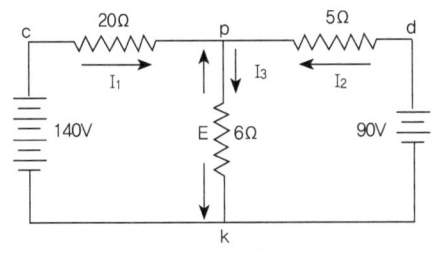

① 4A ② 6A
③ 8A ④ 10A

해설 키르히호프의 법칙
- 제1법칙 전류의 법칙 $I_1 + I_2 = I_3$ — ①
- 제2법칙 전압의 법칙 $20 \cdot I_1 + 6 \cdot I_3 = 140$ — ②
  $5 \cdot I_2 + 6 \cdot I_3 = 90$ — ③
  ①, ②, ③ 식에서 $I_1 = 4$, $I_2 = 6$, $I_3 = 10$

08 다음 중 본딩 와이어(Bonding Wire)의 역할로 틀린 것은?

① 무선 장해의 감소
② 정전기 축적의 방지
③ 이종 금속 간의 부식의 방지
④ 회로저항의 감소

해설 본딩 와이어(Bonding Wire) : 부재와 부재 간에 전기적 접촉을 확실히 하기 위해 구리선을 넓게 짜서 연결하는 것
- 양단간의 전위차를 제거해 줌으로써 정전기 발생을 방지한다.
- 전기회로의 접지회로로서 저저항을 꾀한다.
- 무선 방해를 감소하고 계기의 지시 오차를 없앤다.
- 화재의 위험성이 있는 항공기 각 부분 간의 전위차를 없앤다.

09 전기회로 보호장치 중 규정용량 이상의 전류가 흐를 때 회로를 차단시키며 스위치 역할과 계속 사용이 가능한 것은?

① 회로차단기
② 열보호장치
③ 퓨즈
④ 전류제한기

10 어떤 계기의 소비전력이 220[W]라고 할 때 100[V] 전원에 연결하면 몇 Ampere 회로차단기를 장착하는가?

① 1.5[A]
② 2.0[A]
③ 2.5[A]
④ 3.0[A]

해설 $P = VI$, $I = P/V = 220/100 = 2.2[A]$이므로 2.5[A] 짜리 회로차단기를 사용해야 한다.

11 직류발전기의 병렬운전에서 필요조건은 어느 것인가?

① 주파수가 같아야 한다.
② 전압이 같아야 한다.
③ 회전이 같아야 한다.
④ 부하가 같아야 한다.

해설 직류발전기의 병렬운전은 출력전압만 맞추어 주면 되지만, 교류일 경우는 전압 외에 주파수, 위상차를 규정값 이내로 맞추어 주어야 한다.

12 회로 차단기의 장착 위치는?

① 전원부에서 먼곳에 설치하는 것이 좋다.
② 전원부에서 가까운 곳에 설치하는 것이 좋다
③ 전원부와 부하의 중간에 설치하는 것이 좋다.
④ 회로의 종류에 따라 적당한 곳에 설치하는 것이 좋다.

[해설] 회로차단기 뿐만 아니라 회로보호장치는 전원부에서 가까운 곳에 설치를 하여 회로를 보호한다.

13 3상교류에서 Y결선의 특징 중 틀린 것은?

① 선간전압의 크기는 상전압의 $\sqrt{3}$배이다.
② 선간전압의 위상은 상전압보다 30° 만큼 앞선다.
③ 선전류의 크기와 위상은 상전류와 같다.
④ 선전류의 크기는 상전류와 같고 위상은 상전류보다 30° 앞선다.

[해설] Y결선의 특징
- 선간전압 = $\sqrt{3}$×상전압 ≒ 1.73×상전류
- 상전압 = 선간전압/$\sqrt{3}$ ≒ 0.577×선간전압
- 선전류 = 상전류
- 선간전압은 상전압의 위상보다 $\pi/6$[Rad]만큼 위상이 앞선다.

14 니켈-카드뮴 배터리에 관한 설명 중 틀린 것은?

① 사용하는 전해액은 KOH이다.
② 전해액의 비중은 1.24~1.30이다.
③ Battery의 충전상태는 비중을 Check하여 알 수 있다.
④ 전해액의 Level은 Plate의 Top을 유지해야 한다.

[해설] 니켈-카드뮴 배터리에서 사용하는 전해액은 중량 상으로 30[%]수산화칼륨(KOH)용액이다. 비중은 실내온도 하에서 1.240에서 1.300 사이이다. 방전할 때와 충전할 때에 약간의 비중 변화도 발생하지 않는다. 비중검사로는 Battery의 충전상태를 알아볼 수가 없다.

15 니켈-카드뮴 배터리의 특징이 아닌 것은?

① 비중은 1.240~1.300이며 셀(cell)당 전압은 1.2~1.25V이다.
② 충전, 방전은 전해액의 농도에 변화를 초래하지 않는다.
③ 충전하면 전해액 면이 올라가고 방전하면 내려간다.
④ 충전 상태는 비중으로 알 수 있다.

16 다음은 축전지에 대한 설명으로 틀린 것은?

① 축전지의 전압은 셀의 수로 결정된다.
② 충전한 직후 납-산 축전지의 전압은 셀당 1.2V이다.
③ 납-산 축전지의 극 판은 납과 안티몬으로 만들어진 격자에 활성 물질을 붙여 놓았다.
④ 납-산 축전지의 전해액은 묽은 황산이다.

[해설] • 납-산 축전지 : 충전 직후의 셀당 전압은 2.2V이지만, 사용할 때의 전압은 내부저항에 의한 전압강하 때문에 2V이다.
• 니켈-카드뮴 축전지 : 셀당 전압은 2.2V이지만 내부저항을 고려하여 12V 축전지는 10개의 셀을, 24V 축전지는 19개의 셀을 직렬로 연결하여 사용한다.

17 배터리의 정전류 충전법의 장점은?

① 일정한 전류로 충전하므로 과충전의 위험이 적다.
② 충전시간을 미리 추정할 수 있다.
③ 완전히 충전하는 데 적은 시간이 요구된다.
④ 초기의 전류는 높지만 점점 낮아진다.

정답 12 ② 13 ④ 14 ③ 15 ④ 16 ④ 17 ②

해설
- 장점 : 충전시간을 미리 추정할 수 있다.
- 단점 : 과충전의 위험이 많다. 완전히 충천하는데 많은 시간이 요구된다.

18 니켈-카드뮴 축전지의 셀당 전압은?

① 1~2V ② 1.2~1.25V
③ 2~4V ④ 3~4V

19 다음 중 알칼리 축전지의 장점이 아닌 것은?

① 충전시간이 짧다. ② 신뢰성이 높다.
③ 수명이 길다. ④ 부식성이 있다.

20 배터리의 용량과 온도와의 관계는?

① 온도가 어느 한도 이하가 되면 용량은 가속적으로 증가한다.
② 온도와 용량은 특별한 관계가 없다.
③ 온도가 상승하면 용량은 보통 감소한다.
④ 온도가 상승하면 용량은 보통 증가한다.

해설 축전지의 AH로 표시된 용량은 방전율에 의해 가감되는데 방전 전류가 크면 축전지에 열이 발생하고 극판의 황산납화가 촉진되어 내부 저항의 증가율이 커지기 때문에 효율과 AH 용량이 감소한다.

21 항공기 축전지에 적용되는 방전률은?

① 2시간 방전률
② 3시간 방전률
③ 5시간 방전률
④ 6시간 방전률

해설 항공기 축전지의 용량검사는 5시간 방전률을 일반적으로 사용하며 충전후 용량의 1/5의 전류로 5시간 방전 후 각 셀의 전압이 1.0V이면 양호하다.

22 분당회전수 8,000[rpm], 주파수 400[Hz]인 교류발전기에서 115[V] 전압이 발생하고 있다. 이때 자석의 극수는 얼마인가?

① 4 ② 6
③ 8 ④ 10

해설 주파수(F) = $\frac{극수(P) \times 회전수(N)}{120}$ 이므로 주파수는 극수와 회전수와 관계된다.

23 발전기의 출력쪽과 버스 사이에 장착하여 발전기의 출력전압이 낮을 때에 축전지로부터 발전기로 전류가 역류하는 것을 방지하는 장치는?

① 전압 조절기 ② 역전류 차단기
③ 과전압 방지장치 ④ 정속 구동장치

해설 역전류 차단기 : 발전기는 전압을 버스를 통하여 부하에 전류를 공급하는 동시에 배터리를 충전한다. 발전기의 출력전압보다 배터리의 출력전압이 높게 되면 배터리가 불필요하게 방전하게 되고, 발전기가 배터리의 전압으로 전동기 효과에 의하여 회전력을 발생하게 되고 심할 때는 타버리게 되어 발전기의 출력전압이 낮을 때 배터리로부터 발전기로 전류가 역류하는 것을 방지해야 한다.

24 직류 발전기의 병렬 운전에 사용되는 이퀄라이저 회로의 목적은?

① 출력전압을 같게 하기 위해
② 회로전류를 같게 하기 위해
③ 회전수가 같게 하기 위해
④ 좌우차가 발생했을 때 높은 쪽을 분리하기 위해

해설 이퀄라이저 회로(equalizer circuit) : 2대 이상의 발전기가 항공기에 사용될 때에는 서로 병렬로 연결하여 부하에 전력을 공급하는데 발전기의 공급 전류량은 서로 분담되어야 한다. 어떤 한 발전기의 전압이 다른 것들보다 높을 때에는 전류의 상당한 양을 그 발전기가 부담하게 되어 과전류가 되고 상대적으로 다른 발전기들은 적은 전류만을 부담하므로 부하전류를 고르게 분배하기 위해 사용한다.

25 교류발전기에서 정속구동장치의 목적은 무엇인가?

① 전압 변동
② 전류 변동
③ 전류 일정
④ 주파수 일정

해설 정속구동장치
- 교류발전기에서 엔진의 구동축과 발전기축 사이에 장착되어 엔진의 회전수에 상관없이 일정한 주파수를 발생할 수 있도록 한다.
- 교류발전기를 병렬운전할 때 각 발전기에 부하를 균일하게 분담시켜 주는 역할도 한다.

26 항공기에서 3상교류발전기를 사용하는 장점이 아닌 것은?

① 구조가 간단하다.
② 정비 및 보수가 쉽다.
③ 효율이 높다.
④ 높은 전력의 수요를 감당하는 데 적합지 않다.

해설 3상교류발전기의 장점
- 효율 우수
- 구조 간단
- 보수와 정비용이
- 높은 전력의 수요를 감당하는 데 적합

27 전압조절기(Voltage Regulator)의 발전기 출력이 증가하면?

① 전압코일 전류 증가, 계자 전류감소
② 전압코일 전류 감소, 계자 전류감소
③ 전압코일 전류 감소, 계자 전류증가
④ 전압코일 전류 증가, 계자 전류증가

해설 발전기의 전압 증가 → 전압코일전류 증가 → 전자석의 인력 증가 → 탄소판에 작용하는 압력 감소 → 저항 증가 → 계자전류 감소

28 직류발전기의 전압조절기는 발전기의 무엇을 조절하는가?

① 회로가 과부하가 되었을 때 발전기의 회전을 내린다.
② 전기자전류를 일정하게 되도록 한다.
③ Equalizer Coil의 전류를 조절한다.
④ Field Current를 조절한다.

해설 전기자의 회전수와 부하에 변동이 있을 때에는 출력전압이 변하게 되므로 전압조절기를 사용하여 코일의 전류를 조절하여 출력전압을 일정하게 한다.

29 발전기의 field flashing 방법 중 옳은 것은?

① 역전류 릴레이의 배터리와 발전기 단자 연결
② 역전류 릴레이의 발전기와 전압 조절기 단자 연결
③ 전압 조절기의 A와 B 단자 연결
④ 발전기를 장착한 상태로는 행할 수 없다.

해설 계자 플래싱(field flashing) : 발전기가 처음 발전을 시작할 때에는 남아 있는 계자, 즉 잔류 자기(residual magnetism)에 의존하게 되는데, 만약 잔류 자기가 전혀 남아 있지 않아 발전을 시작하지 못할 때 외부전원으로부터 계좌 코일에 잠시 동안 전류를 통해주는 것을 계자 플래싱(field flashing)이라고 한다.

30 Armature Reaction에 관련 없는 것은?

① 주극
② 보극
③ 보상권선
④ 아마추어전류

해설 전기자반응(Armature Reaction)은 보극, 전기자전류, 보상권선에 관계된다.

정답 25 ④ 26 ④ 27 ① 28 ④ 29 ① 30 ①

31 직류 모터의 회전방향을 바꾸고자 할 경우 올바른 것은?

① 외부 전원장치로부터 모터에 연결되는 선을 교환한다.
② 계자나 아마추어 권선 중 1개의 연결을 바꿔준다.
③ 가변저항기를 이용해 계자전류를 조절한다.
④ 모터에 연결된 3상 중 2상의 연결선을 바꿔준다.

해설 아마추어 또는 Field Winding 중 하나에서 전류 흐름의 방향을 바꾸어 주면, 모터의 회전을 반대 방향으로 할 수 있다.

32 엔진 시동시 사용되는 직류 전동기로 시동 토크가 가장 큰 것은?

① 유도 전동기
② 직권식 전동기
③ 분권식전동기
④ 복권식 전동기

해설 직류 전동기
- 직권형 전동기 : 계자와 전기자가 직렬로 연결되고, 시동시 계자에 전류가 많이 흘러 시동토크가 크다. 부하가 크고 시동 토크가 크게 필요한 기관의 시동용 전동기, 착륙장치, 플랩등을 움직이는 전동기로 사용한다.
- 분권형 전동기 : 계자와 전기자가 병렬로 연결되고, 회전속도에 따라 계자 전류가 변화하지 않기 때문에 부하 변화에 대한 일정한 속도가 요구되는 곳에 사용된다.
- 복권 전동기 : 직권형과 분권형의 중간적인 특성을 가지므로, 분권형 전동기 보다 시동 토크가 크고, 직권형 전동기와 같이 무부하가 되어도 속다가 빨라지지 않아 위험성이 적다.

33 다음 교류 전동기의 종류에 해당하지 않는 것은?

① 만능 전동기
② 유도 전동기
③ 복권 전동기
④ 동기 전동기

해설 교류 전동기의 종류
- 유니버셜 전동기(universal motor) : 직류 전동기와 모양과 구조가 같고, 교류 및 직류 겸용으로 사용할 수 있기 때문에 만능 전동기라고도 한다.
- 유도 전동기(induction motor) : 교류에 대한 작동 특성이 좋아 시동이나 계자 여자에 있어 특별한 조치가 필요치 않고 부하의 감당범위도 넓으며, 정확한 회전수를 요구하지 않을 때에는 비교적 큰 부하를 감당할 수 있다.
- 동기 전동기(synchronous motor) : 교류 발전기와 동조되는 회전수로 회전하는 전동기로 일정 회전수가 필요한 장치에 사용하는데 항공기에서는 기관의 회전계에 이용한다.

34 부하와 연결방법이 잘못된 것은 어느 것인가?

① 전압계는 병렬
② 전류계는 직렬
③ 주파수는 직렬
④ Circuit Breaker는 직렬

해설
- 전압계 : 병렬연결
- 전류계, 회로 차단기 : 직렬연결

35 항공기 전원장치 중 정류회로의 기능은 무엇인가?

① 직류를 교류로 바꾸어준다.
② 교류를 직류로 바꾸어준다.
③ 직류전압을 필요에 따라 높이거나 낮추어준다.
④ 교류전압을 필요에 따라 높이거나 낮추어준다.

해설 정류회로 : 전류 흐름 방향을 한쪽으로만 흐르게 함으로써 교류를 직류로 바꾸는 회로이다.

정답 31 ① 32 ② 33 ③ 34 ③ 35 ②

36 교류 발전기가 모두 고장났다. 비상 전원을 얻기 위해 반드시 작동되어야 할 장비는 다음 중 어느 것인가?

① 인버터(inverter)
② 정류기(rectifier)
③ GCU(generator control unit)
④ BPCU(bus power control unit)

해설 인버터(inverter) : 항공기 내에 다른 교류전원이 없을 때, 즉 교류 발전기가 고장났을 때와 직류를 주 전원으로 하는 항공기에서 교류장비를 작동시키기 위한 전원장치이다.

37 기상 직류 발전기를 주전원으로 하는 항공기에 있어서 계기 계통과 무선계통에 사용되는 교류는 무엇으로 공급하는가?

① 기상 교류 발전기
② 기상 콘덴서
③ 기상 인버터
④ 유도 바이브레이터

해설 인버터는 직류전동기와 교류발전기의 조합으로 되어 있다.

02 항공계기 계통

01 항공기 계기판의 구비조건에 대한 설명이 잘못된 것은?

① 자기 컴퍼스에 의한 자기적인 영향을 받지 않도록 비자성 금속을 사용해야 한다.
② 완충 마운트를 사용하여 진동으로부터 계기를 보호할 수 있어야 한다.
③ 유해한 반사광선으로 인하여 내용이 잘못 파악되지 않도록 해야 한다.
④ 계기판의 지시를 쉽게 읽을 수 있도록 하고 광택이 있는 도장을 한다.

02 충격 마운트(Shock Mount)의 역할은?

① 저주파, 고진폭 진동 흡수
② 저주파, 저진폭 진동 흡수
③ 고주파, 고진폭 진동 흡수
④ 고주파, 저진폭 진동 흡수

해설 계기판은 저주파수, 높은 진폭의 충격을 흡수하기 위하여 충격 마운트를 사용하여 고정한다.

03 청색 호선(Blue Arc)의 색 표식을 사용할 수 있는 계기는?

① 대기속도계   ② 기압식 고도계
③ 흡입압력계   ④ 산소압력계

04 전기계기의 철제 케이스나 강제 케이스가 대부분 부착되어 있는 이유는?

① 정비도중의 계기 손상을 방지하기 위해서이다.
② 장탈 및 장착을 용이하게 하기 위함이다.
③ 외부 자장의 간섭을 막기 위해서이다.
④ 계기 내부에 열이 축적되는 것을 막기 위해서이다.

05 기압고도(pressure altitude)에서 기압 수치는 얼마인가?

① 14.7inHg   ② 14.7psi
③ 29.92psi   ④ 29.92inHg

해설 고도의 종류
- 진고도(true altitude) : 해면상에서부터의 고도
- 절대고도(absolute altitude) : 항공기로부터 그 당시의 지형까지의 고도
- 기압고도(pressure altitude) : 기압 표준선, 즉 표준 대기압 해면(29.92inHg)으로부터의 고도

06 Pitot Tube를 이용한 계기가 아닌 것은?

① 속도계
② 고도계
③ 선회계
④ 승강계

07 공함(Collapsible Chamber)에 사용되는 재료는?

① 알루미늄
② 니켈
③ 티탄
④ 베릴륨-구리합금

해설 공함(Collapsible Chamber)에 사용되는 재료는 탄성한계 내에서 외력과 변위가 직선적으로 비례하며, 비례상수도 커야 하며 제작의 어려움 때문에 인청동을 사용하였으나, 현재에는 베릴륨-구리합금이 쓰이고 있다.

08 기체 좌·우에 있는 정압공이 기체 내에서 서로 연결되어 있는 이유는?

① 어느 쪽이 막혔을 때를 대비한 것이다.
② 기장측과 부기장측이 공용으로 사용하기 위해서이다.
③ 빗물이 침입한 경우에 대비한 것이다.
④ 측풍에 의한 오차를 방지하기 위한 것이다.

해설 기체의 모양이나 배관의 상태 또는 피토관의 장착위치와 측풍에 의한 오차를 일으킬 수 있기 때문에 이를 방지하기 위하여 동체 좌·우에 위치시킨다.

09 해발 500m인 비행장 상공에 있는 비행기의 진고도가 3,000m라면 이 비행기의 절대고도는 얼마인가?

① 500m
② 2,500m
③ 3000m
④ 3500m

10 다음 고도계의 오차 중 히스테리시스로 인한 오차는 어느 것인가?

① 눈금 오차
② 온도 오차
③ 탄성 오차
④ 기계적 오차

11 속도계가 고도가 증가함에 따라 진대기속도를 지시하지 못하는 이유는?

① 공기의 온도가 변하기 때문에
② 공기의 밀도가 변하기 때문에
③ 대기압이 변하기 때문에
④ 고도가 변하여도 올바른 속도를 지시한다.

12 여압된 비행기가 정상 비행 중 갑자기 계기 정압라인이 분리된다면 어떤 현상이 나타나는가?

① 고도계는 높게 속도계는 낮게 지시한다.
② 고도계와 속도계 모두 높게 지시한다.
③ 고도계와 속도계 모두 낮게 지시한다.
④ 고도계는 낮게 속도계는 높게 지시한다.

해설 여압이 되어 있는 항공기 내부에서 정압라인이 분리되었다면 실제 정압보다 높은 객실 내부의 압력이 작용하여 정압을 이용하는 고도계와 속도계는 모두 낮게 지시한다.

정답 06 ③ 07 ④ 08 ④ 09 ② 10 ③ 11 ② 12 ③

13 다음 중 속도계(Air Speed Indicator)에 사용되는 것은?

① 아네로이드
② 버든튜브
③ 다이어프램
④ 다이어프램과 아네로이드

해설 피토정압계기와 공함
- 고도계 : 아네로이드
- 속도계 : 다이어프램
- 승강계 : 아네로이드

14 객실 여압이 되어 있지 않은 항공기의 Pitot Tube에서 Leak가 발생하였을 때 지시대기속도는?

① 지시대기속도가 증가한다.
② 지시대기속도가 감소한다.
③ 고도가 높아질 때 지시대기속도가 증가한다.
④ 고도가 높아질 때 지시대기속도가 감소한다.

해설 Pitot Tube에서 누설은 전압(total pressure)이 작용하는 Tube 부분의 누설을 말하며 동압(전압과 정압의 차)의 감소를 의미한다.

15 승강계의 핀 홀(Pin Hole)의 크기를 크게 하면 지시는 어떻게 되는가?

① 지시지연시간은 짧아지고 둔해진다.
② 지시지연시간은 짧아지고 예민해진다.
③ 지시지연시간은 길어지고 예민해진다.
④ 지시지연시간은 길어지고 둔해진다.

해설 핀 홀 : 공기의 속도, 온도, 밀도가 일정할 때 관 속을 통과하는 공기의 저항은 관의 단면적에 반비례하므로 핀 홀이 작으면 감도는 예민해지지만, 지시지연이 커지고, 핀 홀이 커지면 지연시간이 짧아지고 감도는 둔해진다.

16 절대압력과 게이지압력과의 관계는?

① 절대압력 = 게이지압력 + 대기압
② 절대압력 = 대기압 ± 게이지압력
③ 절대압력 = 게이지압력 − 대기압
④ 절대압력 = 게이지압력 × 대기압

해설 압력의 종류
- 절대압력 : 완전 진공을 기준으로 측정한 압력
- 게이지압력 : 대기압을 기준으로 측정한 압력
- 압력에 사용되는 단위는 inHg와 psi가 대표적으로 많이 사용된다.

17 열전쌍식 실린더 온도계를 옳게 설명한 것은?

① 직류전원을 필요로 한다.
② Lead 선이 끊어지면 실내 온도를 지시한다.
③ Lead 선이 Short되면 0을 지시한다.
④ Lead 선의 길이를 함부로 변경을 시키지 못하나 저항으로 조정할 수 있다.

해설 열전쌍(Thermocouple, 서모커플)
열전쌍의 열점과 냉점 중 열점은 실린더 헤드의 점화 플러그 와셔에 장착되어 있고 냉점은 계기에 장착되어 있는데 리드 선(Lead Line)이 끊어지면 열전쌍식 온도계는 실린더 헤드의 온도를 지시하지 못하고 계기가 장착되어 있는 주위 온도를 지시

18 다음 온도 계기 중 실린더 헤드나 배기가스 온도 등과 같이 높은 온도를 정확하게 나타내는데 사용되는 계기는?

① 증기압식 온도계
② 전기 저항식 온도계
③ 바이메탈식 온도계
④ 열전쌍식 온도계

정답 13 ③ 14 ② 15 ① 16 ① 17 ② 18 ④

19 전기식 회전계는 다음 어느 것에 의하여 작동되는가?

① 직권 모터 ② 분권 모터
③ 동기 모터 ④ 자기 모터

20 회전계기에 대한 설명 중 틀린 것은?

① 회전계기는 기관의 분당 회전수를 지시하는 계기인데 왕복기관에서는 프로펠러의 회전수를 rpm으로 나타낸다.
② 가스터빈기관에서는 압축기의 회전수를 최대회전수의 백분율(%)로 나타낸다.
③ 회전계기에는 전기식과 기계식이 있으며, 소형기를 제외하고 모두 전기식이다.
④ 다발 항공기에서 기관들의 회전이 서로 동기되었는가를 알기 위하여 사용하는 계기가 동기계이다.

[해설] 회전계(Tachometer) : 왕복기관에서는 크랭크축의 회전수를 분당회전수(rpm)로 지시하고 가스터빈기관에서는 압축기의 회전수를 최대출력 회전수의 백분율(%)로 나타낸다.

21 다음 중 지자기의 3요소에 해당되지 않는 것은?

① 편차 ② 복각
③ 수평분력 ④ 수직분력

[해설] 지자기의 3요소
- 편차 : 지축과 지자기축이 일치하지 않아 생기는 지구자오선과 자기자오선 사이의 오차 각
- 복각 : 지자기의 자력선이 지구 표면에 대하여 적도 부근과 양극에서의 기울어지는 각
- 수평분력 : 지자기의 수평방향의 분력

22 다음 그림은 자이로의 섭동성을 나타낸 것이다. 자이로가 굵은 화살표 방향으로 회전하고 있을 때, F의 힘을 가하면 실제로 힘을 받는 부분은?

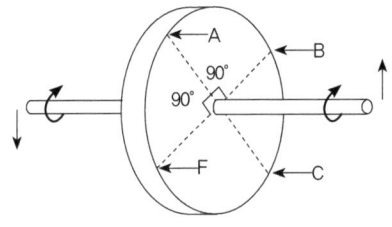

① F ② A
③ B ④ C

23 자이로의 강직성에 대한 설명 중 맞는 것은?

① Rotor의 회전속도가 큰 만큼 강하다.
② Rotor의 회전속도가 큰 만큼 약하다.
③ Rotor의 질량이 회전축에서 멀리 분포하고 있는 만큼 약하다.
④ Rotor의 질량이 회전축에서 가까이 분포하고 있는 만큼 강하다.

[해설] 강직성(Rigidity) : 자이로에 외력이 가해지지 않는 한 회전자의 축방향은 우주공간에 대하여 계속 일정 방향으로 유지하려는 성질로 자이로 회전자의 질량이 클수록, 자이로 회전자의 회전이 빠를수록 강하다.

24 선회계의 지시는 무엇을 나타내는가?

① 선회각 가속도 ② 선회 각속도
③ 선회각도 ④ 선회속도

25 방향 자이로(Directional Gyro)는 보통 15분간에 몇 도 정도 수정을 하는가?

① ±15° ② 0°
③ ±4° ④ ±10°

[해설] 지구 자전에 따른 오차를 편위(Drift)라고 하는데 가장 심하면 24시간 동안 360°(15분간 약 3.75°)의 오차가 생기며 그 외에 가동부 등의 베어링 마찰을 피할 수 없으므로 15분간 최대로 ±4°는 허용되고 있는 실정이다.

정답 19 ③ 20 ④ 21 ④ 22 ② 23 ① 24 ② 25 ③

26 버티컬 자이로(Vertical Gyro)에서 알 수 있는 요소는 다음 중 무엇인가?

① 롤, 피치 및 기수 방위
② 롤 및 피치
③ 롤 및 기수 방위
④ 기수 방위

해설 비행 중의 항공기는 3개의 축을 기준으로 자세가 변한다. 수평의는 일반적으로 VG(Vertical Gyro)라고 부르고 피치 축과 롤 축에 대한 항공기의 자세를 감지한다.

27 종합 계기 PFD에 Display되지 않는 것은?

① M/B
② VOR
③ ILS
④ Altimeter

해설 • PFD(primary flight display) : 비행자세, 속도, 고도, 승강율, 기수방위, 오토파일롯, 마커등 등을 한곳에 집약하여 지시

• ND(navigation display) : 항법에 필요한 자료로 현재위치, 기수방위, 비행방향, 선택코스의 벗어남, 비행예정코스 등을 지시
• EICAS(engine indication & crew alerting system) : 기관 및 각 시스템의 상태를 지시하며 이상 발생 및 그 상황을 표시

28 자동조종장치의 유도기능에 속하지 않는 것은?

① DME에 의한 유도
② VOR에 의한 유도
③ ILS에 의한 유도
④ INS에 의한 유도

해설 자동조종장치의 기능 : 자세(gyro)유지모드, 자세제어(turn-knob)모드, 기수방위(HDG SEL)설정모드, 고도유지(ALT HOLD)모드, VOR/LOC모드, ILS 모드, INS에 의한 유도, 성능관리 컴퓨터(PMS)에 의한 유도, 착륙왕복(GA)모드, 자동착륙(LAND)모드 등

---

03 항공기 공·유압 및 환경조절 계통

01 공압계통의 셔틀 밸브(Shuttle Valve)의 기능은?

① 공기 저장통의 공기 압력을 규정 범위로 유지시키는 억할을 한다.
② 수분 제거기로 제거되지 않은 수분이나 오일 등을 화학적 탈수제로 완전히 제거시키는 장치이다.
③ 지상에서 항공기관이 작동하지 않을 때 계통에 공기를 공급하는 데 사용된다.
④ 유압계통 고장 시 공압을 사용할 수 있도록 하는 밸브이다.

02 공기 저장통 안에 있는 스택 파이프(Stack Pipe)의 기능은?

① 비상시 최소한의 공기를 저장하기 위한 장치이다.
② 지상에서 항공기관이 작동하지 않을 때 계통에 공기를 공급하는 데 사용된다.
③ 공기 속에 포함된 수분이나 오일을 제거하기 위한 장치이다.
④ 제거되지 않은 수분이나 윤활유가 계통으로 섞여 나오지 않도록 한다.

해설 스택 파이프(Stack Pipe) : 공기 저장통 안에는 스택 파이프가 설치되어 있어 제거되지 않은 수분이나 윤활유가 계통으로 섞여 나가지 않도록 한다.

정답 26 ② 27 ② 28 ① [03. 항공기 공·유압 및 환경조절 계통] 01 ④ 02 ④

03 압축공기의 일반적인 압축공기의 공급원이 아닌 것은?

① 터빈 엔진 블리드공기
② 항공기 바깥 공기
③ 보조동력장치
④ 지상 공기압축기

해설 압축공기의 공급원 : 엔진압축기 블리드공기(Bleed Air), 보조동력장치(Auxiliary Power Unit) 블리드공기(Bleed Air), 지상 공기압축기에서 공급되는 공기

04 피스톤 면적이 4cm²이고, 작동부의 플랩 작동부의 피스톤 면적이 20cm²일 때 수동펌프를 누르는 힘이 50kPa이라면 플랩에 작용하는 힘은?

① 10kPa
② 250kPa
③ 100kPa
④ 500kPa

해설 $\frac{F}{A} = \frac{F'}{A'}$, $\frac{F_1}{A_1} = \frac{F_2}{A_2}$, $F_2 = \frac{A_2}{A_1} \times F_1$

∴ $\frac{20}{4} \times 50$

05 인화점이 높고 내화학성이 커 많은 항공기에 주로 사용하는 작동유는?

① 식물성유
② 광물성유
③ 동물성유
④ 합성유

해설 합성유 : 인화점이 높아 내화성이 크므로, 대부분의 항공기에 사용되고, 사용온도범위는 −54~115℃이다. 합성유는 페인트나 고무 제품을 화학작용으로 손상시킬 수 있다. 독성이 있기 때문에 눈에 들어가거나 피부에 접촉되지 않도록 주의해야 한다.

06 광물성 작동유의 색깔은?

① 자주색
② 붉은색
③ 파란색
④ 녹색

07 유압계통의 Reservoir에 블리드 공기를 가압하는 이유는?

① 작동유가 펌프까지 공급되도록 하기 위해
② Pump의 고장시 계통압을 유지하기 위해
③ 유압유에 거품이 생기는 것을 방지하기 위해
④ Return Hydraulic Fluid의 Surging방지하기 위해

해설 고공에서 생기는 거품의 발생을 방지하고, 작동유가 펌프까지 확실하게 공급되도록 레저버에 엔진 압축기의 블리드(Bleed)공기를 이용하여 가압한다.

08 레저버(Reservoir) 안에 설치된 배플(Baffle)과 핀(Fin)의 역할은?

① 고공에서 거품이 생기는 것을 방지하고 작동유가 펌프까지 확실하게 공급되도록 레저버 안을 여압한다.
② 레저버 안의 작동유 양을 알 수 있도록 하는 표시이다.
③ 레저버 안에 있는 작동유가 서지 현상이나 거품이 생기는 것을 방지한다.
④ 비상시 유압계통에 공급할 수 있는 작동유량을 저장하는 장치이다.

09 동력 펌프 중 가변 용량이 가능한 펌프는?

① Gear
② Vane
③ Gerotor
④ Piston

해설
- 일정용량형 펌프(constant delivery pump) : 요구되는 압력에 관계없이 펌프의 회전수에 따라 고정된 양을 공급, 압력조절기가 필요(기어형, 베인형, 지로터형)
- 가변용량형 펌프(variable delivery pump) : 펌프의 회전속도가 변하더라도 적절한 양의 작동유를 계통에 공급 (앵귤러형, 캠형, 피스톤형)

정답 03 ② 04 ② 05 ④ 06 ② 07 ① 08 ③ 09 ④

10 축압기에 500psi로 공기가 충전되어 있고, 계통압력이 2,500psi로 올라가면 축압기의 공기압력은?

① 500psi ② 2000psi
③ 2500psi ④ 3000psi

해설 축압기의 공기압력 : 계통의 압력이 충전된 공기의 압력보다 높을 때에는 작동유에 의하여 막이 움직여 공기가 압축되고 작동유가 저장되며 계통 압력과 공기압력이 같아져서 평형을 이룬다.

11 유압계통에서 축압기(Accumulator)의 위치는?

① 레저버와 유압 펌프 중간
② 유압 펌프와 작동기(Actuator) 중간
③ 작동기(Actuator)와 레저버 중간
④ 선택 밸브와 작동기(Actrator) 중간

해설 축압기의 위치 : 유압 펌프(Hydraulic Pump)와 작동기(Actuator) 중간에 위치한다.

12 계통 내의 압력을 일정하게 유지시켜 주는 장치는?

① 압력 펌프 ② 압력조절기
③ 축압기 ④ 유량조절기

해설 압력 조절기(Pressure Regulator) : 일정 용량식 펌프를 사용하는 유압계통에 필요한 장치로서 불규칙한 배출압력을 규정범위로 조절하고, 계통에서 압력이 요구되지 않을 때에는 펌프에 부하가 걸리 지 않도록 한다. 일정 용량식 펌프를 사용하는 유압계통에 필요한 장치

13 유압계통의 작동압력 중 가장 높은 것은?

① 릴리프 밸브의 열림 압력
② 압력 조절기의 열림 압력
③ 압력 조절기의 닫힘 압력
④ 축압기의 공기압

해설 릴리프 밸브(Relief Valve) : 작동유에 의한 계통 내에 압력을 규정값 이하로 제한 하는데 사용되는 것으로서 과도한 압력으로 인해 계통내의 관이나 부품이 파손되는 것을 방지하는 장치이다. 릴리프 밸브와 온도 릴리프 밸브가 있다.

14 브레이크 디부스터(Debooster) 밸브의 역할은?

① 브레이크 작동기(Brake Actuator)의 압력을 높이기 위하여 사용된다.
② 파킹 브레이크(Parking Brake)를 사용할 경우에 동력 부스터(Power Booster)의 압력을 낮춘다.
③ 동력 부스터(Power Booster)의 압력을 낮추고 브레이크 공급량을 증가시키며 릴리스를 돕는다.
④ Lock-out Cylinder의 일종으로 브레이크 파열 시 작동유 유출을 제한한다.

해설 디부스터 밸브 : 브레이크의 작동을 신속하게 하기 위한 밸브로 브레이크를 작동시킬 때 일시적으로 작동유의 공급량을 증가시켜 신속히 제동되도록 하며, 브레이크를 풀 때도 작동유의 귀환이 신속하게 이루어지도록 한다.

15 정해진 순서에 따라 작동이 되도록 유압을 공급하는 밸브는?

① S밸브 ② 첵밸브
③ 시퀀스 밸브 ④ 셔틀 밸브

해설 시퀀스 밸브(Sequence Valve) : 두 개 이상의 작동기를 정해진 순서에 따라 작동되도록 유압을 공급하기 위한 밸브로서 타이밍 밸브라고도 한다.

16 계통의 압력이 정상보다 낮아졌거나 펌프의 고장으로 축압기의 압력을 사용하여 필요한 계통에만 유압을 공급하고 다른 계통의 압력 공급관은 차단하는 밸브는?

① priority valve

정답 10 ③ 11 ② 12 ② 13 ① 14 ① 15 ③ 16 ①

② purge valve
③ pressure regulator valve
④ debooster valve

해설 프라이오리티 밸브 : 작동유의 압력이 일정 압력 이하로 떨어지면 유로를 막아 작동기구의 중요도에 따라 우선 필요한 계통만 작동시키는 기능을 가진 밸브이다.

17 여과기(Filter)에 대한 설명이 아닌 것은?

① 작동유에 섞인 불순물을 여과
② 여과기는 저장 탱크, 압력 Line 등 계통을 보호하는 곳에 설치
③ Element가 막힐 경우 Bypss Valve를 통하여 공급
④ 작동유에 섞인 물을 제거

해설 여과기(Filter)
- 작동류에 섞인 금속가루, Paking, Sel의 부스러기 등과 같은 불순물 및 변질된 물질을 여과하여 작동유 압력 펌프와 밸브의 손상을 방지한다.
- 항공기의 저장 탱크 내부, 압력 라인, 귀환 라인 또는 계통을 보호하기 위한 장소에 설치되어 있다.
- 필터 구조는 헤드 및 엘리먼트로 구성되어 있고, 엘리먼트가 막힐 경우 엘리먼트를 경유하지 않고 바이패스 밸브를 통하여 작동유가 여과되지 않은 상태로 작동유 압력 계통에 공급된다.

18 Hydraulic filter에서 pop-indicator가 튀어나왔다면 무엇을 의미하는가?

① 필터가 찌꺼기에 의해서 막히고 작동유가 통과하지 않는 상태
② 필터가 막히고 작동유가 바이패스되고 있는 상태
③ 필터에 작동유가 정상으로 통과되고 있는 상태
④ 유압펌프의 고장을 지시

해설 최근에는 엘리먼트가 오염되어 있는 상태를 알기 위한 인디케이터가 부착되어 있다.

19 Outflow valve의 목적은 무엇인가?

① 객실 내의 공기를 배출시켜 일정한 차압을 유지
② 대기압보다 높은 객실의 압력을 대기로 방출
③ 객실의 차압이 설정하고 있던 값에 도달하면 자동적으로 닫힌다
④ 항공기의 실제 고도보다도 객실고도 쪽이 높게 되는 것을 방지

해설 동체의 여압되는 부분, 보통은 하부실 내의 아래쪽에 장착되어 날개의 필릿이나 동체 외피에 있는 적절한 구멍을 통해서 객실의 공기를 밖으로 배출시키는 밸브로 보통 지상에서 outflow valve는 착륙장치에 의해 작동되는 스위치에 의해 완전히 열리지만 비행 중에는 고도가 높아짐에 따라서 valve는 기내 공기의 유출량을 제한하기 위해 서서히 닫혀간다. 객실 내 고도의 상승율 또는 하강율은 outflow valve의 개폐 속도로 결정된다.

20 여압장치가 되어 있는 항공기에서 객실압력 조절은 어떻게 하는가?

① 객실에 밀어 넣는 공기의 압력을 조절하여
② 객실공기의 배출량을 조절하여
③ 객실공기의 온도를 조절하여
④ 객실공기의 밀도를 조절하여

해설 객실압력 조절은 아웃 플로우 밸브를 통해 빠져나가는 공기의 양을 조절함으로써 가능하다

21 공기 순환 냉각 시스템의 구성품인 것은?

① 블리드 에어, 열교환기, 터빈
② 램에어, 블리드 에어, 압축기
③ 열교환기, 온도제어밸브
④ 압축기, 온도제어밸브, 블리드 에어

해설 공기 순환 냉각방식은 터빈과 열교환기 및 공기 흐름량을 조절하는 여러 개의 밸브로 구성되어 있다.

정답 17 ④ 18 ② 19 ① 20 ② 21 ①

22 ACM에서 온도, 압력을 동시에 낮추는 것은?

① 열교환기(heat exchanger)
② 터빈 바이패스 밸브(turbine bypass valve)
③ 팽창 터빈(expansion turbine)
④ 램에어 인렛도어(ram air inlet door)

해설 ACM(air cycle machine) 작동
항공기의 공압 매니폴드에서 흐름제어 및 차단 밸브를 통하여 열교환기로 보내지는데 1차 코어에서 냉각된 공기는 ACM의 압축기를 거치면서 압력이 증가한다. 압축기에서 방출된 공기는 열교환기의 2차 코어를 통과하면서 압축으로 인한 열은 상실된다. 공기는 ACM의 터빈을 통과하면서 팽창되고 온도는 떨어진다. 그러므로 터빈을 통과한 공기는 저온, 저압의 상태이다.

23 공기 순환 냉각 시스템에서 마지막으로 냉각이 일어나는 곳은?

① 압축기　　② 열교환기
③ 팽창터빈　④ 온도조절기

해설
• 뜨거운 공기 : 객실 과급기 → 히터 → 객실 믹싱 밸브
• 따뜻한 공기 : 객실 과급기 → 애프터 쿨러 → 객실 믹싱 밸브
• 차가운 공기 : 객실 과급기 → 애프터 쿨러 → 익스팬션 터빈 → 객실 믹싱 밸브

24 프레온 냉각계통 내부에 있는 콘덴서의 기능은?

① 프레온 가스로부터 주위 공기로 열을 전달한다.
② 기내공기로부터 물을 제거하여 증발기의 결빙을 막는다.
③ 액체 프레온이 압축기에 흡입되기 전에 가스로 변형시켜 준다.
④ 기내공기로부터 액체 프레온으로 열을 전달한다.

해설 압축기를 지난 고온 고압의 프레온 가스는 콘덴서를 지나 외부로 열이 방출되고 가스는 액화된다.

25 증기 사이클(vapor cycle)에서 프레온이 충전되었는지 확인하는 방법은?

① 프레온에 공기방울이 보이지 않는다.
② 프레온에 공기방울이 보인다.
③ 사이트 게이지를 본다.
④ 방법이 없다.

해설 냉각장치의 작동 중 점검 창에서 관찰해서 거품이 보이면 냉각액을 보충할 필요가 있다.

26 산소계통에서 산소용기의 압력을 저압으로 바꾸는 것은?

① 압력 릴리프 밸브(Pressure Relief Valve)
② 압력 리듀서 밸브(Pressure Reducer Valve)
③ 캘리브레이티드 픽스드 오리피스 (Calibrated Fixed Orifice)
④ 딜류터 디맨드 레귤레이터(Diluter Demand Regulator)

해설 압력 리듀서 밸브 : 산소용기 내의 고압산소는 수동 개폐 밸브(정상적으로는 열려 있음)를 통해 먼저 감압 밸브에서 감압되어 배관을 지나 산소 조정기로 보낸다.

27 다음 중 고압 산소계통에서 산소통의 정상 압력과 감압기의 압력이 옳게 표시된 것은?

① 400psi, 40~60psi
② 1,850psi, 400psi
③ 1,900psi, 150~180psi
④ 2,000psi, 300~220psi

해설 고압산소계통은 감압밸브를 산소통과 산소공급 장치 사이에 설치하며, 1,850psi의 산소압력을 400psi로 감압시켜 사용계통에 공급한다.

정답 22 ③　23 ③　24 ①　25 ①　26 ②　27 ②

04 항공기 방빙 및 비상 계통

01 날개의 방빙장치를 바르게 설명한 것은?

① 전열식과 알코올 분출식으로 되어 있다.
② 가열 공기식은 압축기 뒷단의 블리드 공기(Bleed Air)를 사용한다.
③ 알코올 분출식으로 되어 있다.
④ 가열 공기식과 알코올 분출식으로 되어 있다.

해설 날개의 방빙장치 : 날개의 방빙장치는 전열식, 가열 공기식이 있으며, 가열 공기식은 압축기 뒷단의 블리드공기(Bleed Air)를 사용한다. 알코올 분출식과 제빙 부츠식이 있으며, 공기 오일 분리기는 제빙 부츠에 설치되어 있는 것으로 공기 속의 오일이 고무의 부츠를 퇴화시키는 것을 방지한다.

02 윈드실드 방빙 장치의 설명 중 잘못된 것은?

① 윈드실드 외부에 결빙이 생기는 것을 방지한다.
② 윈드실드 내부 온도는 130~140℃를 유지한다.
③ 외부 물질에 의한 충격을 대비하여 두 층 사이에 비닐층이 있다.
④ 윈드실드 내부의 흐림 상태를 제거한다.

해설 윈드실드 및 윈도우의 방빙은 시계를 확보하기 위하여 착빙, 결빙, 이슬 맺힘, 안개를 막는 수단으로 사용되고 윈드실드의 내부 온도는 30~40℃를 유지한다.

03 건조한 윈드실드에 레인 리펠런트(Rain Repellant)를 사용하면?

① 유리를 에칭(Etching)시킨다.
② 뿌옇게 되어 시계를 제한한다.
③ 유리를 분리시킨다.
④ 열이 축적되어 유리에 균열을 만든다.

해설 Rain Repellant : Syrupy Chemical Rain Repellant를 비가 오지 않는 상태에서 윈드실드에 분사하면 시계를 제한한다.

04 다음 중에서 윈드실드(Windshield)에서 사용하는 제우장치가 아닌 것은?

① 방우제(rain repellent)를 사용한다.
② 와이퍼(Wiper)를 사용한다.
③ 압축 공기를 분출한다.
④ 전열식을 이용한다.

해설 윈드실드용 제우장치 : windshield wiper, air curtain, rain repellent(방우제), window washer

05 화재경고탐지장치 수감부로 사용되지 않는 것은?

① 열전쌍(Thermocouple)
② 열 스위치(Thermal Switch)
③ 와전류(Eddy current)
④ 광전지(Photo Cell)

해설 화재경고장치의 종류 : 열전쌍식 화재 경고장치, 열 스위치식 화재 경고장치, 저항 루프형 화재 경고장치, 광전지식 화재 경고장치

06 조종실이나 객실에 설치되어 있으며 B, C급 화재에 사용되는 소화기는?

① 물 소화기
② 이산화탄소 소화기
③ 프레온 소화기
④ 분말 소화기

정답 [04. 항공기 방빙 및 비상 계통] 01 ② 02 ② 03 ② 04 ④ 05 ③ 06 ②

07 다음 중에서 연기탐지장치로 쓰이는 것은?

① 열전쌍(Thermocouple)
② 바이메탈(Bi-Metallic)
③ 광전지(Photo-Electric cell)
④ 연속루프감지기(Continuous Loop Detector)

해설
- 열전쌍 : 열에너지를 전기적에너지로 바꾸는 장치로 2개의 이질 금속선의 한쪽을 화재 경고 회로에 여결하고 다른 한쪽의 두 선을 서로 꼬아 화재 탐지 수감
- 바이메탈 : 금속의 열팽창율의 차이에 의하여 화재 감지
- 광전지 : 빛을 받으면 전압이 발생하는 것을 이용하여 화재 탐지

08 엔진 나셀에 사용하는 가장 보편적인 화재 탐지기의 종류는?

① 탄소 탐지기
② 연기 탐지기
③ 자연성 혼합기 탐지기
④ 온도 상승률을 이용한 탐지기

해설 기관의 경우 완만한 온도상승의 경우보다 화재 등에 의한 급격한 온도상승을 감지하도록 온도상승률에 의한 서모커플형 화재 탐지기를 설치하며 완만한 온도상승이나 회로의 단락의 경우에도 경보를 울리지 않는다.

09 항공기 방화계통에 사용되는 소량의 폭약의 용도를 바르게 설명한 것은?

① 소화제 용기의 비정상적인 온도상승에 의한 파괴를 막기 위함
② 소화제를 방출시키기 위함
③ 화재가 난 곳을 함몰시키기 위함
④ 화재가 난 곳을 순간적인 진공을 이루어서 불을 끄는데 이용됨

해설 소화제의 방출은 케이블에 의한 기계적인 방법이나 폭약의 점화를 위한 전기적인 방법이 있다.

10 비상 탈출 슬라이드(Emergency Escape Slide) 작동 시 잘못된 설명은?

① 대형 여객기에서는 탑승문이 비상문이다.
② 90초 이내에 전원이 탈출하여야 한다.
③ Escape Slide는 10초 내에 자동적으로 전개되어야 한다.
④ 수면 위에 착륙 시 Emergency Escape Slide는 작동된다.

11 비상시 승무원과 승객의 법으로 정해진 탈출 시간은?

① 60초   ② 90초
③ 120초   ④ 150초

해설 비상사태 발생 시 승무원과 승객이 법으로 정해진 90초 이내에 신속하게 탈출할 수 있도록 비상 탈출 슬라이드 및 로프를 갖추어야 한다.

12 구급함, 낙하산, 비상신호 등 휴대용 비상장비의 점검 주기는?

① 60일   ② 90일
③ 120일   ④ 180일

해설 구명동의, 구명보트, 비상식량은 180일, 기타 비상장비는 60일

13 비행 승무원이 Escape slide를 사용하지 못하는 조건이 될 때, 비상으로 탈출하는데 사용되는 것은?

① Life vest
② Slide raft
③ Descent device
④ Emergency Device

정답 07 ③ 08 ④ 09 ② 10 ④ 11 ② 12 ① 13 ③

05 항공기 통신 및 항법 계통

01 지상파의 종류가 아닌 것은?

① E층 반사파
② 직접파
③ 대지 반사파
④ 지표파

> **해설** 지상파의 종류 : 직접파(Directed Wave), 대지 반사파(Reflected Wave), 지표파(Surface Wave), 회절파(Diffracted Wave)

02 항공기에 사용되는 통신장치(HF,VHF)에 대한 설명으로 맞는 것은?

① VHF는 단거리용이며, HF는 원거리용이다.
② VHF는 원거리에 사용되며, HF는 단거리에 사용한다.
③ 두 장치 모두 원거리에 사용된다.
④ 두 장치 모두 거리에 관계없이 사용할 수 있다.

> **해설**
> - HF 통신장치 : VHF 통신장치의 2차 통신수단이며, 주로 국제항공로 등의 원거리통신에 사용, 사용주파수 범위는 3~30MHz
> - VHF 통신장치 : 국내항공로 등의 근거리통신에 사용, 사용주파수 범위는 30~300MHz이며, 항공통신주파수 범위는 118~136.975MHz

03 장거리교신용으로 많이 사용하는 통신계통은?

① VHF계통
② HF계통
③ SELCAL계통
④ VOR계통

> **해설** HF전파는 전리층의 반사로 원거리까지 절달되는 성질이 있으나 Noise나 Facing이 많다.

04 HF System에서 Antenna Coupler의 목적은?

① 번개 방지를 목적으로 한다.
② HF의 큰 출력을 얻기 위한 목적이다.
③ 주파수의 적정한 매칭을 위한 목적이다.
④ 전원의 감소를 위한 목적이다.

> **해설** HF전파에서는 파장에 이용되는 안테나가 매우 크지만 항공기 구조와 구속성 때문에 큰 안테나를 장착하지 못하고 작은 안테나가 사용되지만 주파수의 적정한 매칭이 이루어지도록 자동적으로 작동하는 Antenna Coupler가 장착되어 있다.

05 항법의 목적이 아닌 것은?

① 항공기 위치의 확인
② 침로의 결정
③ 도착예정시간의 산출
④ 비행항로의 기상상태 예측

> **해설** 항법의 목적 : 항공기 위치의 확인, 침로의 결정, 도착예정시간의 산출하는 것이다.

06 인공위성을 이용한 항법전자계통은 무엇인가?

① Inertial Navigation System
② Omega Navigation System
③ LORAN Navigation System
④ Global Positioning System

> **해설** 위성항법장치
> - GPS(Global Positioning System)
> - INMARSAT(International Marine Satellite Organization)
> - GLONASS(Global Navigation Satellite System)
> - Galileo(GNSS Global Navigatino Satellite System)

정답 [05. 항공기 통신 및 항법 계통] 01 ① 02 ① 03 ② 04 ③ 05 ④ 06 ④

07 자동방향탐지기(ADF)에 대한 설명 중 맞는 것은?

① 루프(Loop)안테나만 사용한다.
② 센스(Sense)안테나만 사용한다.
③ 중파를 사용한다.
④ 통신거리 내에서만 통신이 가능하다.

해설 자동방향탐지기(Automatic Direction Finder)
- 지상에 설치된 NDB국으로부터 송신되는 전파를 항공기에 장착된 자동방향탐지기로 수신하여 전파도래방향을 계기에 지시하는 것이다.
- 사용주파수의 범위는 190~1750[KHz](중파)이며, 190~415[KHz]까지는 NDB 주파수로 이용되고 그 이상의 주파수에서는 방송국 방위 및 방송국 전파를 수신하여 기상예보도 청취할 수 있다.
- 항공기에는 루프안테나, 센스안테나, 수신기, 방향지시기 및 전원장치로 구성되는 수신장치가 있다.

08 관성항법장치에서 가속도를 위치 정보로 변환하기 위해 가속도 정보를 처리하여 속도 정보를 얻고 비행거리를 얻는 것은?

① 적분기
② 미분기
③ 가속도계
④ 짐발(Gimbal)

해설 적분기는 측정된 가속도를 항공기의 위치 정보로 변환하기 위해서 가속도 정보를 처리해서 속도 정보를 알아내고, 또 속도 정보로부터 비행거리를 얻어내는 장치이다.

09 지상 무선국을 중심으로 하여 360° 전 방향에 대해 비행 방향을 지시할 수 있는 기능을 갖춘 항법장치는?

① 전방향표지시설(VOR)
② 마커비컨(Marker Beacon)
③ 전파고도계(LRRA)
④ 위성항법장치(GPS)

해설 VOR(VHF Omni-Directional Range)
- 지상 VOR국을 중심으로 360° 전 방향에 대해 비행방향을 항공기에 지시한다(절대방위).
- 사용주파수는 108~118MHz(초단파)를 사용하므로 LF/MF대의 ADF보다 정확한 방위를 얻을 수 있다.
- 항공기에서는 무선자기지시계(Radio Magnetic Indicator)나 수평상태지시계(Horizontal Situation Indicator)에 표지국의 방위와 그 국에 가까워졌는지, 멀어지는지 또는 코스의 이탈이 나타난다.

10 무선자기지시계(RMI)의 기능은?

① 자북방향에 대해 VOR 신호방향과의 각도 및 항공기의 방위각 지시
② 기수방위를 나타내는 컴퍼스 카드와 코스를 지시
③ 항공기의 자세를 표시하는 계기
④ 조종사에게 진로를 지시하는 계기

해설 무선자기지시계(Radio Magnetic Indicator)
- 무선자기지시계는 자북방향에 대해 VOR 신호방향과의 각도 및 항공기의 방위각을 나타내 준다.
- 두 개의 지침을 사용하여 하나는 VOR의 방향을, 또하나는 ADF의 방향을 나타낸다.

11 ILS에 대한 설명 중 틀린 것은?

① ILS의 지상설비는 로칼라이저장치, 글라이드 패스장치, 마커비컨으로 구성되어 있다.
② 로컬라이저 코스와 글라이드 패스는 90 MHz와 150MHz로 변조한 전파로 만들어져 항공기 수신기로 양쪽의 변조도를 비교하여 코스 중심을 구한다.
③ 항공기가 로컬라이저 코스의 좌측에 위치하고 있을 때는 지시기의 지침은 좌로 움직인다.

정답 07 ③ 08 ① 09 ① 10 ① 11 ③

④ 항공기가 글라이드 패스 위쪽에 위치하고 있을 때는 지시기의 지침은 밑으로 흔들린다.

> 해설 ILS 지시기 : 로컬라이저와 글라이드 패스의 Cross Pointer를 사용하고 그 교점이 착륙코스를 지시하고 중심으로부터의 움직임이 편위의 크기를 나타낸다.

12 글라이드 슬로프(glide slope)의 주파수는 어떻게 선택하는가?

① VOR 주파수 선택시 자동선택
② DME 주파수 선택시 자동선택
③ LOC 주파수 선택시 자동선택
④ VHF 주파수 선택시 자동선택

> 해설 글라이드 슬로프 수신기 : VHF 항법용 수신장치에서 로컬라이저 주파수를 선택할 때 동시에 글라이드 슬로프 주파수가 선택되도록 되어 있다.

13 위성 궤도와 배치 방식에 따른 위성 통신 방식이 아닌 것은?

① 랜덤 위성 방식
② 정지 위성 방식
③ 위성 궤도 방식
④ 위상 위성 방식

> 해설 궤도조건과 배치방식에 따른 위성통신 방식
> • 랜덤위성방식 : 초기 위성통신방식, 상시통신을 위해 다수의 위성 필요
> • 위상위성방식 : 등간격의 다수의 위성 배치, 경제성이 문제
> • 정지위성방식 : 현재 주로 사용하는 방식, 3개의 위성이 상시 통신망을 확보

14 SELCAL System에 대한 설명 중 틀린 것은?

① SELCAL은 지상에서 항공기를 호출하는 장치이다.
② 호출음은 퍼스트 톤과 세컨드 톤이 있다.
③ HF,VHF 통신기를 이용한다.
④ 호출은 차임(Chime)만 울려서 알린다.

> 해설 SELCAL System(Selective Calling System)
> • 지상에서 항공기를 호출하기 위한 장치이다.
> • HF,VHF 통신장치를 이용한다.
> • 한 목적의 항공기에 코드를 송신하면 그것을 수신한 항공기 중에서 지정된 코드와 일치하는 항공기에만 조종실 내에 램프를 점등시킴과 동시에 차임을 작동시켜 조종사에게 지상국에서 호출하고 있다는 것을 알린다.
> • 현재 항공기에는 지상을 호출하는 장비는 별도로 장착되어 있지 않다.

15 요댐퍼 시스템(Yawing Damper System)에 대한 설명 중 틀린 것은?

① 항공기 비행고도를 급속하게 낮추는 것이다.
② 각 가속도를 탐지하여 전기적인 신호로 바꾼다.
③ 방향타를 적절하게 제어하는 것이다.
④ 더치 롤(Dutch Roll)을 방지할 목적으로 이용된다.

> 해설 Yawing Damper System
> • 더치롤(Dutch Roll)방지와 균형선회(Turn Coordination)를 위해서 방향타(Rudder)를 제어하는 자동조종장치를 말한다.
> • 감지기는 레이트 자이로(Rate Gyro)가 사용되며 편요 가속도(Yaw Rate)의 전기적 출력을 증폭하여 서보모터를 동작시켜 기계적인 움직임으로 변환시킨다.

16 위성 통신 장치 중 감지 제어계는?

① 안테나의 도래 방향을 검출하는 방법
② 안테나의 방향이 위성을 향하도록 제어하는 안테나 구동 제어 장치
③ 전파를 수신하여 방위 오차를 검출
④ 오차 신호를 동기 검파하여 오차의 크기와 부호를 검출할 기능이 없다.

해설 감시제어계는 추적장치와 안테나 구동제어장치로 구성된다.

17 전파고도계로 측정 가능한 고도는?

① 진고도
② 절대고도
③ 기압고도
④ 계기고도

해설 전파고도계(Radio Altimeter)
- 항공기에 사용하는 고도계에는 기압고도계와 전파고도계가 있는데 전파고도계는 항공기에서 전파를 대지를 향해 발사하고 이 전파가 대지에 반사되어 돌아오는 신호를 처리함으로써 항공기와 대지 사이의 절대고도를 측정하는 장치이다.
- 고도가 낮으면 펄스가 겹쳐서 정확한 측정이 곤란하기 때문에 비교적 높은 고도에서는 펄스고도계가 사용되고 낮은 고도에서는 FM형 고도계가 사용된다.
- 저고도용에는 FM형 절대고도계가 사용되며 측정범위는 0~2500ft이다.

18 자동비행장치인 FMS(Flight Management System)의 주요 기능이 아닌 것은?

① 조종사의 Work Load가 현저히 감소한다.
② 자동비행장치이므로 Human Error 위험성은 다소 많다.
③ 비행안전성이 향상된다.
④ 연료효율이 가장 좋은 상태로 운항할 수 있다.

해설 FMS의 주요기능
- 조종사의 Work Load가 현저히 감소한다.
- 자동항법의 실현에 의해 Human Error 위험성이 감소하고 비행안정성이 향상된다.
- Computer제어에 의해 연료효율이 가장 좋은 경제적인 운항이 가능하다.

정답 16 ② 17 ② 18 ②

Chapter 04

Craftsman Aircraft Maintenance

공개기출문제

공개기출문제
항공장비정비기능사 필기 2013년도 2회 시행

01 조종간과 승강키가 연결장치에 의해 연결되었을 때 조종력을 구하기 위한 식은? (단, K : 조종계통의 기계적 장치에 의한 이득, He : 승강키 힌지모멘트이다)

① $\dfrac{He}{K}$ ② $\dfrac{K^2}{He}$

③ $K \cdot He$ ④ $K + He$

02 헬리콥터의 동시피치제어간(Collective pitch control lever)을 위로 움직이면 어떤 현상이 발생하는가?

① 회전날개의 피치가 증가한다.
② 회전날개의 피치가 감소한다.
③ 헬리콥터의 고도가 낮아진다.
④ 회전날개가 플래핑을 감소시킨다.

> 해설
> • 주기적 피치제어간 : 전후좌우
> • 비행 동시 피치제어간 : 상승, 하강
> • 비행 페달 : 방향 전환

03 비행기가 정적중립(Static neutral)인 상태일 때를 가장 옳게 설명한 것은?

① 받음각이 변화된 후 원래의 평형상태로 돌아간다.
② 조종에 대해 과도하게 민감하며, 교란을 받게 되면 평형상태로 되돌아오지 않는다.
③ 비행기의 자세와 속도를 변화시켜 평형을 유지시킨다.
④ 반대 방향으로의 조종력이 작용되면 원래의 평형상태로 되돌아간다.

> 해설
> • 정적 안정 : 불안정 상태에서 안정 상태로 되돌아 가려는 초기의 경향
> • 정적 중립 : 교란된 평형 상태의 물체가 이동된 위치에서 평형상태를 유지할 때의 상태

04 그림같이 각각의 1회전당 이동거리를 갖는 (a), (b) 두 프로펠러를 비교한 설명으로 옳은 것은?

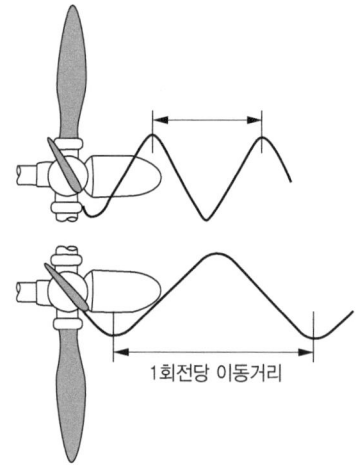

① (a)프로펠러의 피치각이 (b)프로펠러보다 작다.
② (a)프로펠러의 피치각이 (b)프로펠러보다 크다.
③ 거리와 상관없이 (a)프로펠러가 (b)프로펠러보다 회전속도가 항상 빠르다.
④ 동일한 회전속도로 구동하는데 있어 (a)프로펠러에 더 많은 동력이 요구된다.

> 해설 그림은 피치(pitch)를 설명한 것으로 피치가 크다는 것은 깃각(피치각)이 크다는 의미와 같다.

05 착륙접지 후 작동하여 양력을 감소시키고 항력을 증가시켜 바퀴 브레이크의 제동 효과를 높여주기위해 사용하는 것은?

① 플랩
② 역추진 장치
③ 피치 암
④ 지상 스포일러

06 날개면적이 80m², 무게가 7,500kgf인 비행기가 밀도 1/8kgf·s²/m⁴인 해면고도를 수평비행할 때, 비행 속도는 몇 m/s인가?(단, 양력계수는 0.15이다.)

① 80
② 100
③ 120
④ 150

해설 $V = \sqrt{\dfrac{2W}{\rho S C_L}} = \sqrt{\dfrac{2 \times 7{,}500}{(1/8) \times 80 \times 1.5}}$

07 항공기 기체의 기준축을 중심으로 발생하는 모멘트의 종류가 아닌 것은?

① 옆놀이 모멘트
② 빗놀이 모멘트
③ 축놀이 모멘트
④ 키놀이 모멘트

해설
· 세로축 기준 : 옆놀이 모멘트
· 가로축 기준 : 키놀이 모멘트
· 수직축 기준 : 빗놀이 모멘트

08 비행체 주위의 압력 분포를 나타내는 압력계수를 옳게 나타낸 것은?

① 정압의 차 / 동압
② 정압의 차 / 전압
③ 동압 / 정압의 차
④ 전압 / 정압의 차

해설 $C_p = \dfrac{P - P_0}{\frac{1}{2}\rho S V_0^2} = \dfrac{\text{정압의 차}}{\text{동압}}$

09 비행기가 착륙시 활주로 위의 일정한 높이에서 실속속도 이상의 속도로 강하하는데 그 이유로 옳은 것은?

① 주날개에서 발생하는 임계항력을 증가시키기 위해
② 꼬리날개에서 발생하는 유도항력을 일정하게 유지하기 위해
③ 더욱 빠른 실속을 유도하여 착륙시간을 단축시키기 위해
④ 지면 부근의 돌풍에 의한 비행기의 자세 교란을 방지하기 위해

해설 착륙 속도는 실속 속도의 1.2배 정도이다.

10 다음 중 최대 캠버가 가장 큰 날개골은?

① NACA 0012
② NACA 4415
③ NACA 0018
④ NACA 23015

해설 최대 캠버의 크기는 첫 번째 자리 숫자이다.

11 대류권과 성층권의 경계면인 대류권계면의 특징으로 틀린 것은?

① 공기가 희박하다.
② 성층권계면보다 기온이 낮다.
③ 제트기의 순항고도로 적합하다.
④ 구름이 많고 대기가 불안정하다.

12 그림과 같은 날개골 주위의 초음속 흐름에서 ⓐ와 같이 발생하는 것은?

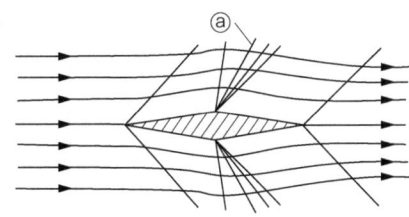

① 경사 충격파
② 팽창파
③ 수직 충격파
④ 초음파

해설 초음속 흐름에서는 충격파와 팽창파가 발생하며, 충격파는 통로가 좁아지는 곳에서, 팽창파는 통로가 넓어지는 곳에서 발생한다. 그러므로 앞쪽 모서리에서는 충격파가 발생하고 중간 부분에서는 팽창파가 발생한다.

13 헬리콥터의 날개에 장착된 장치로 좌우 불균형 상태인 양력의 비대칭 현상을 방지하기 위한 것은?

① 페더링 축
② 회전 경사판
③ 플래핑 힌지
④ 주기적 피치 제어간

> 해설
> • 리드래그 힌지 : 기하학적 불평형 해소
> • 플래핑 힌지 : 양력 불평형 해소

14 공기 중에서 50kgf 항력을 받으며 면적이 8m² 인 물체가 일정한 속도 10m/s로 떨어지고 있을 때 물체가 갖는 항력계수는 얼마인가? (단, 공기의 밀도는 0.1kgf · s²/m⁴ 이다)

① 1.0 ② 1.15
③ 1.25 ④ 1.75

> 해설 종극 속도(V_T) : 물체가 수직으로 낙하시 속도가 점점 증가하다가 더 이상 증가하지 않고 일정한 속도가 되는데 이 속도를 종극속도라 한다.
> $V_T = \sqrt{\dfrac{2W}{\rho S C_D}}$, $\therefore C_D = \dfrac{2W}{\rho S V_T^2} = \dfrac{2 \times 50}{0.1 \times 8 \times 10^2}$

15 버펫(Buffet)에 대한 설명으로 옳은 것은?

① 동체에 작용하여 전진성능을 향상시킨다.
② 주날개에 작용하여 상승성능을 좋게 한다.
③ 일정한 강하 속도 및 옆놀이 각속도를 유지하면서 강하하는 현상이다.
④ 흐름의 떨어짐에 대한 후류의 영향으로 날개나 꼬리날개를 진동시켜 발생하는 현상이다.

16 너트나 볼트 헤드까지 닿을 수 있는 거리가 굴곡이 있는 장소에 사용되는 그림과 같은 공구의 명칭은?

① 알렌 렌치
② 익스텐션 바
③ 래칫 핸들
④ 플렉시블 소켓

17 화학적 피막 처리의 하나인 알로다인 처리에 사용되는 용제들 중 암적색 용재로 알루미늄 합금으로된 날개 구조재의 안쪽과 바깥쪽의 도장 작업을하기 전에 표피 전 처리 작업으로 활용되는 것은?

① 알로다인 600
② 알로다인 1000
③ 알로다인 1200
④ 알로다인 2000

18 다음 ( ) 안에 알맞은 용어는?

> "An airplane is controlled directionally about it's vertical axis by the ( )."

① flap
② elevator
③ rudder
④ ailerons

> 해설 비행기는 _____ 에 의해 수직축에 대해 방향조종된다.

19 다음 중 육안검사로 찾아 낼 수 있는 결함이 아닌 것은?

① 구부러짐 ② 부식
③ 내부 균열 ④ 찍힘

> 해설 내부 균열은 비파괴 검사로 찾아낸다.

20 다음 중 스냅 링(Snap ring)과 같은 종류를 벌려 줄 때 사용하는 공구는?

① External ring plier
② Connector plier
③ Internal ring plier
④ Combination plier

21 다음 ( ) 안에 들어갈 말이 순서대로 옳게 짝 지어진 것은?

> ( ) 화재는 전기에 의해 발생하며, ( ) 화재는 유류에 의해, ( ) 화재는 금속자체에서 발생하며, ( ) 화재는 일상적으로 발생하는 화재이다.

① B급, D급, C급, A급
② C급, B급, A급, D급
③ C급, B급, D급, A급
④ B급, C급, D급, A급

22 항공기의 잭 작업 시 잭 포인트에 설치하여야 할 작업공구를 무엇이라고 하는가?

① 촉(chock)
② 잭 패드(Jack pad)
③ 응력 패널(Stress panel)
④ 계류 로프(Tie-down rope)

◉ 잭 패드는 차체를 들어올릴 경우 잭(jack)을 걸기 위하여 설치한 부재이다.

23 볼트의 부품기호 AN3DD5A 로 표시되어 있다면 AN "3"이 의미하는 것은?

① 볼트길이가 3/8in
② 볼트직경이 3/8in
③ 볼트길이가 3/16in
④ 볼트직경이 3/16in

◉ AN—규격, 3—3/16in, DD—재질(2024), 5—5/8in, A—구멍 무

24 알루미늄합금의 부식을 방지하기 위해 표면에 순수알루미늄을 코팅할 때 사용하는 방법은?

① 침탄   ② 압출
③ 압연   ④ 질화

◉ 압연은 금속의 소성을 이용하여 고온이나 상온의 금속재료를 회전하는 두 롤 사이를 통과시켜 판·봉·관·형재 등으로 가공하는 방법

25 리벳의 치수 결정에 대한 설명으로 틀린 것은?

① 성형된 리벳 머리의 두께는 리벳 지름의 1/2 정도가 적절하다.
② 리벳 머리를 성형하기 위해 리벳이 판재위로 돌출되는 길이는 리벳 지름의 1.5배 정도이다.
③ 리벳 머리의 지름은 리벳 지름의 1.5배 정도가 적절하다.
④ 리벳의 지름은 접합할 판재 중 두꺼운 쪽 판재두께의 2배가 적당하다.

◉ 리벳의 지름은 가장 두꺼운 판재에 3D이다.

26 그림과 같은 항공기용 조종 케이블의 단자 연결법은?

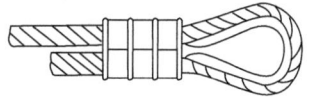

① 스웨이징법
② 랩솔더법
③ 니코프레스법
④ 5단엮기법

◉ 니코프레스는 움직이고 제거할 수 없는 영구적인 케이블 하드웨어

27 정비의 개념에 대한 설명으로 틀린 것은?

① 항공기의 감항성을 유지하기 위한 행위이다.
② 사용 중 발생한 고장이나 불량상태를 회복시키는 행위이다.
③ 고장의 발생요인을 미리 발견하여 제거함으로서 완전한 기능을 유지시키는 행위이다.
④ 점검 및 검사는 포함되지만 각종 유류를 보급하는 행위는 대상에서 제외된다.

해설 정비의 목적은 점검 및 검사, 서비스, 세척, 수리, 개조 작업 등을 말한다.

28 다음 문장이 뜻하는 작업은?

> Word that is used to describe the lifting of aircraft in order to perform aircraft maintenance or to measure aircraft weight.

① 잭 작업　② 지상 유도
③ 견인 작업　④ 계류 작업

해설 항공기 무게를 재거나 항공기 정비를 수행하기 위해 항공기를 들어올리는 작업

29 다음 중 기관정지를 지시하는 수신호는?

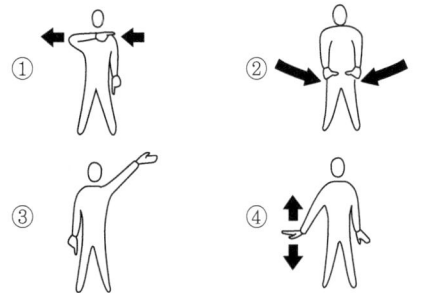

해설 ① : 기관정지, ② : 고임목 침, ④ : 한쪽 엔진의 출력 감소

30 최소 측정값이 1/50mm인 그림과 같은 버니어 캘리퍼스에서 * 표시된 곳이 일치하였다면 측정값은 몇 mm 인가?

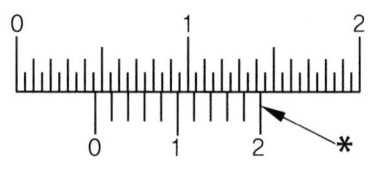

① 4.52　② 4.70
③ 4.72　④ 4.75

31 다음 중 토크값의 적용 방법에 관한 설명으로 옳은것은?

① 일반적으로 볼트 쪽에서 적용한다.
② 연장공구를 사용시 토크값의 조절은 필요하지 않다.
③ 너트 쪽에서 토크값을 적용할 상황에는 토크 값을 기준보다 작게 해야 한다.
④ 동일한 부위라도 항공기 제작회사별로 다르게 적용된다.

32 항공기에 작동유를 보급할 때 주의사항으로 가장 옳은 것은?

① 한번 사용한 작동유는 정제하여 재사용한다.
② 보급을 하고 남는 작동유는 다음번 보급에 가능한 한 사용하지 않는다.
③ 한번 작동유를 보급하면 작동유를 소진하기 전까진 다시 보급할 필요가 없다.
④ 작동유는 2종류 이상의 작동유를 혼합해서 사용한다.

해설 작동유는 재사용 하지 않는다.

33 비파괴 검사의 종류와 약어의 연결이 틀린 것은?

① 침투탐상검사 – Penetration Testing : PT
② 초음파탐상검사 – Sound Wave Testing : ST
③ 방사선투과검사 – Radio graphic Testing : RT
④ 자분탐상검사 – Magnetic Particle Testing : MT

해설 초음파탐상검사–Ultrasonic inspection : UT

34 고장의 자료와 품질에 관한 자료를 감시, 분석하여 문제점을 발견하고, 이것에 대한 처리 대책을 강구하는 정비방식은?

① 공장 정비관리 ② 예방 점검관리
③ 정시 정비관리 ④ 신뢰성 정비관리

35 다음 중 항공기가 격납고내에 있는 동안이나 연료급유와 배유작업 및 항공기의 정비작업 중에 반드시 행하여야 할 사항은?

① 받침대의 점검 ② 접지
③ 견인장비의 점검 ④ 전기기기의 점검

36 증기순환냉각(Vapor cycle machine)계통의 장치가 아닌 것은?

① 수분분리기 ② 응축장치
③ 리시버 건조기 ④ 팽창밸브

37 항공기용 전기계통에 사용되는 역전류차단기에 대한 설명으로 옳은 것은?

① 직류발전기 계통에 필요하다.
② 교류 과전류를 차단하는데 필요하다.
③ 발전기 전압이 모선 전압보다 높을 때 차단된다.
④ 축전지의 상태를 알려주기 위해 설치하는 차단기이다.

해설
- 전압 조절기 : 계자 코일의 전류를 조절해 전기자의 회전수와 부하의 변동에 관계없이 일정 출력 전압 유지(진동형, 카본 파일형)
- 이퀄라이저 회로 : 2대 이상의 발전기를 병렬로 연결하여 작동시킬 때 어느 쪽 발전기의 출력이 높아져 다른 발전기에 부하 발생 방지를 위해 각 발전기의 출력을 일정하게 조절해 주는 장치
- 역전류 차단 장치 : 발전기 출력 전압이 낮을 때 축전지로부터 발전기로 역전류가 흐르는 것을 방지하는 장치

38 그림과 같은 직류 발전기의 드럼형 전기자에서 ⓐ가 지시하는 것은?

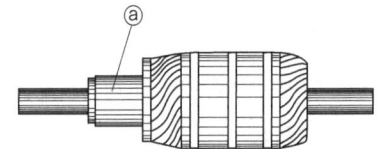

① 정류자 ② 전기자 코어
③ 주권선 ④ 전기자 코일

39 싱크로 고정자에 대한 설명으로 틀린 것은?

① 3상 교류발전기의 고정자와 유사하다.
② 서로 120° 간격으로 3개의 권선이 있다.
③ 고정자는 I형 또는 Y자형의 적층 철심이 있다.
④ 고정자 철심에는 홈이 있고 이 홈에 권선이 감겨있다.

40 변압기에 관한 설명으로 틀린 것은?

① 변압기는 권선비와 같다.
② 손실에는 동손과 철손이 있다.
③ 권선비가 1 보다 크면 승압변압기이다.

④ 권선의 전압, 전류는 정격치를 넘어서 사용할 수 없다.

41 지도상의 북쪽과 자기상의 북쪽과의 차이각을 무엇이라 하는가?

① 자차   ② 편차
③ 복각   ④ 반원차

> 해설
> • 복각 : 자석을 적도에서 북극까지 이동시키면 적도에서는 수평이지만 북극에 가까워질수록 기울어져 수직으로 되는데 이 때 기울어지는 각도를 말한다.
> • 편차 : 지축과 지자기축이 서로 일치하지 않기 때문에 지구 자오선 사이에는 오차각이 생기게 되며 이를 편차라 한다.
> • 자차 : 자기 계기 주위에 설치 되어 있는 전기기기와 그것에 연결된 전선, 기체 구조재 중 자성체의 영향 그리고 자기 계기의 제작과 설치상의 잘못으로 인하여 지시오차가 발생하게 되는데 이를 자차라 한다.

42 다음 중 일반적으로 방빙 및 제빙계통이 설치되지 않는 곳은?

① 기화기   ② 윈드쉴드
③ 뒷전 플랩   ④ 날개 앞전

43 다음 중 조종실에서 사용할 수 없는 소화기는?

① 소화기   ② 질소 소화기
③ 청정 소화기   ④ 분말 소화기

44 유압계통에 이용되는 라인 디스커넥터(Line dis-connector)의 역할로 옳은 것은?

① 유압계통이 사용되지 않을 때 작동유를 한쪽 으로 모은다.
② 유압계통이 사용되지 않을 때 온도에 의한 팽창을 막는다.
③ 유압계통이 사용되지 않을 때 작동유가 리저버로 배출되는 것을 막는다.
④ 유압계통 배관을 분리했을 때 작동유가 관에서 배출되는 것을 방지한다.

45 다음 유압계통에 사용되는 기기기호의 의미는?

① 축압기
② 체크밸브
③ 릴리프밸브
④ 셔틀밸브

46 APU가 자동 정지된 경우 그 원인으로 볼 수 없는 것은?

① 오일의 냉각
② APU의 화재 발생
③ 시동시 EGT 한계치 초과
④ 배터리 계통의 전압 저하

47 빛을 받으면 전압이 발생하는 것을 이용하여 항공기에서 연기경고장치의 화재탐지 수감부로 많이 쓰이는것은?

① 광전지   ② 열전쌍
③ 열스위치   ④ 루우프

>
> • 열전쌍식 화재 경고 장치 : 온도의 급격한 상승에 의하여 화재를 탐지하는 장치이다. 서로 다른 종류의 특수한 금속을 서로 접합한 열전쌍(thermocouple)을 이용하여 필요한 만큼 직렬로 연결하고, 고감도 릴레이를 사용하여 경고 장치를 작동시킨다.
> • 열 스위치식 화재 경고 장치 : 열 스위치(thermal switch)는 열팽창률이 낮은 니켈-철 합금인 금속 스트럿이 서로 휘어져 있어 평상시는 접촉점이 떨어져 있다. 그러나 열을 받으면 스테인리스강으로 된 케이스가 늘어나게 되므로, 금속 스트럿이 펴지면서 접촉점이 연결되어 회로를 형성시킨다.
> • 저항 루프형 화재 경고 장치 : 전기 저항이 온도에 의해 변화하는 세라믹이나 일정 온도에 달하면 급격하게 전기 저항이 떨어지는 융점이 낮은 소금(eutectic salt)을 이용하여 온도 상승을 전기적으로 탐지하는 것이다.
> • 광전지식 화재 경고 장치 : 광전지는 빛을 받으면 전압이 발생한다. 이것을 이용하여 화재 발생 시 나타나는 연기로 인한 반사광으로 화재를 탐지한다.

48 항공기 회전계에 대한 설명으로 틀린 것은?

① 기관의 회전속도를 알기 위한 계기이다.
② 정격속도에 대한 백분율로 나타내기도 한다.
③ 로터블레이드의 회전속도를 알기 위한 계기이다.
④ 항공기가 방향전환을 할 때 경사각을 측정하여 회전을 돕는다.

49 항공기의 승강계는 고도에 따른 무엇의 변화를 이용한 것인가?

① 동압 ② 온도
③ 밀도 ④ 대기압

50 그림과 같이 단면적이 1인 피스톤이 연결된 브레이크 페달에 10kg의 압력을 가하면 단면적이 10인 피스톤이 작동되는 타이어의 브레이크에는 몇 kg의 압력이 작용하는가?

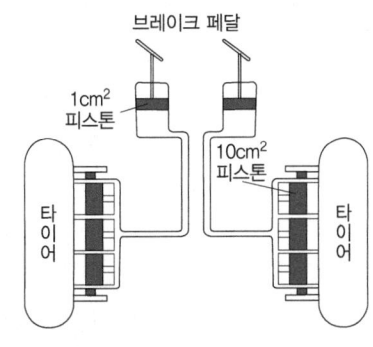

① 50   ② 100
③ 150 ④ 200

해설 $\frac{F_1}{A_1} = \frac{F_2}{A_2}$ 로부터, $F_2 = \frac{A_2}{A_1} \times F_2$ 이다.
(A : 단면적, F : 가해지는 힘)

51 열팽창 계수가 각각 다른 2개의 금속조각을 서로 맞붙여 놓으면 온도변화로 팽창에 차이가 생기는데 이 때의 변위량으로 온도를 측정하는 것은?

① 전기저항식 온도계
② 증기압식 온도계
③ 바이메탈식 온도계
④ 열전쌍식 온도계

52 속도계의 색표식 중에서 플랩(flap)을 조작하는 것과 가장 관계가 깊은 것은?

① 흰색호선   ② 노란색호선
③ 녹색호선   ④ 붉은색 방사선

해설 항공계기의 색표지
• 붉은색 방사선 : 최소 및 최대 운전 또는 운용한계 표시
• 노란색 호선 : 경계 또는 경고 범위
• 초록색 호선 : 상용 안전 운용 범위 또는 계속적인 운전범위
• 푸른색 호선 : 기화기를 장비한 엔진에서 연료 공기 혼합비가 희박한 경우 상용 안전 운용 범위
• 흰색 호선 : 최대 착륙 하중시의 실속 속도에서 플랩을 내릴 수 있는 속도까지의 범위

53 다음 중 정전 용량식 액량계에서 사용하는 주된 부품은?

① 부자(float)   ② 콘덴서(condenser)
③ 저항(resistance) ④ 유리관(glass tube)

54 그림과 같은 유압 계통에서 압력을 조절하는 것은?

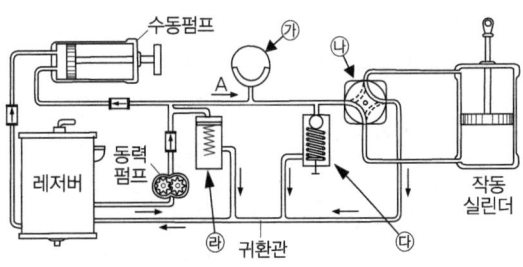

① 갸   ② 냐
③ 댜   ④ 랴

해설 갸 : Accumulator, 냐 : Selector valve,
댜 : Pressure Relief Valve, 랴 : Pressure Regulator

55 항공기가 조난되었을 때 구조 신호로 사용되지 않는 것은?

① 전파　　② 연기
③ 불꽃　　④ 전자기

> 해설　항공기 조난시 연기나, 불꽃, 전파 등으로 신호를 보낼 수 있다.

56 강하비행 시 객실내의 압력이 낮아서 외기의 높은 압력을 받아들일 때 사용되는 밸브는?

① 덤프밸브(Dump valve)
② 네거티브밸브(Negative valve)
③ 아웃 플로우 밸브(Out flow valve)
④ 세이프티 릴리프밸브(Safety relief valve)

> 해설
> • 아웃 플로어 밸브 : 객실 내의 공기를 일정 기압이 되도록 동체의 옆이나 끝부분, 또는 날개의 필릿을 통하여 공기를 외부로 배출시키는 밸브
> • 객실 압력 안전밸브 : 압력 릴리프 밸브, 부압 릴리프 밸브, 덤프 밸브
> ㉠ 압력 릴리프 밸브 : 과도한 차압에 대해서 기체의 팽창에 의한 파손을 방지하기 위한 장치
> ㉡ 부압 릴리프 밸브 또는 진공 밸브 : 대기압이 객실내의 기압보다 높은 경우에는 대개의 공기가 객실로 자유롭게 들어오도록 되어 있는 밸브
> ㉢ 덤프 밸브 : 조종석에서 작동하며 조종석의 스위치를 램 공기 위치에 놓으면 솔레노이드가 열려 객실 공기를 대기로 배출한다.

57 그림과 같은 식별 테이프가 붙어있는 항공기 계통은 무엇인가?

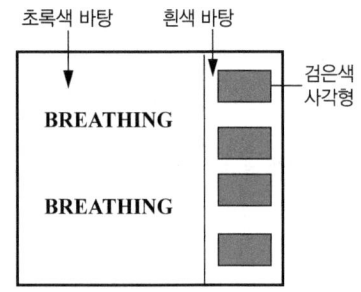

① 산소계통　　② 유압계통
③ 연료계통　　④ 전기계통

58 시동 전동기의 전원 극성을 반대로 했을 때의 회전상태는?

① 역회전 한다.　　② 회전하지 않는다.
③ 변화가 없다.　　④ 속도가 빨라진다.

59 그림과 같은 회로에서 모든 저항의 값이 10이라면 총 합성저항은 몇 인가?

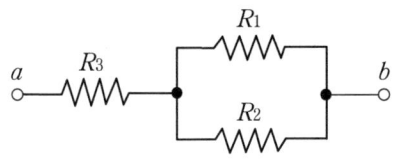

① 10　　② 15
③ 20　　④ 25

> 해설
> • 직렬 합성저항 $R = R_1 + R_2 + R_3 + \cdots + R_n$
> • 병렬 합성저항 $\dfrac{1}{R} = \dfrac{1}{R_1} + \dfrac{1}{R_2} + \dfrac{1}{R_3} + \cdots + \dfrac{1}{R_n}$

60 일반적인 팽창식 구명조끼에 채워지는 가스의 종류는?

① 산소　　② 이산화탄소
③ 질소　　④ 프레온 가스

항공장비정비기능사 필기 2013년도 2회 시행 정답

1	2	3	4	5	6	7	8	9	10
③	①	②	①	④	②	③	①	④	③
11	12	13	14	15	16	17	18	19	20
④	②	②	③	④	②	④	③	④	①
21	22	23	24	25	26	27	28	29	30
③	②	③	④	③	④	①	①	④	②
31	32	33	34	35	36	37	38	39	40
④	②	④	②	④	②	③	①	④	①
41	42	43	44	45	46	47	48	49	50
②	②	④	③	①	①	①	④	④	②
51	52	53	54	55	56	57	58	59	60
③	①	②	④	④	①	③	①	②	②

공개기출문제
항공장비정비기능사 필기 2014년도 2회 시행

01 720km/h로 비행하는 비행기의 마하계 눈금이 0.6을 지시했다면 이 고도에서의 음속은 약 몇 m/s인가?

① 322 ② 327
③ 333 ④ 340

해설 $M = \dfrac{V}{a}$, $a = \dfrac{V}{M} = \dfrac{(720/3.6)}{0.6}$

02 다음과 같은 5자 계열 날개골에서 각 숫자의 의미를 옳게 설명한 것은?

NACA 2 3 0 15
　　　ⓐ ⓑ ⓒ ⓓ

① ⓐ 항은 최대 캠버의 크기가 시위의 20%임을 의미한다.
② ⓑ 항은 최대 캠버의 위치가 시위의 15%에 위치함을 의미한다.
③ ⓒ 항은 최대 캠버 위치 이후 평균 캠버선이 3차 곡선임을 의미한다.
④ ⓓ 항은 최대 두께가 시위의 1.5%임을 의미한다.

03 헬리콥터 로터조종기구인 사이클릭(cyclic) 조종간과 콜렉티브(collective) 조종간에 연결되어 로터 깃각을 변경시키는 장치는?

① 댐퍼(Damper)
② 에일러론(Aileron)
③ 회전 경사판(Swash plate)
④ 수직 안정판(Vertical stabilizer)

04 비행기가 500ft/s의 속도로 수평선에 대해 30°의 각도로 상승하고 있을 때 상승률은 몇 ft/s인가?

① 152 ② 171
③ 234 ④ 250

해설 $R.C = V\sin\theta = 500 \times \sin 30$

05 프로펠러의 자이로 모멘트(Gyro moment) 특성은 자이로스코프의 어떤 특성에 기인하는가?

① 강직성(Rigidity)
② 진자효과(Pendulum effect)
③ 섭동성(Precession)
④ 회전효과(Rotation effect)

06 마하수로 분류한 속도의 명칭과 범위가 잘못 짝지어진 것은?

① 아음속 : 마하수 〈 0.75
② 천음속 : 0.5 〈 마하수 〈 0.99
③ 초음속 : 1.2 〈 마하수 〈 5.0
④ 극초음속 : 5.0 〈 마하수

해설 천음속 : 0.75 〈 M 〈 1.2

07 비행성능에 대한 설명으로 틀린 것은?

① 고도가 증가하면 상승률이 감소한다.
② 활공각이 크면 활공 거리가 길어진다.
③ 고도가 증가하면 비행 속도와 필요마력은 증가한다.

④ 정상 등속도 수평비행이란 항력과 추력이 같고 양력과 무게가 같다.

08 날개의 시위길이가 2m, 공기의 흐름속도가 720km/h, 공기의 동점성계수가 0.2cm/s일 때, 레이놀즈수는 약 얼마인가?

① 2×10^6 ② 4×10^6
③ 2×10^7 ④ 4×10^7

해설 레이놀즈수$(R.N) = \dfrac{Vl}{\nu}$

09 비행기의 날개에 작용하는 양력의 크기에 대한 설명으로 틀린 것은?

① 양력계수에 비례한다.
② 비행속도에 반비례한다.
③ 날개의 면적에 비례한다.
④ 공기의 밀도의 크기에 비례한다.

해설 $L = \dfrac{1}{2} C_L \rho V^2 S$

10 방향키(Rudder)에 대한 설명으로 옳은 것은?

① 좌우 방향 전환의 조종 목적뿐만 아니라 옆바람이나 도움날개의 조종에 따른 빗놀이 모멘트를 상쇄하기 위해서 사용된다.
② 이륙이나 착륙시 비행기의 양력을 증가시켜 주는데 목적이 있다.
③ 비행기의 세로축을 중심으로 한 옆놀이운동을 조종하는데 주로 사용되는 조종면이다.
④ 비행기의 가로축을 중심으로 한 키놀이운동을 조종하는데 주로 사용되는 조종면이다.

11 프로펠러 비행기가 순항할 때 경제속도란 다음 중어떠한 상태로 비행하는 것을 말하는가?

① 필요동력이 최소인 상태

② 필요동력이 최대인 상태
③ 이용동력이 최소인 상태
④ 이용동력이 최대인 상태

12 비행기의 기준축과 각 축에 대한 회전 각운동이 옳게 연결된 것은?

① 세로축 – X축 – 키놀이(Pitching moment)
② 세로축 – Z축 – 빗놀이(Yawing moment)
③ 수직축 – Y축 – 키놀이(Pitching moment)
④ 수직축 – Z축 – 빗놀이(Yawing moment)

13 비행기의 방향안정에 일차적으로 영향을 미치는 것은?

① 수직꼬리날개   ② 주날개
③ 수평꼬리날개   ④ 스포일러

14 헬리콥터의 깃끝의 선속도(υ)와 각속도(ω)의 관계가 옳은 것은? (단, 헬리콥터 깃의 반지름은 γ이다.)

① $\upsilon = \gamma \omega$ ② $\upsilon = \gamma^2 \omega$
③ $\upsilon = \dfrac{\omega}{\gamma}$ ④ $\upsilon = \dfrac{\omega}{\gamma^2}$

15 다음 중 천음속 이상의 속도로 비행하는 항공기의 조파항력을 감소시키기 위한 비행기의 날개로 가장 적합한 것은?

① 직사각형 날개   ② 테이퍼 날개
③ 타원 날개   ④ 뒤젖힘 날개

16 다음 중 안전결선 작업에 대한 내용으로 틀린 것은?

① 안전결선의 절단은 직각이 되도록 자른다.
② 와이어를 꼴 때에는 팽팽한 상태가 되도록

한다.
③ 안전결선은 한번 사용한 것은 다시 사용하지 못한다.
④ 안전결선을 신속하고 일관성 있게 하기 위해서는 티 핸들을 사용한다.

해설 안전결선을 신속하고 일관성 있게 하기 위해서는 트위스터를 사용한다.

17 항공기 정비를 위한 전기 장비에 화재가 발생하였을경우 소화기로 가장 적합한 것은?

① 건조사
② 물펌프 소화기
③ 포말 소화기
④ 이산화탄소 소화기

해설 물펌프소화기는 A급화재, 포말소화기는 A, B급화재에 적합하다.

18 볼트 헤드에 ×기호가 새겨져 있다면 이 기호의 의미는?

① 열처리 볼트
② 내식강 볼트
③ 합금강 볼트
④ 정밀 공차 볼트

해설 열처리 : R, 내식강 : _
합금강 : ×, 정밀 공차 볼트 : △

19 예방 정비의 모순점에 대한 내용이 아닌 것은?

① 부품에 이상이 있을 경우 즉각적인 원인 파악과 조치가 가능하다.
② 장기간 만족스럽게 작동되는 장비나 부품을 고의로 장탈한다.
③ 부품의 분해 조립 과정에서 고장 발생의 가능성이 조성된다.
④ 부품 본래의 결점을 파악하기 어려워 품질 개선에 어려움이 있다.

20 급작스러운 강풍이나 기상상황을 고려하여 바람에의한 항공기 파손을 방지하기 위하여 지상에 정지시키는 지상작업의 명칭은?

① 항공기 견인(Towing)
② 항공기 계류(Mooring)
③ 항공기 활주(Taxing)
④ 항공기 주기(Parking)

21 물림 턱에 락(lock)장치가 되어있어 한 번 조절되어 락(lock)되면 작은 바이스처럼 잡아주는 공구는?

① 롱노즈 플라이어(Long nose plier)
② 워터 펌프 플라이어(Water pump plier)
③ 바이스 그립 플라이어(Vise grip plier)
④ 콤비네이션 플라이어(Combination plier)

22 마이크로미터에 대한 설명으로 틀린 것은?

① 측정물과 직접 닿는 부분은 앤빌과 스핀들이다.
② 보통 0.01mm와 0.001mm까지 측정할 수 있다.
③ 하나의 측정기로 외측, 내측, 깊이 및 단차를 모두 측정할 수 있다.
④ 심블과 슬리브라는 명칭이 사용되는 구조 부분이 있다.

해설 마이크로미터는 측정물의 외측 및 내측, 깊이를 측정하는 측정 공구로 외측용, 내측용, 깊이용 마이크로미터가 있다.

23 복합소재의 수리 작업시 압력을 가하는데 가장 효과적인 그림과 같은 방법은?

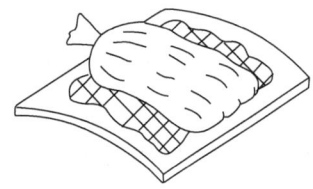

① 클레코
② 숏백
③ 진공백
④ 스프링 클램프

해설 진공백은 수리한 곳에 압력을 가하는 가장 효과적인 방법이다.

24 항공기의 지상 활주를 위해 육지 비행장에 마련한 한정된 경로는?

① 유도로
② 활주로
③ 비상로
④ 계류로

해설 유도로는 항공기의 지상통행 및 비행장내의 한 부분과 다른 부분의 연결을 위하여 육상비행장에 설치한 일정한 통로이다.

25 다음 중 접지된 페인팅 대상물과 페인팅 기구 간에 고전압을 인가하여 페인팅하는 기법은?

① 정전 페인팅
② 스프레이(Spray) 페인팅
③ 터치 업(Touch up) 페인팅
④ 에어리스 스프레이(Airless spray) 페인팅

26 다음 문장에서 밑줄 친 부분의 내용으로 가장올바른 것은?

"The force which moves the aircraft forward is called thrust."

① 연료
② 중력
③ 양력
④ 추력

해설 항공기를 전진시키는 힘

27 다음 ( ) 안에 알맞은 용어는?

"A system used to prevent the forming of ice is an ( ) system"

① de-icing
② refrigeration
③ anti-icing
④ combustion

해설 얼음이 형성되는 것을 방지하는 계통

28 부품을 파괴하거나 손상시키지 않고 검사하는 방법을 무엇이라 하는가?

① 내부검사
② 비파괴검사
③ 내구성검사
④ 오버홀검사

해설 비파괴검사는 검사 대상 재료나 구조물이 요구하는 강도를 유지하고 있는지, 또는 내부 결함이 없는지를 검사하기 위하여 재료를 파괴하지 않고 물리적 성질을 이용한다.

29 "MS20470 AD 4-5" 리벳의 배치 작업 시 최소 리벳 피치는 몇 in 인가?

① 5/16
② 3/8
③ 1/4
④ 7/32

해설 리벳 피치는 같은 열에 있는 리벳 중심과 리벳 중심간의 거리를 말하며, 최소 3D~최대 12D로 하며 일반적으로 6~8D가 주로 이용된다.

30 다음 중 항공기 정비의 목적으로 틀린 것은?

① 청결과 미관상의 상태를 개선함으로써 승객에게 쾌적성을 제공해 줄 수 있어야 한다.
② 항공정비인력의 탄력적인 운용을 할 수 있도록 한다.
③ 운항에 저해가 되는 고장의 원인을 미리 제거 함으로써 정시성을 확보한다.

④ 항공기의 강도, 구조, 성능에 관한 안정성이 확보되도록 한다.

해설) 정비의 목적은 한전하고 쾌적한 운항을 위하여 항공기 품질을 유지 또는 향상시키는 점검, 서비스, 세척 및 수리, 개조 작업 등을 총칭하여 정비라 한다.

31 다음 중 비자성체의 표면균열을 탐지할 수 있는 비파괴검사법은?

① 자분탐상검사
② 초음파탐상검사
③ 침투탐상검사
④ 방사선투과검사

해설) 침투탐상검사는 금속, 비금속의 표면 결함 검사에 적용되고 검사 비용이 적게 든다.

32 볼트나 너트의 육면 중 2면 만이 공구의 개구부분에 걸려 장,탈착하는데 쓰이는 공구는?

① 박스 렌치
② 스트랩 렌치
③ 소켓 렌치
④ 오픈엔드 렌치

해설) 소켓 렌치는 오픈 렌치나, 박스 렌치 및 조합렌치보다 작업 속도가 빠른 렌치

33 다음 중 항공기 구조수리의 기본 원칙 4가지에 해당되지 않는 것은?

① 본래의 재료 유지
② 본래의 윤곽 유지
③ 중량의 최소 유지
④ 부식에 대한 보호

해설) 본래의 강도 유지, 본래의 윤관 유지, 중량의 최소 유지, 부식에 대한 보호

34 항공기의 지상안전에서 안전색은 작업자에게 여러 종류의 주의나 경고를 의미하는데 주황색은 무엇을 의미할 때 표시하는가?

① 기계 설비의 위험이 있는 곳이다.
② 방사능 유출의 위험경고 표시이다.
③ 건물 내부의 관리를 위하여 표시한다.
④ 장비 및 기기가 수리, 조절 및 검사 중이다.

35 가요성 호스에 NO.7이 표시되어있다면 호스의 치수는?

① 안지름이 7/8 인치이다.
② 안지름이 7/16 인치이다.
③ 바깥지름이 7/8 인치이다.
④ 바깥지름이 7/16 인치이다.

해설) 호스는 안지름으로 나타내며, 1/16인치 단위의 크기로 나타낸다.

36 윈드쉴드 와이퍼(Windshield wiper)계통에서 변환기(Converter)의 역할은?

① 전압을 조절한다.
② 작동속도를 조절한다.
③ 모터의 과속을 방지한다.
④ 회전운동을 왕복운동으로 바꾼다.

37 다음 중 각도의 원격 지시를 하지 않는 장치는?

① Servo
② DC Synchro
③ Synchro
④ AC Generator

해설) Servo, DC Synchro, Synchro 등은 원격지시장치이나 AC Generator는 교류발전기라는 뜻이다.

38 항공기 산소 공급원의 종류가 아닌 것은?

① 압축산소
② 팽창산소
③ 액체산소
④ 고체산소

39 다음 중 부하가 크고, 시동 토크 값이 크게 필요한 기관의 시동장치에 가장 많이 사용되는 것은?

① 직권형 전동기
② 가역 전동기
③ 복권형 전동기
④ 분권형 전동기

해설 직류전동기의 종류
- 직권형 : 계자와 전기자가 직렬로 연결되어 토크가 크게 필요한 곳에 이용된다.
- 분권형 : 계자와 전기자가 병렬로 연결, 부하에 따른 회전속도 변화가 적어 일정한 RPM을 요구하는 곳에 이용된다.
- 복권형 : 계자와 전기자가 직병렬로 연결되어 직권형, 복권형 전동기의 특성을 모두 가지고 있다.

40 자기 컴퍼스의 지시오차가 아닌 것은?

① 진동오차　② 북선오차
③ 동적오차　④ 가속도오차

41 유압라인을 잠시 분리시켰을 때 우선적으로 해야 할 일은?

① 입구를 물로 세척한다.
② 입구를 고온세척 후 뚜껑을 씌운다.
③ 공기와 통하지 않도록 즉시 뚜껑을 씌운다.
④ 유압오일을 일부 누설시켜 산화를 방지한다.

42 유압계통 내에서 압력조절 및 계통고장으로 압력이 최대 한계값 이상으로 되는 것을 방지하는 밸브는?

① 감압밸브　② 릴리프밸브
③ 퍼지밸브　④ 프라이오리티밸브

43 유압계통의 파이프 파손이나 기기의 시일(Seal) 손상이 생겼을 때 작동유가 누설되는 것을 방지하기 위한 장치는?

① 체크밸브　② 셔틀밸브
③ 흐름조절기　④ 유압퓨즈

해설 셔틀밸브
한 개의 계통이 어떠한 이유로 정상적인 기능을 하지 못할 경우 다른 시스템으로 대체하여 정상적인 작동을 할 수 있도록 한다.

44 항공계기의 색표시에서 붉은색 방사선에 대한 설명으로 옳은 것은?

① 대기 속도계에만 사용된다.
② 안전운용 범위를 나타낸다.
③ 안전운용 범위에서 초과 금지까지의 경고 범위를 나타낸다.
④ 높은 수치에 해당하는 것은 초과금지를 나타낸다.

45 다음 중 항공기의 보조동력장치를 일컫는 용어는?

① FOD　② TBO
③ APU　④ EGT

해설 APU(Auxiliary Power Unit)의 기능
APU는 항공기에 탑재되는 보조동력장치로 엔진을 보조하나 추력의 발생은 없다. 소형가스터빈을 작동하여 BLEED AIR를 얻을수 있으며 연동되는 발전기를 통하여 전기를 생산할 수도 있다. 여기서 생성되는 전기로 유압펌프를 작동하여 항공기 운항에 필수적으로 필요한 부분(조종면, 랜딩기어 등)에 대한 유압공급이 가능하다.

46 유압계통의 동력펌프 중 가변공급 펌프는?

① 베인 펌프　② 지로터 펌프
③ 기어 펌프　④ 앵귤러형 펌프

47 지시대기속도(Indicated air speed)에 피토정압관의 장착 위치 오차를 수정한 것은?

① 진대기속도(True air speed)
② 장착대기속도(Install air speed)
③ 등가대기속도(Equivalent air speed)
④ 수정대기속도(Calibrated air speed)

해설
- 지시대기속도 + 장착위치보정 = 수정대기속도
- 수정대기속도 + 음속에 관한 보정 = 등가대기속도
- 등가대기속도 + 밀도에 대한 보정 = 진대기속도

48 항공기의 연료 유량측정에 사용하는 전기용량식액량계가 지시하는 단위는?

① MPH ② PPH
③ LPH ④ SPH

49 실린더 헤드나 배기가스 온도 등과 같이 높은 온도를 측정하는데 주로 사용되는 온도계는?

① 바이메탈식 온도계 ② 열전쌍식 온도계
③ 전기저항식 온도계 ④ 증기압식 온도계

> 해설 열전쌍 온도는 서로다른 2개의 금속이 온도를 수감하였을때 기전력이 발생하는 차이를 이용하는 것으로 측정할 수 있는 온도대역이 높아 배기가스, 실린더 헤드 등의 온도를 측정하는데 쓰인다.

50 항공기에 장착하는 축전지를 1셀에 2V 짜리로 직렬연결할 경우 24V인 축전지의 셀은 몇 개가 되는가?

① 6   ② 12
③ 24 ④ 48

51 항공기의 브레이크 계통에서 독립식 브레이크 계통에 대한 설명으로 틀린 것은?

① 소형 항공기에 주로 사용된다.
② 브레이크 페달을 놓으면 동력에 의해 피스톤이 회귀한다.
③ 마스터 실린더 내 작동유의 작동으로 브레이크가 작동된다.
④ 항공기의 유압 계통과 별개로 브레이크 계통 자체에 레저버를 갖는다.

> 해설 독립식 브레이크 장치에서 페달을 뗄 경우는 동력이 아니라 마스터실린더 내부의 귀환스프링에 의해서 회귀한다.

52 직류에서 교류로 변환시키는 장비는?

① 정류기(Rectifier)   ② 인버터(Inverter)
③ 컨버터(Converter) ④ 축전지(Battery)

> 해설 • 인버터 : 직류를 교류로 변환
> • 정류기 : 교류를 직류로 변환

53 화재연기에 의한 반사광으로 화재를 탐지하는 경보장치는?

① 광전식   ② 저항루프식
③ 열전쌍식   ④ 열스위치식

54 가스터빈기관의 압축기와 터빈을 연결한 축의 회전속도를 알기 위해 1초간 지나간 블레이드 수를 측정하였더니 1,000개였다면 축의 회전속도는 몇 rpm인가?

① 60   ② 600
③ 1,000 ④ 3,600

55 교류 발전기를 병렬 운전하기 위해 필요한 조건이 아닌 것은?

① 위상이 같아야 한다.
② 전압이 같아야 한다.
③ 용량이 같아야 한다.
④ 주파수가 같아야 한다.

> 해설 교류발전기의 병렬운전조건
> 1. 위상이 같을 것
> 2. 전압이 같을 것
> 3. 주파수가 같을 것

56 증기 순환식 공기조화계통에서 액체냉각제의 압력을 낮추어 냉각제의 온도를 더욱 낮게 하는 역할의 구성품은?

① 응축장치   ② 압축기
③ 팽창밸브   ④ 리시버 건조기

57 대형기 착륙장치에서 바퀴가 내려오는 동안 조종실 계기판에 어떤색 등(Light)이 지시되는가?

① 붉은색 등(Red light)
② 초록색 등(Green light)
③ 호박색 등(Amber light)
④ 모든 등(light)은 꺼진다.

해설 랜딩기어가 현재 작동하는 상태라면 적색등이 들어오고, 작동이 끝난 후 Lock가 걸리게 되면 초록색등이 들어오게 된다.

58 Y결선한 3상 교류회로에서 선전류와 상전류의 위상관계로 옳은 것은?

① 선전류와 상전류의 위상은 같다.
② 선전류가 상전류보다 30° 앞선다.
③ 상전류가 선전류보다 30° 앞선다.
④ 상전류가 선전류보다 60° 앞선다.

59 항공기의 최대허용객실 차압이 결정되는데 가장중요한 요소는?

① 비행기 구조   ② 승객 수
③ 산소통 용량   ④ 비행 고도

해설 기내여압의 수준은 지상과 같은 1기압으로 유지하는 게 가장 쾌적하고 좋지만, 기체구조강도의 문제로 고도 8000ft에 해당하는 기압으로 여압된다.

60 시동지원장비에서 항공기 시스템과 장비에 공급하는 것으로 맞지 않는 것은?

① 직류전원   ② 교류전원
③ 비상산소   ④ 압축공기

해설 직류전원은 항공기 시스템에 공급되어 각계통을 제어하는 데 쓰이고 교류전원과 압축공기는 Power source로써 시동기를 작동시킨다.

항공장비정비기능사 필기 2014년도 2회 시행 정답

1	2	3	4	5	6	7	8	9	10
③	②	③	④	③	②	②	③	②	①
11	12	13	14	15	16	17	18	19	20
①	④	①	①	④	②	④	③	①	②
21	22	23	24	25	26	27	28	29	30
③	③	③	①	①	④	③	②	②	②
31	32	33	34	35	36	37	38	39	40
③	④	①	①	②	④	②	②	①	②
41	42	43	44	45	46	47	48	49	50
③	②	④	②	④	③	④	②	②	②
51	52	53	54	55	56	57	58	59	60
②	②	①	③	③	②	①	①	①	③

공개기출문제
항공장비정비기능사 필기 2015년도 2회 시행

01 회전익 항공기에서 회전축에 연결된 회전날개 깃이 하나의 수평축에 대해 위 아래로 움직이는 운동은?

① 스핀운동　　② 리드-래그 운동
③ 플래핑 운동　④ 자동 회전 운동

02 다음 중 동압과 정압에 대한 설명으로 옳은 것은?

① 동압과 정압을 이용하여 항공기의 비행 속도를 계산할 수 있다.
② 동압을 이용하여 객실 고도를 계산할 수 있다.
③ 동압을 이용하여 절대고도를 계산할 수 있다.
④ 동압과 정압을 이용하여 항공기의 절대고도를 계산할 수 있다.

해설 동압(q) = $\frac{1}{2}\rho V^2$에서 항공기 속도 V를 알 수 있다.

03 입구의 지름이 10cm이고, 출구의 지름이 20cm인 원형관에 액체가 흐르고 있다. 지름 20cm 되는 단면적에서의 속도가 2.4m/s일 때 지름 10cm 되는 단면적에서의 속도는 약 몇 m/s인가?

① 4.8　　② 9.6
③ 14.4　④ 19.2

해설 유체의 연속법칙
$A_1V_1\rho_1 = A_2V_2\rho_2$에서 비압축성유체의 경우 밀도변화가 없으므로 ρ항이 삭제된다.

04 프로펠러 깃의 압력 중심의 기본적인 위치를 나타낸 것으로 옳은 것은?

① 깃 끝 부근
② 깃 뿌리 부근
③ 깃의 뒷전 부근
④ 깃의 앞전 부근

05 그림과 같은 받음각에 따른 양력계수(C_L)의 변화를 나타낸 그래프에서 (가)와 (나)에 대한 용어로 옳은 것은?

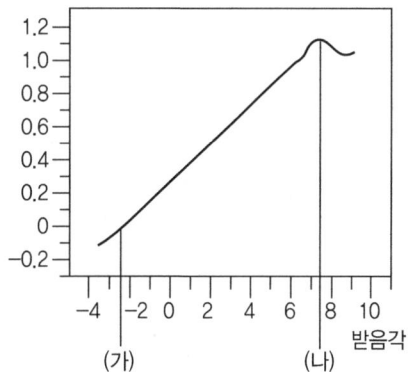

① (가) 영양력 받음각, (나) 실속각
② (가) 최소항력 받음각, (나) 실속각
③ (가) 유도각, (나) 영양력 받음각
④ (가) 실속각, (나) 영양력 받음각

해설
- 받음각 : 항공기 진행방향과 날개 시위선이 이루는 각도
- 영양력 받음각 : 양력이 발생되지 않는 수준의 받음각
- 실속각 : 받음각이 점차 증가하다가 어느 수준이 상이 되면 양력이 급감하며 항력이 급증하는 받음각
- 유도각 : 3차원 날개에서 발생하는 내리흐름에 의해 발생되는 각으로 유도항력의 원인이기도 함

06 다음 중 버핏(buffit) 현상을 가장 옳게 설명한 것은?

① 이륙시 나타나는 비틀림 현상
② 착륙시 활주로 중앙선을 벗어나려는 현상
③ 실속속도로 접근시 비행기 뒷부분의 떨림 현상
④ 비행중 비행기의 앞부분에서 나타나는 떨림 현상

해설
• 저속 버핏 : 실속에 의한 진동
• 고속 버핏 : 충격파에 의한 진동

07 비중량에 대한 설명으로 옳은 것은?

① 단위 체적당 중량
② 단위 질량당 중량
③ 단위 길이당 최소중량
④ 단위 면적당 작용하는 최소중량

08 수직 꼬리날개와 동체 상부에 장착하여 방향 안정성을 증가시키기 위한 것은?

① 실속 스트립   ② 슬롯
③ 볼텍스 발생장치 ④ 도살핀

09 프로펠러 항공기 기관의 제동마력이 260ps 이고, 프로펠러 효율이 0.8 일 때 이 비행기의 이용마력은 몇 ps 인가?

① 108   ② 208
③ 308   ④ 408

10 헬리콥터가 전진비행을 할 때 회전 날개 깃에 발생하는 양력분포의 불균형을 해결할 수 있는 방법으로 가장 옳은 것은?

① 전진하는 깃과 후퇴하는 깃의 받음각을 동시에 증가시킨다.
② 전진하는 깃과 후퇴하는 깃의 받음각을 동시에 감소시킨다.
③ 전진하는 깃의 받음각은 증가시키고 뒤로 후퇴하는 깃의 받음각은 감소시킨다.
④ 전진하는 깃의 받음각은 감소시키고 뒤로 후퇴하는 깃의 받음각은 증가시킨다.

11 활공기가 고도 2400m 상공에서 활공을 하여 수평활공거리 36Km를 비행하였다면, 이때 양항비는 얼마인가?

① $\frac{1}{5}$ ② 10
③ $\frac{1}{15}$ ④ 15

12 공기의 밀도 단위가 kgf · s²/m⁴으로 주어질 때 kgf 단위의 의미는?

① 질량   ② 중량
③ 비중   ④ 비중량

해설 kgm은 질량으로서의 kg, kgf는 중량, 힘으로서의 kg을 의미한다.

13 수평비행을 하던 비행기가 연직 상방향으로 관성력을 받을 때 비행기의 하중배수를 옳게 나타낸 식은?

① $\dfrac{비행기\ 무게}{관성력}$

② $1+\dfrac{관성력}{비행기\ 무게}$

③ $1+\dfrac{비행기\ 무게}{관성력}$

④ $\dfrac{비행기\ 무게}{비행기\ 무게-관성력}$

14 비행기가 평형상태에서 벗어난 뒤에 다시 평형상태로 돌아가려는 초기의 경향을 가장 옳게 설명한 것은?

① 정적안정성이 있다. [양(+)의 정적안정]
② 동적 안정성이 있다. [양(+)의 동적안정]
③ 정적으로 불안정하다. [음(-)의 정적안정]
④ 동적으로 불안정하다. [음(-)의 동적안정]

15 고속형 날개에서 항력 발산 마하수를 넘어서면 어떤 항력이 급증하는가?

① 형상 항력
② 압력 항력
③ 조파 항력
④ 표면 마찰항력

16 수직 공간이 제한된 곳에 사용되는 스크류 드라이버의 명칭으로 옳은 것은?

① 리드 스크류 드라이버
② 래칫 스크류 드라이버
③ 오프셋 스크류 드라이버
④ 프린스 스크류 드라이버

17 볼트와 너트로 체결하는 작업시 안전 및 유의사항에 대한 설명으로 틀린 것은?

① 렌치를 가용할 때에는 당기는 방향으로 힘을 가한다.
② 익스텐션 바를 사용시 손으로 바를 잡아 고정하고 작업한다.
③ 볼트와 너트를 조일 때는 해체할 때보다 한 단계 작은 치수의 렌치를 사용한다.
④ 볼트나 너트를 조일 때는 일정부분 손으로 조인 후 렌치를 사용하여 마무리한다.

18 다음 중 성형점에서 굴곡접선까지의 거리를 나타낸 명칭은?

① 중립선
② 셋트백
③ 굴곡허용량
④ 사이트라인

19 다음 중 항공기의 지상취급에 해당되지 않는 작업은?

① 잭작업
② 계류작업
③ 견인작업
④ 계획된 액세서리 교환작업

해설 항공기 지상지원 작업
1. 잭작업 (Jacking)
2. 견인작업 (Towing)
3. 계류작업 (Mooring)
4. 지상유도 (Marshalling)
5. 리프팅 과 호이스팅 (Lifting & Hoisting)

20 표면이 눌려 원래의 외형으로부터 변형된 현상으로 단면적의 변화는 없으며 손상부위와 손상되지 않는 부위 사이와의 경계 모양이 완만한 형상을 이루고 있는 결함은?

① 찍힘 (NICK)
② 눌림 (DENT)
③ 긁힘 (SCRATCH)
④ 구김 (CREASE)

21 2개 이상의 굽힘이 교차하는 부분의 안쪽 굽힘접선 교점에 발생하는 응력집중에 의한 균열을 방지하기 위해 뚫는 구멍은?

① 스톱홀
② 릴리프홀
③ 리머홀
④ 파일럿홀

해설 스톱 홀과 릴리프 홀
• 스톱 홀(Stop hole) : 발생된 균열이 성장하지 못하도록 조치하는 구멍
• 릴리프 홀(Relief hole) : 굽힘교차 지점에의 응력집중을 방지하기 위한 구멍

22 비파괴 검사법 중 피폭안전에 철저한 관리가 요구되는 검사법은?

① 침투탐상검사
② 와전류검사
③ 자분탐상검사
④ 방사선투과검사

23 다음 ( ) 안에 들어갈 알맞은 용어는?

"the elevators control the aircraft about its ( ) axis"

① vertical
② lateral
③ longitudinal
④ horizontal

24 밑줄 친 부분의 영문 내용으로 옳은 것은?

"the expansion space above the fuel in the tank shifts according to attitude changes of the airplane"

① 연료
② 윤활유
③ 유압유
④ 공기압

25 좁은장소에서 작업 할 때 굴곡이 필요한 경우 래칫핸들, 스피드 핸들, 소켓 또는 익스텐션 바와 같이 사용되는 그림과 같은 것은?

① 어댑터
② 유니버설 조인트
③ 벨트 렌치
④ 콤비네이션 렌치

26 항공기의 접지에 대한 설명으로 옳은 것은?

① 정전기의 축적을 막는다.
② 전기 저항을 증가시킨다.
③ 전기 전압을 증가시킨다.
④ 번개의 위험을 벗어나기 위한 작업이다.

해설 항공기의 접지작업에 동체에서 발생하는 정전기의 축적을 막아 전위차의 발생을 억제한다.

27 『MSS20426AD4-4』 리벳을 사용한 리벳 배치 작업시 최소 끝거리는 몇 인치인가?

① 5/16
② 3/8
③ 1/4
④ 7/32

해설 MS20426 리벳은 카운터싱크 리벳이며 리벳지름이 4/32인치이므로 1/8과 같다. 카운터싱크 리벳에 대한 최소 연거리는 2.5D이므로 다음과 같다.
$\frac{1}{8} \times 2.5$

28 게이지블록(Gage block)에 대한 설명으로 틀린 것은?

① 사용하기 전에 마른 걸레나 솔벤트로 방청제 등의 이물질을 닦아낸다.
② 사용시 손가락 끝으로 잡아 접촉면적을 되도록 작게 한다.
③ 이론상 측정력은 접촉 면적에 비례하여 증가되어야 하며, 실제로는 표준이 되는 측정력을 사용하는 것이 좋다.
④ 측정할 때 정밀도는 온도와는 관련이 없고, 링킹(wiringking) 작업과 가장 관련이 깊다.

29 화학적 또는 전기화학적 반응에 의해 재료의 성질이 변화 또는 퇴화하는 현상을 무엇이라 하는가?

① 균열(Crack)
② 마모(Abrasion)
③ 골패임(Gouge)
④ 부식(Corrosion)

해설 부식(Corrosion) : 금속이 그 표면에서 화학적 또는 전기적으로 산화 또는 변질되어 가는 것을 부식이라 한다.

30 다음 중 헬리콥터의 지상 정비지원은 어떤 정비에 해당되는가?

① 공장정비
② 벤치체크
③ 운항정비
④ 시한성정비

31 다음 중 신뢰성 정비 방식이 채택될 수 있는 여건으로 가장 거리가 먼 것은?

① 정비인력의 증가
② 항공기 설계개념의 진보
③ 항공기 기자재의 품질수준 향상
④ 비파괴 검사 방법 등에 의한 검사법 발전

32 휴대용 소화기 중 조종실이나 객실에 설치되어 일반화재, 전기화재 및 기름화재에 사용되는 소화기는?

① 분말소화기
② 물소화기
③ 포말소화기
④ 이산화탄소소화기

33 운항정비 기간에 발생한 항공기 정비 불량 상태의 수리와 운항 저해의 가능성이 많은 각 계통의 예방정비 및 감항성을 확인하는 것을 목적으로 하는 정비작업은?

① 중간점검(transit check)
② 기본점검(line maintenance)
③ 정시점검(schedule maintenance)
④ 비행 전후 점검(pre/post flight check)

해설) 중간점검, 기본점검, 비행전후점검 모두 운항일선에서 이뤄지는 정비행위이며 그 목적은 항공기 출발태세의 확인에 있다.

34 보통 나무, 종이, 직물 및 잡종 폐기물 등과 같은 가연성 물질에서 일어나는 화재는?

① A급
② B급
③ C급
④ D급

해설)
• A급 화재 – 일반화재 (면, 종이, 나무 등)
• B급 화재 – 유류화재 (휘발유, 등유, 유지류 등)
• C급 화재 – 전기화재
• D급 화재 – 금속화재

35 항공기용 기계요소 및 재료에 대한 규격 중 군(military)에 관련된 규격이 아닌 것은?

① AN
② MIL
③ ASA
④ MS

해설)
• AN : Airforce – Navy
• MIL : Military
• ASA : American Standard Association (현재는 ANSI로 개편)
• MS : Military Standard

36 동압(Pitot Pressure)과 정압(Static Pressure)을 이용하는 기본적인 계기는?

① 동기전동기, 유압계
② EPR
③ 회전계, 방향지시계
④ 속도계, 고도계

해설) 속도계와 고도계 모두 공함(Air capsule)을 이용한 계기로써, 전압,정압을 측정하여 이용한다. 베르누이의 정리로부터 동압(=전압-정압)이므로 동압을 별도로 측정하지는 않는다.

37 다음 중 산소 식별 테이프에 대한 설명으로 옳은 것은?

① 청색 바탕에 검은색 사각형
② 흰색 바탕에 검은색 사각형 모양
③ 녹색 바탕에 검은색 별표 모양
④ 회색 바탕에 검은색 별표 모양

38 일반적으로 전기식 방빙이 사용되지 않는 곳은?

① 얼음 감지기
② 피토관
③ 조종실 윈도
④ 리딩에지

해설) 항공기 날개 앞전(Leading edge)의 경우 제빙용 부츠(Deicing Boots)를 이용하거나 엔진의 블리드에어(Bleed Air)를 이용한다.

39 열전쌍(Thermocouple)의 특성을 이용한 계기는?

① 외기온도계기 ② 윤활유온도계기
③ 연료온도계기 ④ 배기가스온도계기

해설 열전쌍을 이용하여 측정하는 온도에는 배기가스온도(Exhaust Gas Temperature)와 실린더 헤드 온도 등이 있다.

40 다음과 같은 [특성]을 갖는 회로 보호장치는?

- 규정용량 이상의 전류가 흐를 때 회로를 차단시킨다.
- 스위치 역할도 할 수 있다.
- 계속 사용이 가능하다.

① 퓨즈 ② 회로차단기
③ 전류제한기 ④ 열보호장치

41 다음 중 여객기용 비상 장비 및 장치에 속하지 않는 것은?

① 낙하산 ② 비상신호용 장비
③ 산소공급장치 ④ 비상탈출 미끄럼대

42 항공계기를 수감부, 확대부, 지시부로 나눌 경우 수감부로 사용되지 않는 것은?

① 벨로스 ② 다이아프램
③ 부르동관 ④ 피니언기어

해설 벨로스, 다이어프램, 부르동관(버든튜브) 등은 모두 수감부(Sensing Element)에 사용되나 피니언기어는 계기 지시부에 사용된다.

43 지자기의 3요소가 아닌 것은?

① 자차 ② 편각
③ 복각 ④ 수평분력

해설
- 복각 : 자석을 적도에서 북극까지 이동시키면 적도에서는 수평이지만 북극에 가까워질수록 기울어져 수직으로 되는데 이 때 기울어지는 각도를 말한다.
- 편차 : 지축과 지자기축이 서로 일치하지 않기 때문에 지구 자오선 사이에는 오차각을 말한다.
- 자차 : 자기 계기 주위에 설치되어 있는 전기기기와 그것에 연결된 전선, 기체 구조재 중 자성체의 영향 그리고 자기 계기의 제작과 설치상의 잘못으로 인하여 발생되는 지시오차를 말한다.

44 2in² 면적의 피스톤과 10in² 면적을 가진 실린더가 서로 유체역학적으로 연결되어 있을 경우 전자에 10psi의 압력을 인가할 때 후자의 압력은 몇 psi인가?

① 2 ② 5
③ 10 ④ 50

해설 파스칼의 원리에 의해 압력은 어디서나 같다.

45 브레이크 종류 중 중형 이상의 항공기에 사용되며 여러 개의 회전판과 고정판을 사용하는 것은?

① 슈 브레이크(shoe brake)
② 다중 디스크 브레이크(multi disk brake)
③ 단일 디스크 브레이크(single disk brake)
④ 팽창 튜브 브레이크(expansion tube brake)

46 승강계에서 모세관의 저항이 증가할 때 성능에 대한 설명으로 옳은 것은?

① 감도는 증가하고 계기 지시의 지연이 증가한다.
② 감도는 증가하고 계기 지시의 지연이 짧아진다.
③ 감도는 증가하고 계기 지시의 지연이 짧아진다.
④ 감도는 감소하고 계기 지시의 지연이 짧아진다.

47 항공기에서 3상교류 발전기(AC generator)를 사용할 때 장점이 아닌 것은?

① 효율이 우수하다.
② 정비 및 보수가 쉽다.
③ 무게가 무거워 진동이 적다.
④ 높은 전력의 수요를 감당하는데 적합하다.

48 대형 항공기의 탑재용 APU에 대한 설명으로 옳은 것은?

① 주기관 고장시 비상신호를 발생시키는 장치
② 주기관 고장시 필요한 동력을 얻기 위한 장치
③ 주기관 고장시 필요한 추력을 얻기 위한 장치
④ 주기관에 연료 부족시 추가 연료를 공급하기 위한 장치

> **해설** APU(Auxiliary Power Unit)의 기능
> APU는 항공기에 탑재되는 보조동력장치로 엔진을 보조하나 추력의 발생은 없다. 소형가스터빈을 작동하여 Bleed air를 얻을수 있으며 연동되는 발전기를 통하여 전기를 생산할 수도 있다. 여기서 생성되는 전기로 유압펌프를 작동하여 항공기 운항에 필수적으로 필요한 부분(조종면, 랜딩기어 등)에 대한 유압공급이 가능하다.

49 싱크로 발신기와 싱크로 수신기의 각도 차이가 0도 일 때 회전 방향은?

① 회전하지 않는다.
② 반대 방향으로 회전한다.
③ 같은 방향으로 회전한다.
④ 정회전과 역회전을 반복회전한다.

50 액체를 보내는 튜브 중간에 오리피스를 설치하여 오리피스의 상류와 하류 액체흐름의 압력차를 지시하는 유량계는?

① 질량 유량계   ② 차압식 유량계
③ 면적식 유량계   ④ 부자식 유량계

51 비상 위치 지시용 무선 표지 설비는 조난 신호를 몇 시간 동안 지속적으로 발신하도록 되어 있는가?

① 12시간   ② 24시간
③ 48시간   ④ 96시간

52 스위치에 의하여 먼 거리의 많은 전류가 흐르는 회로를 직접 개폐시키는 역할을 하는 일종의 전자기 스위치는?

① 계전기   ② 회전선택 스위치
③ 토글 스위치   ④ 푸시버튼 스위치

53 이산화탄소 소화제 및 용기에 대한 설명으로 틀린 것은?

① 이산화탄소의 원소기호는 CO_2이다.
② 압력의 상승을 위하여 가압용 질소가스를 봉입한다.
③ 밀폐된 장소에서 이산화탄소 소화제 사용은 위험하다.
④ 이산화탄소의 용적을 작게하기 위하여 저압의 기체 상태로 가압하여 압력 용기에 넣는다.

54 대기압이 객실내의 기압보다 높을 경우에 대기의 공기가 객실로 자유롭게 들어오도록 되어 있는 객실압력 안전밸브는?

① 덤프 밸브   ② 아웃플로우 밸브
③ 압력 릴리프 밸브   ④ 부압 릴리프 밸브

> **해설**
> 1. 아웃플로우 밸브 : 객실 내의 공기를 일정 기압이 되도록 동체의 옆이나 끝부분, 또는 날개의 필릿을 통하여 공기를 외부로 배출시키는 밸브
> 2. 객실 압력 안전밸브
>   ㉠ 압력 릴리프 밸브 : 과도한 차압에 대해서 기체의 팽창에 의한 파손을 방지하기 위한 장치
>   ㉡ 부압 릴리프 밸브(또는 진공 밸브) : 대기압이 객실내의 기압보다 높은 경우에는 대개의 공기

가 객실로 자유롭게 들어오도록 되어 있는 밸브
ⓒ 덤프 밸브 : 조종석에서 작동하며 조종석의 스위치를 램 공기 위치에 놓으면 솔레노이드가 열려 객실 공기를 대기로 배출한다.

55 항공기에 전선을 사용하기 위해 선택할 경우 우선적으로 고려해야 할 사항이 아닌 것은?

① 전선의 색
② 전선의 길이
③ 전선에 흐르는 전류량
④ 공급하려고 하는 전압

56 항공기에 사용하는 전기식 회전계의 작동 원리에 대한 설명이 아닌 것은?

① 직접 구동한다.
② 원격 지시 방법이다.
③ 회전하고 있는 부분의 돌출 부분을 센다.
④ 드래그캡(Drag Cap)이라 부르는 회전속도를 지시한다.

57 유압 피스톤의 홈 부분에 O-링을 끼울 때 백업링을 사용하는 주된 목적은?

① O링에서 더러워진 부착물을 떨어지게 하기 위해
② O링이 틈새에서 밀려 나오는 것을 방지하기 위해
③ 처음의 O링이 파손된 경우 예비 역할을 하기 위해
④ O링의 장착 및 분해시 편의를 돕기 위해

58 유량제어장치인 흐름평형기(Flow Equlizer)에서 작동유가 각 작동기에 공급될 때 유량 제어에 사용되지 않는 부품은?

① 결합 체크밸브
② 미터링 그루브
③ 분리 체크밸브
④ 자유부동 미터링 피스톤

59 유압 계통에서 축압기(Accumulator)의 기능이 아닌 것은?

① 가압된 작동유를 저장한다.
② 유압 계통의 서지 현상을 방지한다.
③ 계통에 사용된 유체를 저장과 배출한다.
④ 펌프 고장시 작동유를 유압장치에 공급한다.

해설 축압기의 기능
 • 가압된 작동유의 저장(압력의 저장)
 • 계통내 서지현상 방지
 • 비상시 유량공급

60 30V 전압에 의하여 3A의 전류가 흐르는 전기 회로에서 저항은 몇 Ω인가?

① 0.1   ② 3
③ 10   ④ 33

해설 옴의 법칙 $V=IR$로부터 저항값이므로
$R = \dfrac{V}{I} = \dfrac{30}{3}$

항공장비정비기능사 필기 2015년도 2회 시행 정답

1	2	3	4	5	6	7	8	9	10
③	①	②	④	①	③	①	④	②	④
11	12	13	14	15	16	17	18	19	20
④	②	②	①	③	③	③	②	②	②
21	22	23	24	25	26	27	28	29	30
②	④	②	①	②	②	①	④	②	③
31	32	33	34	35	36	37	38	39	40
①	④	③	③	①	④	②	④	②	①
41	42	43	44	45	46	47	48	49	50
①	④	②	③	①	①	③	①	③	②
51	52	53	54	55	56	57	58	59	60
③	①	④	④	①	③	②	①	③	③

공개기출문제
항공장비정비기능사 필기 2015년도 5회 시행

01 날개면상에 초음속 흐름이 형성되면 충격파가 발생하게 되는데 이 때 충격파 전·후면에서의 압력, 밀도, 속도의 관계로 옳은 것은?

① 충격파 앞의 압력과 속도는 충격파 뒤보다 크다.
② 충격파 앞의 압력과 밀도는 충격파 뒤보다 작다.
③ 충격파 앞의 밀도와 속도는 충격파 뒤보다 작다.
④ 충격파 앞의 압력, 밀도 및 속도는 충격파 뒤보다 크다.

02 다음 중 프로펠러 깃의 시위방향의 압력중심 (c.p) 위치에 의해 주로 발생되는 모멘트로 가장 옳은 것은?

① 공기력에 의한 굽힘 모멘트
② 공기력에 의한 비틀림 모멘트
③ 회전력에 의한 굽힘 모멘트
④ 회전력에 의한 비틀림 모멘트

03 헬리콥터의 기관이 정지하여 자동회전을 할 때 회전날개의 회전수는 어떻게 변화되는가?

① 지속적으로 감소한다.
② 지속적으로 증가한다.
③ 일정 높이까지는 감소되면서 하강하고 그 후 일정하게 증가한다.
④ 일정 높이까지는 감소되면서 하강하고 그 후 일정속도를 유지한다.

04 항력이 kgf인 비행기가 속도 Vm/s로 등속수평비행을 하기 위한 필요마력(PS)을 구하는 식은?

① $\dfrac{DV}{75}$ ② $\dfrac{75}{DV}$
③ $\dfrac{75D}{V}$ ④ $\dfrac{75V}{D}$

해설 필요마력(P_r) = $\dfrac{DV}{75}$

05 유관의 입구지름이 20cm이고 출구의 지름이 40cm일 때 입구에서의 유체 속도가 4m/s이면 출구에서의 유체속도는 약 몇 m/s인가?

① 1 ② 2
③ 4 ④ 16

해설 유체의 연속법칙 : $A_1V_1\rho_1 = A_2V_2\rho_2$ 에서 비압축성유체의 경우 밀도변화가 없으므로 ρ_1, ρ_2 항이 삭제된다.

06 날개길이가 10m, 평균시위 길이가 1.8m 인 항공기 날개의 가로세로비(Aspect ratio)는 약 얼마인가?

① 0.18 ② 2.8
③ 5.6 ④ 18.0

해설 가로세로비 = $\dfrac{b}{c} = \dfrac{S}{c^2} = \dfrac{b^2}{S}$
b : 날개길이, c : 시위길이, S : 날개면적

07 항공기 중량이 5,000kg일 때 2G의 하중계수 (Load Factor)가 가해지면 항공기에 미치는 전체 하중은 몇 kg인가?

① 2500 ② 5000
③ 7500 ④ 10000

08 이용마력과 필요마력이 같아져 상승률이 "0"이 되는 고도를 무엇이라 하는가?

① 운용 상승한계
② 실용 상승한계
③ 실제 상승한계
④ 절대 상승한계

> **해설** 비행고도가 높아지면 공기의 밀도가 떨어지면서 항공기의 여유마력과 이용마력이 감소한다.
> - 절대상승한계(Absolute Ceiling) : 여유마력이 점차 감소하여 결국 상승률이 0이 되는 고도
> - 실용상승한계(Sevice Ceiling) : 상승률이 0.5m/sec 이 되는 고도
> - 운용상승한계(Operating Ceiling) : 상승률이 2.5m/sec이 되는 고도

09 헬리콥터에서 균형(Trim)을 이루었다는 의미를 가장 옳게 설명한 것은?

① 직교하는 2개의 축에 대하여 힘의 합이 "0"이 되는 것
② 직교하는 2개의 축에 대하여 힘과 모멘트의 합이 각각 "1"이 되는 것
③ 직교하는 3개의 축에 대하여 힘과 모멘트의 합이 각각 "0"이 되는 것
④ 직교하는 3개의 축에 대하여 모든 방향의 힘의 합이 "1"이 되는 것

10 국제민간항공기구(ICAO)에서 정하는 국제표준대기에 개한 설명으로 옳은 것은?

① 항공기의 설계, 운용에 기준이 되는 대기상태로서 지역 및 고도에 관계없이 압력이 750mmHg, 온도가 15℃인 상태를 말한다.
② 항공기의 비행에 가장 이상적인 대기 상태로서 압력이750mmHg, 온도가 15℃인 상태를 말한다.
③ 항공기의 설계, 운용에 기준이 되는 대기상태로서 같은 고도에 대한 표준 압력, 밀도, 온도 등은 항상 같다.
④ 해면상의 대기상태를 말하며 항공기의 설계 및 운용의 기준이 된다.

> **해설** 국제표준대기(International Standard Air)
> 대기 상태는 변화가 심하기에, 항공기 성능을 설명하기 위해서 표준대기를 정의하는 것이 편리하고 유용하다.
> - 압력 : 760mmHg, 29.92inHg, 14.7psi
> - 온도 : 15℃
> - 밀도 : 0.125kg · s²/m⁴

11 다음 중 비행기의 가로안정에 가장 큰 영향을 미치는 것은?

① 동체의 모양
② 날개의 쳐든각
③ 기관의 장착 위치
④ 플랩(flap)의 장착위치

> **해설** 항공기 가로안정에 영향을 미치는 요소
> 1. 날개의 쳐든각
> 2. 날개의 높이 (고익기 일수록 가로안정성이 높다)
> 3. 날개의 뒤젖힘각 (Swept Angle)
> 4. 도설핀(Dosal Pin)의 유무

12 비행기가 정상선회를 할 때 비행기에 작용하는 원심력과 구심력의 관계에 대하여 옳게 설명한 것은?

① 두 힘은 크기가 같고 방향도 같다.
② 두 힘은 크기가 다르고 방향이 같다.
③ 두 힘은 크기가 같고 방향이 반대이다.
④ 두 힘은 크기가 다르고 방향이 반대이다.

13 조종간과 승강키가 기계적으로 연결되었을 경우 조종력과 승강키의 힌지 모멘트에 관한 관계식으로 옳은 것은? (단, K : 조종계통의 기계적 장치에 의한 이득, H_e : 승강키 힌지모멘트, F_e : 조종력)

① $F_e = \dfrac{K}{H_e}$ ② $F_e = K - H_e$

③ $F_e = \dfrac{K^2}{H_e}$ ④ $F_e = K \times H_e$

해설 조종면으로 흐르는 압력분포의 차이로, 힌지 축을 중심으로 회전하려는 힘 ($F_e = K \cdot H_e$)
F_e : 조종력
K : 조종계통의 기계적 장치의 의한 이득
H_e : 스강키 힌지 모멘트

14 레이놀즈수에 영향을 미치는 요소가 아닌 것은?

① 유체의 밀도
② 유체의 압력
③ 유체의 흐름속도
④ 유체의 점성

해설 레이놀즈수$(R.N) = \dfrac{\rho VL}{\mu} = \dfrac{VL}{\nu}$
(ρ : 유체밀도, V : 유체속도, L : 관의 지름 또는 시위길이, μ : 점성계수, ν : 동점성계수)

15 수평꼬리 날개에 부착된 조종면을 무엇이라 하는가?

① 승강키
② 플랩
③ 방향키
④ 도움날개

16 밑줄 친 부분의 의미로 옳은 것은?

> The trim tabs are controllable from the cockpit, and the pilot uses them to trim the aircraft to the flight <u>attitude</u> desire

① 고도
② 자세
③ 방향
④ 위치

17 세라믹, 플라스틱, 고무로 된 항공기 재료를 검사할 때 가장 적절한 비파괴 검사는?

① 자분탐상검사
② 색조침투검사
③ 와전류탐상검사
④ 자기탐상검사

18 항공기 견인(Towing)시 주의해야 할 사항으로 옳은 것은?

① 항공기를 견인 할에는 규정속도를 초과해서는 안된다.
② 견인차에는 견인 감독자가 함께 탑승하여 항공기를 견인해야 한다.
③ 항공사 직원이라면 누구나 견인차량을 운전할 수 있다.
④ 지상 감시자는 항공기 동체의 전방에 위치하여 견인이 끝날 때까지 감시해야 한다.

해설 항공기 견인 속도는 일반적으로 8km/h, 5mph 수준이며 성인의 보행속도에 기준한다.

19 정밀 측정기기의 경우 규정된 기간 내에 정기적으로 공인 기관에서 검·교정을 받아야 하는데 이때 "검·교정"을 의미하는 것은?

① Check
② Calibration
③ Repair
④ Maintenance

20 마이크로미터의 구성품 중 아들자의 눈금이 새겨진 회전 원통으로서 측정면의 이동을 가능하게 해주는 구성품은?

① 심블
② 클램프
③ 배럴
④ 앤빌과 스핀들

21 항공기 급유 작업 중 기름유출로 화재가 발생하였다면 이때 사용해서는 안되는 소화기는?

① 소화기
② 건조사
③ 포말소화기
④ 일반 물소화기

22 오픈엔드렌치로 작업할 수 없는 좁은 장소의 작업에 사용되며, 적절한 핸들과 익스텐션 바와 함께 사용하는 그림과 같은 공구의 명칭은?

① 크로풋
② 디프소켓
③ 어댑터
④ 알렌 렌치

23 다음 중 항공기 기체의 수명을 연장하는 가장 쉬우면서도 적극적인 방법은?

① 오버홀
② 수리
③ 세척 및 방부처리
④ 점검

> 항공기의 세척작업은 잠재적인 부식의 진행을 예방 할 수 있으며, 이를 통하여 기체의 수명을 연장할 수 있다.

24 다음 중 감항성에 대한 설명으로 가장 옳은 것은?

① 쉽게 장·탈착 할 수 있는 종합적인 부품정비
② 항공기에 발생되는 고장 요인을 미리 발견하는 것
③ 항공기가 운항중에 고장 없이 그 기능을 정확하고 안전하게 발휘할 수 있는 능력
④ 제한 시간에 도달되면 항공 기재의 상태와 관계없이 점검과 검사를 수행하는 것

> 감항성 (Air worthiness)
> 항공기가 안전하게 비행할 수 있는 성능으로 항공기 정비의 목적은 바로 이 감항성을 유지하는데 있다.

25 볼트와 너트를 체결시 토크값을 정하는 요소가 아닌 것은?

① 토크렌치의 길이
② 볼트, 너트의 재질
③ 볼트, 너트 나사의 형식
④ 볼트, 너트의 인장력, 전단력

26 아르곤이나 헬륨가스 안에서 전극 와이어를 일정한 속도로 토치에 공급하여 와이어와 모재 사이에 아크를 발생시키고 나심선을 스프레이 상태로 용융하여 용접을 하는 방법은?

① 아크용접
② 가스용접
③ 서브머지드 아크용접
④ 불활성 가스 금속아크용접

27 한쪽 물림 턱은 고정되어 있고 다른쪽 턱은 손잡이에 설치된 나사형 스크루를 조작하여 렌치의 개구부 크기를 조절하는 렌치는?

① 박스렌치 (Box wrench)
② 랫칫렌치 (Ratchet wrench)
③ 콤비네이션렌치 (Combination wrench)
④ 어드저스터블렌치 (Adjustable wrench)

28 항공기 세척제로 사용되는 메틸에틸케톤에 대한 설명이 아닌 것은?

① 휘발성이 강하다.
② MEK라고도 한다.
③ 금속 세척제로도 이용된다.
④ 세척된 표면상에 식별할 수 있는 막을 남긴다.

29 부식 환경에서 금속에 가해지는 반복 응력에 의한 부식이며, 반복 응력이 작용하는 부분의 움푹 파인 곳의 바닥에서부터 시작되는 부식은?

① 점부식
② 피로부식
③ 입자간 부식
④ 찰과부식

해설 **부식의 종류**
- 표면부식(Surface Corrosion) : 제품 전체의 표면에서 발생하여 부식 생성물인 침전물이 보이고 홈이 나타나는 부식
- 이질금속간부식(Galvanic Corrosion) : 서로 다른 두가지의 금속이 접촉되어 있는 상태에서 발생하는 부식
- 공식 부식(Pitting Corrosion;점부식): 금속 표면에서 일부분의 부식속도가 빨라서 국부적으로 깊은 홈을 발생시키는 부식
- 입자간 부식(Internular Corrosion): 금속재료의 결정입계에서 합금성분의 불균일한 분포로 인하여 발생하는 부식
- 응력부식(Stress Corrosion) : 강한 인장응력과 부식 환경조건이 재료 내에 복합적으로 작용하여 발생하는 부식
- 프레팅 부식(Fretting Corrosion; 찰과부식): 서로 밀착된 부품사이에서 아주 작은 진동이 발생하는 경우에 접촉 표면에 홈이 발생하는 부식

30 항공기의 지상취급 및 안전에 관한 설명으로 틀린 것은?

① 항공기 가스터빈 기관의 지상 작동시 흡배기 지역의 접근을 피한다.
② 공항에는 항공기, 건물 등의 화재 발생에 대비하여 공항 소방대를 운영하고 있다.
③ 항공기 급유시 일정 거리 이내에서 인화성 물질을 취급해서는 안된다.
④ 산소로 이루어진 고압가스는 가연성 물질이 아니기 때문에 화재 및 폭발로부터 안전하다.

31 일반적인 구조 부재용으로 열처리를 하지 않은 상태에서 보편적으로 사용하는 리벳은?

① 1100 리벳 (A)
② 모넬 리벳 (M)
③ 2117 – T 리벳 (AD)
④ 2014 – T 리벳 (DD)

32 안내 및 구급용 치료 설비 등을 나타내는 표지의 색은?

① 녹색　　② 적색
③ 청색　　④ 황색

33 항공기 또는 그와 관련된 대상의 상태와 기능이 정상인지 확인하는 정비 행위는?

① 수리　　② 점검
③ 개조　　④ 오버홀

34 비어 있는 공간으로 압력을 가해서 실링(Sealing)하는 방법을 무엇이라 하는가?

① 필렛(Fillet)
② 페잉(Faying) 실링
③ 인젝션(Injection)실링
④ 프리코트(Precoat) 실링

35 코인태핑 검사에 대한 설명으로 틀린 것은?

① 동전으로 두드려 소리로 결함을 찾는 검사이다.
② 허니컴 구조 검사를 하는 가장 간단한 검사이다.
③ 숙련된 기술이 필요 없으며 정밀한 장비가 필요하다.
④ 허니컴 구조에서는 스킨분리(Skin delamination) 결함을 점검할 수 있다.

36 다음 중 경고를 지시하는 장치의 방식이 다른 경우는?

① 객실 여압이 안전한계에 있는지 여부의 경고
② 플랩이 항공기의 속도에 비하여 적절한 위치에 있는지 여부의 경고

③ 착륙장치가 비행에 지장 없이 확실하게 올라가고 내려 갔는지 여부의 경고
④ 항공기의 문이 이륙 전이나 비행중에 안전하게 닫혀 있는지 여부의 경고

해설 '나, 다, 라'의 경우 마이크로스위치(Micro switch)나 근접 스위치(Proximity switch)등이 센서로 사용되나 '가'의 경우 압력센서가 사용된다.

37 비행 중인 항공기에서 결빙을 고려하지 않아도 되는 곳은?

① 안테나   ② 날개의 뒷전
③ 피토관   ④ 공기흡입구

38 유압계통에 쓰이는 유압펌프의 형식 중 고속, 고압의 유압장치에 가장 적합한 펌프는?

① 지로터형   ② 베인형
③ 피스톤형   ④ 기어형

39 항공기의 회전 계기에 대한 설명으로 틀린 것은?

① 왕복기관에서는 크랭크축의 회전수를 rpm으로 지시한다.
② 기관의 분당 회전수를 지시하는 계기이다.
③ 가스터빈기관에서는 압축기·회전수를 최대 회전수의 백분율(%)로 나타낸다.
④ 기관의 최적 상태를 연료대비 거리로 지시하는 계기이다.

40 고공비행하는 비행기에서 지상에서와 같은 상태로 압력과 온도가 유지되어야 하는 요구조건을 충족시키는 공간을 무엇이라 하는가?

① 점검실   ② 화물실
③ 연료탱크실   ④ 여압실

해설 여압(Preesurization)이란 항공기가 운항하는 높은 고도에서는 공기가 희박하여 산소가 혈액에 용해되기 힘들기 때문에 지상과 비슷한 수준의 기압을 기체 내부에 공급한다. 하지만 기체의 강성을 고려하여 완벽한 지상에서의 기압(14.7Psi)을 공급하기는 힘들며, 고도 8000ft에 해당하는 기압(10.9Psi)을 기체내부에 공급한다.

41 직접 액면을 보면서 액량을 확인하는 방식으로 지상 정비 작업을 위해 장착되는 액량계는?

① 부자(Float)식 액량계
② 액압(Liquid pressure)식 액량계
③ 사이트 게이지(Sight gague)식 액량계
④ 전기용량(Electric capacitance)식 액량계

해설 눈금과 수치가 새겨진 투명한 기둥에 윤활유, 작동유 등의 수위가 액량으로 표시되는 방식으로, 유리막대 형태의 기압계, 습도계등도 사이트 게이지 방식이다.

42 항공기에 사용되는 교류의 주파수는 몇 Hz인가?

① 60   ② 120
③ 200   ④ 400

해설 항공기는 115V, 400Hz의 교류를 사용한다.

43 자기콤파스의 동적오차(Dynamic error)가 아닌 것은?

① 북선오차   ② 눈금오차
③ 가속도 오차   ④ 와동오차

44 윈드실드 패널(Windshield panel)의 외측판 안쪽 면에 붙어 있는 금속산화피막의 기능에 대한 설명으로 옳은 것은?

① 윈드실드의 방빙 및 서리 제거를 위한 것이다.
② 윈드실드 패널이 여압 압력에 견디도록 해주는 보강막이다.

③ 비행 중 새 등의 충돌로부터 윈드실드를 보호해 주기 위한 것이다.
④ 동체와 윈드실드 사이의 틈새로 여압 공기가 새는 것을 방지하기 위한 것이다.

45 항공기에서 APU가 주로 장착되는 부분은?

① 날개 내부
② 동체 전방부
③ 동체 후방부
④ 조종실 내부

해설 APU(Auxiliary Power Unit)은 최후방동체(Empennage)에 장착된다.

46 14000ft 미만의 고도에서 사용하는 것으로 활주로에서 고도계가 활주로의 표고를 지시하도록 만든 보정 방법은?

① QNH 보정   ② QNE 보정
③ QFE 보정   ④ QHN 보정

해설 기압고도계의 보정
- QNE : 고도계가 표준해면상으로부터의 높이를 가르키도록 하는 보정방식으로 고도계에 표준해면에서의 기압(14.7psi)을 입력하여 기압고도방식이라고도 한다. 14,000ft이상에서 항공기가 운항할 때, QNH정보를 수신할 수 없는 상황에서 사용하여 특정고도이상을 운항하는 항공기들이 동일한 QNE를 사용함으로써 충돌을 방지한다.
- QNH: 고도계를 해면(Sea Level)을 기준으로 설정하는 방식으로 진고도방식이라고도 한다. 14,000ft 이하에서 항공기가 운항할 때 사용하며, 항공기가 착륙접근할때에는 지상국에서 항공기측으로 QNH정보를 전달한다. 예를 들어 인천공항의 공식표고는 6.9m이다.
- QNE : 항공기가 이착륙하는 비행장의 고도를 0ft로 설정하는 절대고도 방식으로 조종사의 착륙복행(Touch&Go)훈련에 유용한 보정방식이기도하다.

47 항공기에서 사용되는 브러시(Brush)가 없는 교류발전기(A.C Generator)에 대한 설명으로 틀린 것은?

① 브러시와 슬립링 간의 저항 및 전도율의 변화가 없어도 출력 파형은 변화한다.
② 슬립링과 정류자가 없기 때문에 브러시가 마멸되지 않아 정비 유지비가 적게 든다.
③ 브러시가 없으므로 아크(Arc)가 발생하지 않기 때문에 고공 비행시 우수한 기능을 발휘할 수 있다.
④ 브러시와 슬립링이 없으므로 이에 따른 마찰 현상이 없다.

48 싱크로 장치에서 댐퍼(Damper)의 1차 목적은?

① 과열 방지
② 진동 방지
③ 습기 제거
④ 180도 반대방향지시

49 다음 중 공기압 계통의 압력을 규정범위로 유지시켜주는 밸브는?

① 체크 밸브
② 압력조절 밸브
③ 선택 밸브
④ 그라운드 차징 밸브

50 유압 계통 축압기(Accumulator)의 공기실에 공기를 공급해야 하는 경우는?

① 계통에 압력이 없을 때
② 계통에 압력이 과다할 때
③ 계통의 장비를 장탈할 때
④ 계통에 화재와 같은 비상상황이 발생할 때

51 열전쌍(Thermocouple)식 온도계의 적합한 재료는?

① 철-콘스탄탄   ② 철-구리

③ 철-알루미늄   ④ 철-코발트

해설 서머커플(Thermocouple)에는 크로멜-알루멜, 철-콘스탄탄, 구리-콘스탄탄이 쓰인다.

52 2대의 기관 구동 교류 발전기를 병렬 운전 시 버스 타이 차단기를 열어 회로를 보호해야 하는 경우가 아닌 것은?

① 저전압 발생시
② 차전류 발생시
③ 외부 전류 공급시
④ 불평형 전류 발생시

53 다음 중 항공기에 비치된 비상장비에 속하지 않는 것은?

① 손도끼   ② 방수 손전등
③ 구급약품   ④ 세계지도

54 항공기에 사용하는 전선에 대한 설명으로 틀린 것은?

① 구리선은 저항률이 낮아 전기적 성질이 우수한 도체이다.
② 항공기에 사용하는 전선은 폴리아미드(Polyamide) 수지를 사용한 전선이다.
③ 영상신호 또는 무선신호를 전송하는 데 일반전선을 사용한다.
④ 항공기에 사용하는 구리선은 산화 방지와 납땜을 쉽게 하기 위하여 아연, 은, 니켈 등을 입힌다.

55 8극의 교류발전기가 115V, 360Hz의 교류를 발전하려면 회전자의 축은 분당 몇 회전(rpm)으로 구동시켜 주어야 하는가?

① 4000   ② 5400
③ 5000   ④ 6000

56 회전하는 팽이가 약간 기울어져도 넘어지지 않고 윗부분이 선회하면서 계속 회전하는 현상을 무엇이라고 하는가?

① 강직성   ② 직진성
③ 섭동성   ④ 회전성

57 그림과 같이 유체가 채워진 기구에 단면적이 5cm²인 왼쪽에 50kg, 단면적이 10cm²인 오른쪽에 100kg의 힘을 가했을 때 유체에 가해지는 압력은 몇 kg/cm²인가?

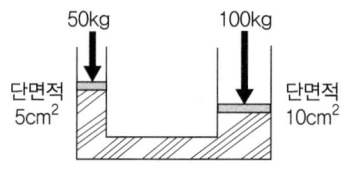

① 5   ② 10
③ 15   ④ 20

58 계자와 전기자가 병렬로 연결되어 있는 직류 전동기는?

① 분권형   ② 직권형
③ 복권형   ④ 만능형

해설 직류전동기의 종류
- 직권형 : 계자와 전기자가 직렬로 연결되어 토크가 크게 필요한 곳에 이용된다.
- 분권형 : 계자와 전기자가 병렬로 연결, 부하에 따른 회전속도 변화가 적어 일정한 RPM을 요구하는 곳에 이용된다.
- 복권형 : 계자와 전기자가 직병렬로 연결되어 직권형, 복권형 전동기의 특성을 모두 가지고 있다.

59. 작동유가 B에서 A로 흐를 때는 볼을 밀치고 자유롭게 흐르지만 흐름이 반대되면 조금 열려진 통로로 제한된 양이 흐르는 그림과 같은 밸브는?

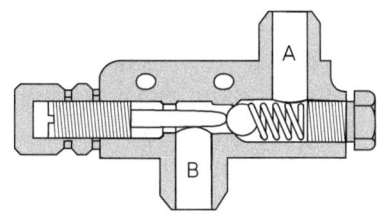

① 리듀서　　② 유압관 분리밸브
③ 유압퓨즈　④ 미터링 체크밸브

60. 화재경고 장치를 주요 3개 부분 회로로 나눌 때 속하지 않는 것은?

① 탐지회로　　② 경고회로
③ 시험(Test)회로　④ 분석회로

공개기출문제
항공장비정비기능사 필기 2016년도 2회 시행

01 속도 V로 비행하고 있는 프로펠러 항공기에서 프로펠러 추진 효율이 가장 좋은 이론적인 조건은? (단, u는 프로펠러에 의해 단위 시간에 작용을 받은 공기가 얻은 속도이다)

① V 〉 u
② V = u
③ V 〈 u
④ V = u = 1

02 조종면에 사용하는 앞전 밸런스(leading edge balance)에 대한 설명으로 옳은 것은?

① 조종면의 앞전을 짧게 하는 것이며, 비행기 전체의 정안정을 얻는데 주 목적이 있다.
② 조종면의 앞전을 길게 하는 것이며, 비행기 전체의 동안정을 얻는데 주 목적이 있다.
③ 조종면의 앞전을 짧게 하는 것이며, 항공기 속도를 증가시키는데 주 목적이 있다.
④ 조종면의 앞전을 길게 하는 것이며, 조종력을 경감시키는데 주 목적이 있다.

해설 앞전 밸런스(leading edge balance) : 회전 중심 앞부분에 무게 평형을 넣을 수 있도록 조종면 길이 방향 전체를 앞으로 연장한 장치로 고속기 승강키에 사용한다.

03 비행기의 3축 운동과 관계된 조종면을 옳게 연결한 것은?

① 키놀이(pitch) – 승강키(elevator)
② 옆놀이(roll) – 방향키(rudder)
③ 빗놀이(yaw) – 승강키(elevator)
④ 옆놀이(roll) – 승강키(elevator)

해설
- 키놀이(pitch) – 승강키(elevator)
- 옆놀이(roll) – 도움날개(aileron)
- 빗놀이(yaw) – 방향키(rudder)

04 비행기의 동체 길이가 16m, 직사각형 날개의 길이가 20m, 시위의 길이가 2m일 때, 이 비행기 날개의 가로세로비는?

① 1.2
② 5
③ 8
④ 10

해설 $AR = \dfrac{b^2}{S} = \dfrac{b}{C} = \dfrac{S}{c^2}$, $AR = \dfrac{b}{C} = \dfrac{20}{2} = 10$
(S : 날개면적, b : 날개길이, C : 시위길이)

05 공기 중에서 면적이 8m² 인 물체가 50kgf 항력을 받으며 일정한 속도 10m/s 로 떨어지고 있을 때 물체가 갖는 항력계수는 얼마인가? (단, 공기의 밀도는 0.1 kgf · s²/m⁴ 이다)

① 1.0
② 1.15
③ 1.25
④ 1.75

해설 $C_D = \dfrac{2D}{\rho V^2 S}$
$= \dfrac{2 \times 50}{0.1 \times 10^2 \times 8} = \dfrac{100}{80} = 1.25$
(ρ : 공기밀도, V : 속도, S : 면적, D : 항력)

06 받음각과 양력과의 관계에서 날개의 받음각이 일정수준을 지나면 양력이 감소하고 항력이 증가하는 현상은?

① 경계층
② 실속
③ 내리흐름
④ 와류

07 헬리콥터에서 리드-래그 힌지 감쇠기를 설치하는 가장 큰 이유는?

① 돌풍에 의한 영향을 감소시키기 위해
② 기하학적인 불평형을 감소하기 위해
③ 회전면 내에 발생하는 진동을 감소시키기

위해
④ 뿌리부분에 발생하는 굽힘력을 감소시키기 위해

해설 리드-래그 힌지 감쇠기 : 댐퍼라고 불리는 충격 흡수 장치로 댐퍼는 블레이드 운동의 충격을 흡수할 뿐만 아니라 블레이드의 진동(hunting)도 제어해 준다.

08 초음속 공기의 흐름에서 통로가 좁아질 때 일어나는 현상을 옳게 설명한 것은?

① 압력과 속도가 동시에 증가한다.
② 압력과 속도가 동시에 감소한다.
③ 속도는 감소하고 압력은 증가한다.
④ 속도는 증가하고 압력은 감소한다.

09 비행기의 제동유효마력이 70hp이고 프로펠러의 효율이 0.8 일 때 이 비행기의 이용마력은 몇 hp인가?

① 28 ② 56
③ 70 ④ 87.5

10 대류권계면 부근에서 최대 100km/h 정도로 부는 서풍으로 항공기 순항에 이용되는 것은?

① 계절풍 ② 제트기류
③ 엘리뇨 ④ 높새바람

11 항공기의 주 날개를 상반각으로 하는 주된 목적은?

① 가로 안정성을 증가시키기 위한 것이다.
② 세로 안정성을 증가시키기 위한 것이다.
③ 배기가스의 온도를 높이기 위한 것이다.
④ 배기가스의 온도를 낮추기 위한 것이다.

12 헬리콥터에서 후퇴하는 깃의 성능을 좋게 하기 위한 방법으로 가장 옳은 것은?

① 캠버가 없어야 한다.
② 작은 받음각을 가져야 한다.
③ 깃이 얇고 캠버가 작아야 한다.
④ 깃이 두껍고 캠버가 커야 한다.

13 그림과 같이 상승비행 중인 항공기의 진행방향에 대한 힘의 평형식과 항공기의 날개 양력방향으로 작용하는 힘의 평형식을 옳게 나열한 것은?

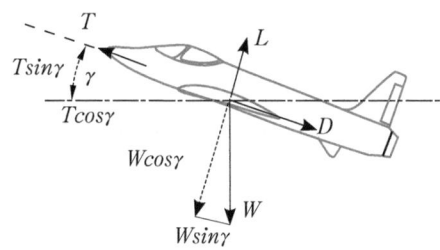

① $T = W\cos\gamma + D,\ L = W\cos\gamma$
② $T = W\sin\gamma + D,\ L = W\sin\gamma$
③ $T = W\cos\gamma + D,\ L = W\sin\gamma$
④ $T = W\sin\gamma + D,\ L = W\cos\gamma$

해설 T : 추력, D : 항력, L : 양력

14 유체흐름의 천이현상이 발생되는 현상을 결정하는 것은?

① 임계마하수 ② 항력계수
③ 임계레이놀즈수 ④ 양력계수

15 다음 중 착륙거리에 속하지 않는 것은?

① 회전거리 ② 공중거리
③ 제동거리 ④ 자유활주거리

16 다음 중 정비문서에 대한 설명으로 틀린 것은?

① 작업이 완료되면 작업자는 날인을 한다.
② 기록과 수행이 완료된 모든 정비문서는 공장 자체에서 모두 폐기한다.
③ 정비문서의 종류로는 작업지시서, 점검카드, 작업시트, 점검표 등이 있다.
④ 확인 및 점검 내용을 명확히 기록하고 수치값은 실측값을 기록한다.

17 다음 중 작업 감독자의 책임이 아닌 것은?

① 작업자의 작업상태 점검
② 시설, 장비 및 환경의 투자
③ 각종 재해에 대한 예방조치
④ 작업절차, 장비와 기기의 취급에 대한 교육 실시

18 오디블 인디케이팅(audible indicating) 토크렌치에 대한 설명으로 옳은 것은?

① 규정된 토크값에서 불빛이 발생한다.
② 토크가 걸리면 레버가 휘어져 지시 바늘이 토크값을 지시한다.
③ 다이얼타입이라고도 하며, 토크가 걸리면 다이얼에 토크값이 지시된다.
④ 클릭타입이라고도 하며, 다이얼이 보이지 않는 장소에 사용한다.

> 해설 오디블 인디케이팅 토크 렌치 : 규정된 죔값을 미리 설정한 후 그 값에 도달하면 "클릭"하는 소리를 내어 조임값을 알려주는 공구

19 CO_2 소화기에 대한 설명으로 틀린 것은?

① 단거리의 B,C 급 화재의 소화에 사용된다.
② 취급 시 인체에 닿게 되면 동상에 걸릴 우려가 있다.
③ 진화원리는 가스가 공기보다 무거워 열원을 차단해 진화를 한다.
④ 가스가 대기 중으로 배출 팽창될 때 90℃ 정도의 높은 온도이므로 주의해야 한다.

20 밑줄친 부분을 의미하는 용어는?

"An aluminum alloy bolts are marked with two raised dashes."

① 합금 ② 부식
③ 강도 ④ 응력

21 오일필터(Oil Filter), 연료필터(Fuel Filter) 등의 원통모양의 물건을 장·탈착할 때 표면에 손상을 주지 않도록 사용되는 공구는?

① 스트랩 렌치(Strap wrench)
② 콘넥터 플라이어(Connector Flier)
③ 어져스테이블 렌치(Adjustable wrench)
④ 인터록킹 조인트 플라이어(Interlocking joint plier)

22 판재의 두께 0.5in, 판재의 굽힘반지름 1.6in 일때 90°를 구부린다면 생기는 세트백은 몇 in 인가?

① 0.8 ② 1.5
③ 2.1 ④ 3.2

23 히드라진 취급에 관한 사항으로 틀린 것은?

① 유자격자가 취급해야 하고, 반드시 보호장구를 착용해야 한다.
② 히드라진이 누설되었을 경우 불필요한 인원의 출입을 제한한다.
③ 히드라진이 항공기 기체에 묻었을 경우 즉시 마른 헝겊으로 닦아낸다.
④ 히드라진을 취급하다 부주의로 피부에 묻

으면 즉시 물로 깨끗이 씻고, 의사의 진찰을 받아야 한다.

> **해설** 히드라진은 비상용 연료로 사용된다. 또한 이는 유독물질이기에 취급에 각별한 주의가 필요하다. 피부에 접촉만으로 암을 유발한다. 따라서 최대한 보호장구를 착용하고 유자격자만이 취급을 해야한다. 유출시 필요한 인원만으로 처리를 한다.

24 강관구조의 용접에 대한 설명으로 틀린 것은?

① 티(T) 접합과 클러스터 접합 등이 있다.
② 용접 시 임시로 같은 간격으로 가접 후 용접을 실시한다.
③ 가접 후 연속적으로 용접을 해야 뒤틀림을 방지할 수 있다.
④ 접합부의 보강 방법으로는 강관사이에 평판보강 방법과 보강 재료를 씌우는 방법 등이 있다.

25 튜브 밴딩 시 성형선(mold line)이란 무엇인가?

① 밴딩한 재료의 평균 중심선
② 밴딩 축을 중심으로 한 밴딩 반지름
③ 밴딩한 재료의 바깥쪽에서 연장한 직선
④ 재료의 안쪽선과 밴딩 축을 중심으로 한 원과의 접선

26 항공기 구조부재 수리작업에서 1열 패치 작업시 플러시 머리리벳의 끝거리는?

① 리벳지름의 2~4배
② 리벳길이의 2~4배
③ 리벳지름의 2.5~4배
④ 리벳길이의 2.5~4배

27 다음 문장이 뜻하는 계기로 옳은 것은?

> "An instrument that measures and indicates height in feet."

① Altimeter
② Air speed indicator
③ Turn and slip indicator
④ Vertical velocity indicator

28 항공기 조종계통 케이블에 설치된 턴버클 작업에 사용되지 않는 것은?

① 딤플링   ② 배럴
③ 케이블아이   ④ 포크

29 항공기 주기(Parking)시 항공기의 날개 조종 장치는 어디에 위치시켜야 하는가?

① 중립
② 위(Full up)
③ 아래(Full down)
④ 스포일러는 위(Up), 플랩은 아래(Down)

30 형광침투 검사에 대한 [보기]의 작업을 순서대로 나열한 것은?

> ㉠ 침투   ㉡ 현상   ㉢ 검사   ㉣ 세척
> ㉤ 사전처리   ㉥ 유화처리   ㉦ 건조

① ㉤-㉥-㉣-㉦-㉠-㉡-㉢
② ㉤-㉣-㉦-㉥-㉠-㉡-㉢
③ ㉤-㉠-㉣-㉦-㉥-㉡-㉢
④ ㉤-㉠-㉥-㉣-㉦-㉡-㉢

31 최소 측정값이 1/1000 in 인 버니어 캘리퍼스의 그림과 같은 측정값은 몇 in 인가?

① 0.366
② 0.367
③ 0.368
④ 0.369

32 시각 점검(visual check)에 대한 설명으로 옳은 것은?

① 특수장비를 사용하여 상태를 점검하는 것이다.
② 여러 방법을 조합하여 상태를 점검하는 것이다.
③ 상태를 점검하는 것으로서 보조장비를 사용하여 점검하는 것을 말한다.
④ 상태를 점검하는 것으로서 보조장비를 사용하지 않고 다만 육안으로 점검하는 것이다.

33 그림과 같은 항공기 표준 유도 신호의 의미는?

① 후진
② 속도 감소
③ 촉 장착
④ 기관 정지

34 리벳종류 중 2017, 2024 리벳을 열처리 후 냉장 보관하는 주된 이유는?

① 부식방지
② 시효경화 지연
③ 강도강화
④ 강도변화 방지

35 항공기의 정시점검(scheduled maintenance)에 해당하는 것은?

① 중간점검
② A 점검
③ 주간점검
④ 비행 전·후 점검

36 다음의 유압밸브 중 평상시에는 체크밸브 역할을 하지만 필요시에는 그 기능이 해제가 되는 밸브는?

① 시퀀스 밸브
② 수동 체크밸브
③ 오리피스 체크밸브
④ 미터링 체크밸브

해설
- 수동 체크밸브 : 필요 시에 수동으로 기능을 해제
- 오리피스 체크밸브 : 일방통행으로 사용되다가 제한적으로 반대쪽으로 흐르게 할 수 있다.
- 미터링 체크밸브 : 일정 유압까지는 유압이 작용하지 않도록 하기 위한 밸브이다.

37 항공기에서 유압계통을 사용하지 않는 것은?

① 착륙장치를 올리고 내리는 장치
② 자이로 계기의 구동 및 제빙장치
③ 앞 착륙장치 스티어링의 작동장치
④ 활주 중 항공기의 브레이크 작동장치

38 시동할 때 계자에도 많은 전류가 흘러 큰 토크를 일으킬 수 있는 전동기는?

① 직권형
② 분권형
③ 정류형
④ 만능형

39 APU내에서 항공기 시스템과 장비에 공급하는 것이 아닌 것은?

① 직류전류
② 교류전력
③ 압축공기
④ 엔진오일

40 아날로그형 멀티미터(multimeter)에 사용되는 측정계기는?

① 전류력형 계기 ② 가동코일형 계기
③ 정류형 계기   ④ 가동철편형 계기

41 지상에서 항공기에 장착된 제너레이터가 가동되지 않을 때 항공기 전기계통의 작동을 위해 항공기에 AC Power를 공급하는 장비는?

① Heater
② HT-LIFT Car
③ GPU(Ground Power Unit)
④ GTC(Gas Turbine Compressor)

> 해설 GTC는 엔진 시동시 필요한 공기, 공압 등을 공급한다.

42 시퀀스 밸브(sequence valve)가 내장되어 있는 장치는?

① 착륙장치   ② 조종장치
③ 브레이크 장치 ④ 보조동력장치

> 해설 착륙장치의 경우 도어 개폐, 랜딩기어 작동, 잠금 등이 순차적으로 진행이 되어야 지며 시퀀스 밸브가 그 역할을 한다.

43 항공기 기관의 회전축의 회전을 지시하는 것은?

① EPR 계기   ② EGT 계기
③ Tachometer ④ Synchro scope

44 여압장치가 있는 항공기가 제작 순항고도로 비행할 때 객실고도는 대략 얼마인가?

① 해수면   ② 5,000ft
③ 8,000ft   ④ 20,000ft

> 해설 8,000ft이상의 고도에서의 적정 객실고도는 8,000ft로 고정한다.

45 왕복기관에서 실린더헤드 온도계, 회전계 및 흡입압력계와 같은 기관계기에 표시하는 것으로 상용 안전운용범위를 표시하는 계기의 색 표시는?

① 노란색 호선
② 초록색 호선
③ 푸른색 호선
④ 붉은색 호선

46 공기 냉각 계통에서 공기순환냉각계통의 구성품으로만 짝지어진 것은?

① 응축기, 압축기
② 터빈, 압축기
③ 연소가열기, 압축기
④ 증발기, 응축기

47 다음 중 선회계를 작동시키는데 사용되는 것은?

① 정격자이로(rate gyro)
② 공간자이로(space gyro)
③ 방향자이로(direction gyro)
④ 수직자이로(vertical gyro)

48 전기용량식 연료량계에 대한 설명으로 틀린 것은?

① 온도나 고도변화에 의한 지시오차가 없다.
② 옥탄가 등 연료질의 변화에도 지시오차가 없다.
③ 전기용량식은 연료량을 감지하여 중량으로 나타내기에 적합하다.
④ 전극판 사이의 유전체율을 이용하여 연료량을 지시하는 계기이다.

49 윤활유 압력계에 대한 설명으로 틀린 것은?

① 일반적으로 부르동관으로 되어 있다.
② 고도가 높아지면 외기압력을 사용한다.
③ 윤활유의 압력과 외기 압력과의 차인 게이지압을 나타낸다.
④ 일반적으로 압력계에서 사용하는 단위는 psi이다.

50 정속구동장치의 회전수 조절은 발전기의 무엇을 조절하기 위한 것인가?

① 전압(voltage)
② 전류(current)
③ 위상(phase)
④ 주파수(frequency)

해설 정속구동장치란 항공기 발전기를 일정 속도로 구동시키기 위하여 가변인 엔진 기어 박스 속도를 일정하게 유지시키는 장비이다.

51 항공기에서 열팽창이 적은 작동유를 사용해야 하는 주된 이유는?

① 고고도의 증발을 감소하기 위해서
② 작동유의 점도를 낮춰 동절기 사용을 가능하게 하기 위해서
③ 화재 가능성을 최소한 방지하기 위해서
④ 유압장치가 고온 일 때 과대 압력발생 방지를 위해서

해설 고온에서 열팽창이 큰 작동유를 사용하면 과대팽창을 하여 부품의 손상을 초래할 수 있다.

52 유압계통에 사용되어 작동유의 과도한 누설을 방지하기 위한 그림과 같은 장치는?

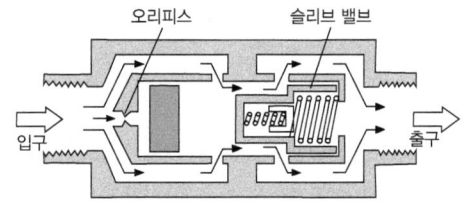

① 유압퓨즈
② 흐름 조절기
③ 유압관 분리 밸브
④ 시퀀스 밸브

해설 유압퓨즈는 평상시 압력에서는 정상 작동되다가 압력이 강해지면 가운데 있는 피스톤 스프링부분으로 흘러 들어가게 되는 구조이다. 이때 강한 압력으로 스프링을 밀어주면 피스톤이 통로를 막아버려 흐름을 차단한다.

53 싱크로(syncro)로 작동되는 지시계의 전원이 차단되면 나타나는 현상은?

① 정상적으로 작동된다.
② 프래그(frag)가 제거된다.
③ 지시바늘(indicator)이 영(zero)위치로 간다.
④ 지시바늘이 최후위치(last position)에 위치한다.

54 8극인 유도전동기에 60Hz의 교류를 가할 때 동기속도는 몇 rpm인가?

① 900
② 1200
③ 1800
④ 3600

해설 $f = \dfrac{PN}{120}$ (f : 주파수, P : 극수, N : 회전수)

55 제빙부츠에 묻어있는 윤활유, 연료, 그리스 등을 제거하는 방법은?

① 솔벤트로 제거한다.
② 마른 걸레로 닦아 낸다.
③ 시너(tinner)로 제거한다.
④ 비눗물이나 물을 사용하여 제거한다.

56 항공기가 여압 중 객실고도계 파이프에 약간의 누출이 있을 때 객식 고도계는?

① 실제 항공기 고도보다 낮게 지시
② 실제 항공기 고도보다 높게 지시
③ 실제 항공기 고도와 같게 지시
④ 객실고도와 같게 지시

해설 객실 고도계 파이프가 누설이 된다면 압력이 낮아지게 된다. 따라서 실제 객실 고도보다 적은 압력으로 표시가 된다.

57 그림과 같은 회로에서 A와 B점 사이에 흐르는 전류값은 몇 A인가?

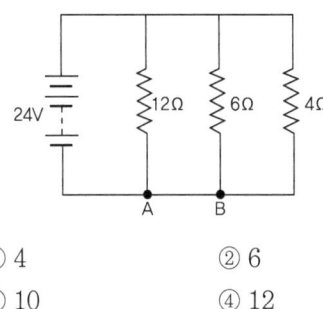

① 4
② 6
③ 10
④ 12

58 피토(전)압과 정압과의 압력차를 이용한 계기는?

① 속도계
② 고도계
③ 승강계
④ 회전계

59 화재경고장치에 이용되는 서미스터(thermister)의 온도가 증가할 때 변화를 옳게 설명한 것은?

① 정격전압을 증대시킨다.
② 정격전압을 감소시킨다.
③ 정격전류를 증대시킨다.
④ 정격전류를 감소시킨다.

60 1인용 구명 보트가 작동할 때 구명 보트에 채워지는 가스는?

① 산소
② 암모니아
③ 질소
④ 이산화탄소

항공장비정비기능사 필기 2016년도 2회 시행 정답

1	2	3	4	5	6	7	8	9	10
①	④	①	④	③	②	③	③	②	②
11	12	13	14	15	16	17	18	19	20
①	④	④	③	①	②	②	④	④	①
21	22	23	24	25	26	27	28	29	30
①	③	③	③	③	③	①	①	①	④
31	32	33	34	35	36	37	38	39	40
②	④	④	②	②	②	②	①	④	②
41	42	43	44	45	46	47	48	49	50
③	①	③	③	②	①	②	②	②	④
51	52	53	54	55	56	57	58	59	60
④	①	④	①	④	②	③	①	③	④

Craftsman Aircraft
Maintenance

2026
항공전기 · 전자정비기능사
필기

2026년 01월 05일 인쇄
2026년 01월 20일 발행

지은이 : 항공기술교육아카데미
펴낸이 : 이강복
펴낸곳 : (주)도서출판 책과상상

저자협의
인지생략

출판등록 : 제2020-000205호
주 소 : 경기도 고양시 일산동구 장항로 203-191
편집문의 : 02-3272-1703
구입문의 : 02-3272-1704
홈페이지 : www.sangsangbooks.co.kr

북 디자인 및 삽화 : 디자인 동감

Copyright©2026, 항공기술교육아카데미
ISBN 979-11-6967-292-4

정가 16,000원

• 잘못된 책은 교환해 드립니다.